中式面点
加工工艺与配方

陈洪华　李祥睿　编著

化学工业出版社

·北京·

图书在版编目（CIP）数据

中式面点加工工艺与配方/陈洪华，李祥睿编著.
北京：化学工业出版社，2018.7（2023.1重印）
ISBN 978-7-122-32083-4

Ⅰ.①中⋯　Ⅱ.①陈⋯②李⋯　Ⅲ.①面食-制作-中
国　Ⅳ.①TS972.116

中国版本图书馆 CIP 数据核字（2018）第 086742 号

责任编辑：彭爱铭　　　　　　　装帧设计：张　辉
责任校对：边　涛

出版发行：化学工业出版社（北京市东城区青年湖南街 13 号　邮政编码 100011）
印　　装：北京七彩京通数码快印有限公司
850mm×1168mm　1/32　印张 12¾　字数 333 千字
2023 年 1 月北京第 1 版第 7 次印刷

购书咨询：010-64518888　　　　　　售后服务：010-64518899
网　　址：http://www.cip.com.cn

定　　价：49.00 元　　　　　　　　　　版权所有　违者必究

前言

在我国，中式面点也称"点心"或"面点"，它是以各种粮食为主料，畜、禽、鱼、虾、蛋、乳、蔬菜、果品等为辅料，再配以多种调味品，经过加工而制成的色、香、味、形、质俱佳的各种营养食品，如糕、团、饼、包、饺、面、粉、粥等，其制作工艺在中国饮食行业中通常被称为"白案"。

日常生活中，中式面点的饮食功能呈现出多样化，既可作为主食，又可作为调剂口味的辅食。例如，有作为正餐的米面主食，有作为早餐的早点、茶点，有作为筵席配置的席点，有作为旅游和调剂饮食的糕点、小吃，以及作为喜庆或节日礼物的礼品点心等。

中式面点制作历史悠久。据考证，中式面点制作的萌芽大约出现在商周时期。经过历朝历代的发展，中式面点制作工艺达到了新的高峰。一方面，节日面点品种基本定型，如春节吃年糕、饺子，正月十五吃元宵等；另一方面，风味流派基本形成，面点的品种更加丰富多彩，例如北方的饺子、面条、拉面、煎饼、元宵等，南方的烧卖、春卷、粽子、汤圆、油条等。

《中式面点加工工艺与配方》分为九章，在第一章中概述了中式面点的基础知识；第二章介绍了中式面点的原料；第三章介绍了中式面点的制作工具与设备；第四章介绍了中式面点的七大面团；第五章介绍了中式面点的制馅工艺；第六章介绍了中式面点的成型工艺；第七章介绍了中式面点的熟制工艺；第八章介绍了中式面点的装盘装饰；第九章介绍了中式面点的制作案例。

《中式面点加工工艺与配方》的重点是第九章，它全面系统地介绍了中式面点七大面团的制作案例，对每种面点案例都给出了原料配方、制作过程。本书在编写中以文字浅显易懂、内容全面具体为原则，注重理论的实用性和技能的可操作性，便于读者掌握，可作为广大面点爱好者的参考读物，同时，本书也可作为食品相关企业从业人员及广大食品科技工作者的参考资料。

　　本书由扬州大学陈洪华、李祥睿编著。李佳琪、高正祥、薛伟、曾玉祥、王爱红、高玉兵、许振兴、豆思岚、周国银、皮衍秋、盛红凤、贺芝芝、孙荣荣、姚磊等参编。本书在编写过程中，得到了扬州大学旅游烹饪学院（食品科学与工程学院）领导以及化学工业出版社的大力支持，并提出了许多宝贵意见，在此，谨向他们一并表示衷心的感谢！

　　由于时间仓促，内容涉及面广，有不足和疏漏之处，望广大读者批评指正，笔者不胜感激。

陈洪华　李祥睿

2018.1

目 录

中式面点加工工艺与配方

第四章　中式面点的七大面团

第五章　中式面点的制馅工艺

第六章　中式面点的成型工艺

第七章　中式面点的熟制工艺

参考文献

第一章　中式面点的基础知识

第一节　中式面点的概念

　　中式面点即中国面点。在中国烹饪体系中，面点是面食与点心的总称，饮食业中俗称为"面案"或"白案"。

　　中式面点的概念具有狭义和广义之分。从狭义上讲，中式面点是以面粉、米粉和杂粮粉等为主料，以油、糖和蛋为调辅料，以肉品、水产品、蔬菜、果品等为馅料，经过调制面团、制馅（有的无馅）、成型和熟制等一系列工艺，制成的具有一定色、香、味、形、质等风味特征的各种主食、小吃和点心。

　　从广义上讲，中式面点也可包括用米和杂粮等制成的饭、粥、羹、冻等，习惯统称为米面制品。

第二节　中式面点的特点

　　我国面点制作历经几千年，发展成几个大类上千个品种，形成了许多重要的面点流派，具有众多鲜明的特点。

1

一、用料广泛

由于我国地大物博，物产丰富，地方风味突出，可作面点的原料极为广泛，包括植物性原料（粮食、蔬菜、果品等）、动物性原料（鸡、猪、牛、羊、鱼、虾、蛋、奶等）、矿物性原料（盐、碱、矾等）、人工合成原料（膨松剂、香精、色素等）和微生物酵母菌等。

二、坯皮多样

在面点制作中，用作坯皮的原料极为广泛，有面粉、米粉、山芋粉、玉米粉、山药粉、百合粉、荸荠粉等。加之辅料变化多，配以各种不同比例，不同的调制方法，形成了疏、松、爽、滑、软、糯、酥、脆等不同质感的坯皮，突出了面点的风味。

三、馅心繁多

馅心，是面点制作过程中的重要内容之一。我国馅心用料广泛，选料讲究，无论荤馅、素馅、甜馅、咸馅，生馅、熟馅，所用主料、配料、调料都选择最佳的品质，形成清淡鲜嫩、味浓辛辣、滑嫩爽脆、香甜可口、果香浓郁、咸甜皆宜等不同特色。就馅心的烹调方法，就有拌馅、炒、煮、蒸、焖等，而且各地在制作中又形成了各自的特点和风味。

四、制作精细

面点制作的过程是非常精细的，各种不同品种的制作大抵都要经过投料、配料、调制、搓条、下剂、制皮、上馅（有的需制馅，有的不需）、成型、成熟等过程，其中每一个环节，又有若干种不同的方法。面点的成型手法，常用的有搓、切、包、卷、擀、捏、叠、摊、抻、削、拨、滚沾、挤注、模具、按、剪、镶嵌、钳花等十几种不同方法。

五、应时迭出

中式面点制作随着季节的变化和习俗不同而应时更换品种。除正常供应不同层次丰富多彩的早茶点心、午餐点心、夜宵点心、宴席点心外，还有适应不同季节时令的点心，如元宵节的元宵、清明节的青团、端午节的粽子、中秋节月饼、重阳节的糕等。

 # 第三节　中式面点的分类

一、中式面点分类标准

中式面点种类繁多，但面点分类的标准，目前尚难以统一，国内现行的很多面点教材，均出现多种分类方法，但不管采取哪一种分类方法，都应该满足以下条件：第一，能体现分类的目的与要求；第二，能表现出面点品种之间的差异；第三，具有一定的概括性；第四，要有容纳创新面点品种的空间。

二、中式面点分类方法

中式面点品种丰富，花色多样，分类方法较多，主要分类方法如下。

1. 按面点原料分类

这种分类方法的依据是按中式面点制作的主要原料来分的。一般可分为麦类制品、米类制品、杂粮类制品及其他类制品。

2. 按所用馅料分类

按照这一分类方法，中式面点可以分为有馅制品与无馅制品，其中有馅制品又可分为荤馅、素馅、荤素馅三大类，每一类还可分为生拌馅、熟制馅等。

3. 按制品形态分类

按中式面点制品的基本形态可分为糕类、团类、饼类、饺类、条类、粉类、包类、卷类、饭类、粥类、冻类、羹类等制品。

4. 按制品的熟制方法分类

中式面点可分为煮制品、蒸制品、炸制品、烤制品、煎制品、烙制品以及复合熟制品。

5. 按制品的口味分类

中式面点制品的口味可分为本味、甜味、咸味、复合味等。

第四节　中式面点的流派

在北方，主要有北京、山东、山西、陕西等面点流派；在南方，主要有扬州、苏州、杭州、广州、四川等面点流派。

一、北方风味

1. 首善之地的北京面点

北京为元、明、清三代都城，一直是全国的政治、经济、文化中心。文人荟萃，商业繁荣，饮食文化尤为发达。宫廷饮食和官场需要刺激了烹饪技艺的提高和发展，面点也不例外。曾出现了以面点为主的席，传说清嘉庆的"光禄寺"（皇室操办筵宴的部门）做的一桌面点筵席，用面量达60多千克，可见其品种繁多。此外，北京民间有食用面点的习俗，山东、河南、河北、江南面点的引进，汉族与蒙古族、回族、满族等少数民族面点的交流，宫廷面点的外传，均直接促进了北京面点的形成与发展。

京式面点的典型品种有抻面、都一处烧卖、狗不理包子、清宫仿膳的肉末烧饼、千层糕、豌豆黄、艾窝窝等，都各具特色。

2. 豪放精致的山东面点

山东面点在《齐民要术》中多有记载。经过1000多年的发展，清代的山东面点已经成为中国面点的一个重要流派。

山东面点原料以小麦面为主，兼及米粉、山药粉、山芋粉、小米粉、豆粉等，加上荤素配料、调料，品种有数百种之多。而且制作颇为精致，形、色、味俱佳。例如煎饼，可以摊得薄如蝉翼；抻面抻得细如线；馒头白又松软等。特色面点有很多，如潍县的"月饼"（一种蒸饼）、临清的烧卖、福山的抻面、蓬莱的小面、周村的烧饼、济南的油旋等。

3. 秦腔古韵的陕西面点

陕西是中华文明的发祥地之一。西安，古称长安，多个朝代的政治、经济、文化中心，饮食文化独领风骚，尤以唐代为甚。陕西面点在周、秦面食制作的基础之上，继承汉、唐制作技艺传统而发展起来的。盛唐时期京师长安的面点制作已经基本形成了自己的体系，属于"北食"。其后由于朝代的更替，都城的变迁，陕西面食的影响力有所下降，但一直是西北地区的重要流派。

陕西面点是由古代宫廷、富商官邸、民间面食等汇聚而成，用料极其丰富，以小麦面为主，兼及荞麦面、小米面、糯米面、糯米、豆类、枣、栗、柿、蔬菜、禽类、畜类、蛋类、奶类等，加上调料，品种上百。陕西的"天然饼"，"如碗大，不拘方圆，厚二分许，用洁净小鹅子石衬而馍之，随其自为凹凸"，具有古代"石烹"的遗风。其他如秦川的草帽花纹麻食、乾州的锅盔、三原的泡泡油糕、岐山的臊子面、汉中的梆梆面、西安的牛羊肉泡馍等。

4. 三晋之地的山西面点

山西古代为三晋之地，是中华文明的发祥地之一。据考证，山西境内曾出土过春秋时期的磨和罗，是为当时流行面食的佐证。即便是现在，面食也是三晋百姓离不开的主食，已经成为三晋文化的组成部分之一。

山西面食流派的形成与山西地方特色原料密不可分。如汾河河谷的小麦、忻州出产的高粱、雁北出产的莜麦、晋中晋北出产的荞麦、沁州出产的小米、吕梁地区出产的红小豆等，都是面点的主要食材。调配料方面也有山西老陈醋、五台山的蘑菇、大同的黄花、代县的辣椒、应县的紫皮蒜、晋城的大葱等。

山西面点用面广泛，制作不同的面食，使用不同的面。有白面（面粉）、红面（高粱面）、豆面、荞面、莜面和玉米面等，制作时或单一制作或三两混作，风味各异。具体品种有刀削面、刀拨面、掐疙瘩、饸饹（河漏）、剔尖、拉面、擦面、抿蝌蚪、猫耳朵等；吃法也是种种不同，煮、蒸、炸、煎、焖、烩、煨等都擅长，或浇卤，或凉拌，或蘸佐料，花样百出。

二、南方风味

1. 淮左名都的扬州面点

扬州是历史上的文化名城，古今繁华地。"春风十里扬州路"，"十里长街市井连"，"夜市千灯照碧云"，"腰缠十万贯，骑鹤下扬州"，正是昔日扬州繁华的写照。悠久的文化，发达的经济，富饶的物产，为扬州面点的发展提供了有利条件。

扬州面点自古也是名品迭出，据《随园食单》记载，扬州所属仪征有一个面点师叫肖美人，"善制点心，凡馒头、糕、饺之类，小巧可爱，洁白如雪"，其时是"价比黄金"。又如定慧庵师姑制作的素面，运司名厨制的糕，亦是远近闻名。经过创新，不断发展，又涌现出翡翠烧卖、三丁包子、千层油糕等一大批名点，形成了扬州面点这一重要的面点流派。

扬州面点品种相当丰富，《随园食单》《扬州画舫录》《邗江三百吟》等著作中都有记载，后人总结有《淮扬风味面点500种》等。

扬州面点制作的精致之处也表现为面条重视制汤、制浇头，馒头注重发酵，烧饼讲究用酥，包子重视馅心，糕点追求松软等，其中"灌汤包子"的发明是扬州面点师的重要贡献。

2. 江南名城的苏州面点

苏州为江南历史名城。傍太湖，近长江，临东海，气候温和，物产丰富，饮食文化自古发达。

苏州面点继承和发扬了本地传统特色。据史料记载，在唐代苏州点心已经出名，白居易、皮日休等人的诗中就屡屡提到苏州的粽子等，《食宪鸿秘》、《随园食单》中，也记有虎丘蓑衣饼、软香糕、三层玉带糕、青糕、青团等。

在苏州面点中，有一特殊的面点品种——"船点"，相传发源于苏州、无锡水乡的游船画舫上。其品种可分为米粉点心和面粉点心，均制作精巧，粉点常捏制成花卉、飞禽、走兽、水果、蔬菜等，形态逼真。面点多制成小烧卖、小春卷及一些小酥点，大多小巧玲珑。"船点"可在泛舟游玩时佐茶之用，也可以作为宴席点心准备。

苏州面点比较注重季节性，如《吴中食谱》记载"苏城点心，随时令不同。汤包与京醇为冬令食品，春日烫面饺，夏日为烧卖，秋日有蟹粉馒头"等。

苏州面点又以糕团、饼类、面条食品出名。苏州的糕用料以糯米粉、粳米粉为主，兼用莲子粉、芡实粉、绿豆粉、豇豆粉等，各种粉或单独使用，或按照一定的比例混合使用，苏州糕重色、重味、重形。苏州的团子和汤圆制作精美，例如"青团"色如碧玉，清新雅丽。苏州的饼品种也多，其中最出名的为"蓑衣饼"。此外，苏州的面条制作也精细，善于制汤、卤及浇头，枫镇大面、奥灶面等都是名品。

3. 三吴都会的杭州面点

杭州是"东南形胜，三吴都会"，南宋时面点品种数以百计，影响很大。由于杭州风景秀丽，商业繁荣，饮食文化发达，面点一直保持着较高的水平。

杭州的面点在用料、成型方法、成熟方法、风味上均有特色。用料上以面粉、糯米粉、粳米粉和糯米为主。糯米粉常用水磨粉，糯米常用乌米。成型方法常用擀、切、捏、裹、卷、叠、摊等方法，尤其擅长模具成型，如"金团"，就是先以米粉团包馅，然后放在桃、杏、元宝等模具中压制成型。成熟方法包括蒸、煮、烩、烤、烙、煎、炸等。风味上有咸有甜，追求清新之味。袁枚的《随园食单》和钱塘人施鸿宝写的《乡味杂咏》中都有数十种杭州面点介绍。

另外，杭州面点季节性强。春天有春卷，清明有艾饺，夏天有西湖藕粥、冰糖莲子羹、八宝绿豆汤，秋天有蟹肉包子、桂花藕粉、重阳糕，冬天有酥羊面等。

4. 岭南风味的广东面点

广东地处我国东南沿海，气候温和，雨量充沛，物产富饶。广州长期以来作为珠江流域及南部沿海地区的政治、经济、文化中心，饮食文化也相当发达，面点制作历经唐、宋、元、明至清，发展迅速，影响渐大，特别是近百年来又吸取了部分西点制作技术，客观上又促进了广式面点的发展，最终广东面点脱颖而出，成为重要的面点流派。

广东面点品种多。按大类可以分为长期点心、星期点心、节日点心、旅行点心、早晨点心、中西点心、招牌点心、四季点心、席上点心等，各大类中又可按常用的点心、面团类型，分别制出五光十色、绚丽缤纷、款式繁多、不可胜数的美点。其中，尤其擅长米及米粉制品，品种除糕、粽外，有煎堆、米花、白饼、粉果、炒米粉等外地罕见品种。

广式面点馅心多样。《广东新语》中说，"天下所有之食货，粤东几尽有之；粤东所有之食货，天下未必尽有之"。馅心料包括肉类、水产、杂粮、蔬菜、水果、干果以及果实、果仁等，制馅方法也别具一格。

广东面点制法特别。广东面点中使用皮料的范围广泛，有几十种之多，一般皮质较软、爽、薄，还有一些面点的外皮制作比较特殊。如粉果的外皮，"以白米浸至半月，入白粳饭其中，乃舂为粉，以猪脂润之，鲜明而薄。"馄饨的制皮也非常讲究，有以全蛋液和面制成的，极富弹性。此外，广式面点喜用某些植物的叶子包裹原料制面点，如"东莞以香粳杂鱼肉诸味，包荷叶蒸之，表里香透，名曰荷包饭。"

此外，广东面点季节分明。广式面点常依四季更替而变化，浓淡相宜，花色突出。春季常有礼云子粉果、银芽煎薄饼、玫瑰云霄果等，夏季有生磨马蹄糕、陈皮鸭水饺、西瓜汁凉糕等，秋季有蟹黄灌汤饺、荔浦秋芽角等，冬季有腊肠糯米鸡、八宝甜糯饭等。

广式面点代表性的品种有虾饺、叉烧包、马拉糕、娥姐粉果、莲蓉甘露酥、荷叶饭等。

5. 天府之国的四川面点

四川地处我国西南，周围重峦叠嶂，境内河流纵横，气候温和湿润，物产丰富，素有"天府之国"的美称。四川面点源自民间。巴蜀民众和西南各民族百姓自古喜食各类面点小吃。据《华阳国志》记载，巴地"土植五谷，牲具六畜"，并出产鱼盐和茶蜜；蜀地则"山林泽鱼，园囿瓜果，四代节熟，靡不有焉"。当时调味品已有卤水、岩盐、川椒、"阳朴之姜"。品种丰富的粮食和调辅料为四川面点的发展提供了物质基础。唐宋时期，四川面点发展迅速，并逐渐形成了自己的风格，出现了许多面点品种，如"蜜饼"、"胡麻饼"、"红菱饼"等，"胡麻饼样学京都，面脆油香新出炉。"经过元明清几百年的发展，四川面点发展逐步完善，自成一派。

四川面点用料广泛，制法多样，既擅长面食，又喜吃米食，仅面条、面皮、面片等就有近几十种；口感上注重咸、甜、麻、辣、酸等味。地方风味品种多，代表性的品种有赖汤圆、担担面、龙抄手、钟水饺、珍珠丸子、鲜花饼、小汤圆、提丝发糕、五香糕、燃面等。

除此之外，尚有清真面点，还有许多少数民族如朝鲜族、藏族等地的风味点心，虽未形成大的地域体系，但也早已成为我国面点的重要组成部分，融合在各主要面点流派中，展示其独特的魅力。

第二章 中式面点的原料

中华民族的饮食文化、食源结构奠定了中式面点制作中用料的广泛性。由于我国幅员辽阔，各地区的土壤及农艺条件不同，因此同一品种原料因产地、季节不同而差异很大。在中式面点制作过程中，要注意合理的选用原料，达到扬长避短、物尽其用的效果。

 ## 第一节 粮食

在中式面点制作过程中，常见粮食类原料主要有面粉类、米和米粉类、杂粮类等。

一、面粉

面粉是由小麦磨制而成，小麦经过清理除杂、润麦、研磨、筛粉等工艺，制得各种等级的面粉。同时，面粉的化学成分因小麦的种类、产地、气候及制粉方法不同，而有着较大的变化范围。面粉中含量最高的是糖类（主要是淀粉），约占面粉量的75%，蛋白质占9%～13%（主要是面筋蛋白质），维生素和矿物质相对集中在胚芽和麸皮内，脂质含量较少。

中式面点制作中，面粉通常有以下几种分类方式。

1. 按性能和用途分类

常见的面粉品种有专用面粉、通用面粉、营养强化面粉。其中专用面粉是针对特定用途、食品特性及特定的制作工艺而生产出来的面粉，如馒头粉、饺子粉、蛋糕粉、饼干粉等。每种专用面粉又分精制和普通两种，比如精制馒头专用粉、普通馒头专用粉。通用面粉的质量判定主要以加工精度、灰分、粗细度、面筋质四项为标准。常见的中筋面粉，如标准粉、富强粉，都属于通用面粉。而营养强化面粉是根据特殊人群的需要，添加某一类或几类营养成分加以强化，而生产的面粉，如增钙面粉、富铁面粉、"7+1"营养强化面粉等。

2. 按加工精度分类

按加工精度分类，强筋小麦粉和弱筋小麦粉可分为一级、二级、三级3个等级，中筋小麦粉可分为一级、二级、三级、四级4个等级。

3. 按蛋白质含量分类

常见的面粉品种有低筋面粉、中筋面粉和高筋面粉等。

（1）低筋面粉　低筋面粉又称弱筋面粉，其蛋白质含量低。蛋白质含量为7%～10%，筋度低、延展性弱、弹性弱，适宜制作蛋糕、饼干等。

（2）中筋面粉　中筋面粉是介于高筋面粉与低筋面粉之间的一类面粉。蛋白质含量为10%～12.2%，筋度中等，延展性和弹性各有强弱，适合制作包子、烧卖、面条、麻花等。

（3）高筋面粉　高筋面粉又称强筋面粉，其蛋白质含量高。蛋白质含量为12.2%～15%，筋度高、延展性和弹性都高，适宜做面包、口感好的馒头、饺子等。

二、米和米粉

米类分为籼米、粳米和糯米3类。它们都可做成干饭、稀粥，又可磨成米粉制作米粉点心使用。

1. 籼米

籼米是用籼型非糯性稻谷制成的米，米粒细长形或长椭圆形，米质较脆，硬度中等，加工时易破碎，横断面呈扁圆形，颜色白色透明的较多，也有半透明和不透明的，蒸煮后出饭率高，黏性较小。主要用于制作干饭、稀粥；磨成粉后，也可制作小吃和点心。用籼米粉调成的粉团，质硬，能发酵使用。

2. 粳米

粳米是用粳型非糯性稻谷碾制成的米，米粒一般呈椭圆形或圆形，丰满肥厚，横断面近于圆形，长与宽之比小于 2，颜色蜡白，呈透明或半透明，质地硬而有韧性，煮后黏性油性均大，柔软可口，但出饭率低。其特点是硬度高，黏性低于糯米，胀性大于糯米，出饭率比籼米低。用纯粳米粉调成的粉团，一般不作发酵使用。

3. 糯米

糯米是糯稻脱壳的米，在我国南方称为糯米，而北方则多称为江米。其特点是黏性大，胀性小，硬度低，成熟后有透明感，出饭率比粳米还低。糯米是制造黏性点心小吃的重要原料，既可直接制作八宝饭、糯米团子、粢米糕、粽子等，又可磨成粉和其他米粉掺和，制成各种富有特色的黏软糕点。用纯糯米粉调制的粉团不能作发酵使用。

三、杂粮

制作面点用的杂粮，常见的有玉米、小米、高粱米、小麦、荞麦等。

1. 玉米

玉米是重要的粮食作物和饲料作物，也是全世界总产量最高的农作物。

玉米磨成粉，可制作窝头、丝糕以及玉米饼。与面粉掺和后，则可制作各种发酵点心，还可制作各式蛋糕、饼干等。

2. 小米

小米古称稷或粟。脱壳制成的粮食，因其粒小，故名。小米可制作小米干饭、小米稀粥。磨成粉后可制作窝头、丝糕及各种糕饼。与面粉掺和后也能制作各式发酵点心。

3. 高粱米

高粱米是高粱碾去皮层后的颗粒状成品粮，子粒呈椭圆形、倒卵形或圆形，大小不一，呈白、黄、红、褐、黑等颜色。粳性高粱米可制作干饭、稀粥等；糯性高粱米磨成粉后，可制作糕、团、饼等点心。

4. 大麦

大麦是有稃大麦和裸大麦的总称。一般有稃大麦称皮大麦，其特征是稃壳和籽粒粘连；裸大麦的稃壳和籽粒分离，称裸麦，青藏高原称青稞，长江流域称元麦，华北称米麦等。加工后即市面上的大麦米，常用来制作啤酒和麦芽糖，也可制作麦片、麦片粥和麦片糕（做麦片糕时需掺一部分糯米粉）。

5. 荞麦

荞麦别名甜荞、乌麦、三角麦等，一年生草本。荞麦常用来做荞米饭、荞米粥和荞麦片。荞麦粉可用于制作面条、烙饼、面包、荞酥、凉粉等点心品种。

四、其他

其他粮食原料主要包括根茎类、豆类等原料。

1. 根茎类

常用的有马铃薯、红薯、木薯等。薯类营养价值非常高，其淀粉含量较高，质软而味香甜，与其他粉料掺和有助发酵作用。鲜薯煮（蒸）熟捣烂与米粉、面粉等掺和后，可制作各类糕、团、包、饺、饼等；制成干粉又可代替面粉制作蛋糕、布丁等各种点心；还可酿酒、制糖和淀粉等。

2. 豆类

豆类原料有绿豆、赤豆、黄豆、扁豆、豌豆、蚕豆等。豆类可以直接做相关中式面点品种，如绿豆糕、豆皮、赤豆汤、赤豆冻、小豆羹等；也可以做馅心使用，如豆泥馅、豆沙馅、豆蓉馅等；还可以与面粉、粳米粉掺和，制成各式糕点和小吃，如扁豆糕、豌豆糕、蚕豆糕。

第二节　油脂

油脂是油和脂的总称，油脂常分为动物油脂和植物油脂两大类。在面点制作中，常见的动物油脂主要有猪油、黄油等。常见的植物油脂主要有花生油、芝麻油（香油）、豆油、菜子油、棉子油、椰子油、混合油、茶油等。

一、动物油脂

1. 猪油

猪油属于油脂中的"脂"，室温下即会凝固。猪油熔点为28～48℃。猪油色泽白或黄白，具有猪油的特殊香味，深受人们欢迎。猪油在面点制作中一般分为熟猪油和板油丁两种方式。熟猪油常用猪生板油或猪肥膘熬炼而成，起酥性好，常用于制油酥面点品种；板油丁由生板油制成，常用在馅心中，如水晶馅等。

2. 黄油

食品工业中也称"奶油"，国内北方地区称"黄油"，上海等南方地区称"白脱"，香港称"牛油"等，是由鲜奶油经再次杀菌、成熟、压炼而成的高乳脂制品。常温下呈浅乳黄色固体，乳脂含量一般不低于80%，水分含量不高于16%，还含有丰富的维生素 A、维生素 D 和矿物质，营养价值较高。

黄油如长期储存应放在－10℃的冰箱中，短期保存可放在5℃左右的冰箱中冷藏。因黄油易氧化，所以在存放时应注意避免光线直接照射，且应密封保存。在中式面点制作中可以代替猪油使用。

二、植物油脂

植物油在一般常温下均呈液体状态，且带有植物的气味，主要有花生油、豆油、芝麻油（香油）、玉米油、葵花子油、菜子油、椰子油、米糠油、棉子油等。此外，人造奶油也是面点中使用较多的油脂，可代替黄油用于面点制作。

第三节　水

水是面点制作的重要原料。面点制作用水只要符合国家饮用水标准的都可以使用，水在面点制作中可以用来调制面团，制作馅心，也是面点成熟的一种传热介质。根据水中钙盐和镁盐的含量不同，常分为软水、中硬水、硬水。

一、软水

软水是指水中含钙盐和镁盐75～150mg/L的水。在面点制作时，用软水和面，可以促进面筋的生成和淀粉的糊化。

二、中硬水

中硬水是指水中含钙盐和镁盐150～300mg/L的水，可以直接调制面团。

三、硬水

硬水是指水中含钙盐和镁盐300～450mg/L的水。夏天用硬水，可抑制面粉内面筋的生成率，使酵母菌迅速发育和繁殖。

第四节　蛋品

蛋品是制作面点的重要材料，对于改善点心品种的色、香、味、形以及提高营养价值等方面都有一定的作用。中式面点里常见的蛋品主要有鲜蛋、咸鸭蛋黄等。

一、鲜蛋

鲜蛋主要有鸡蛋、鸭蛋、鹅蛋等。鲜蛋搅拌性能高，起泡性好，所以生产中多选择鲜蛋为主。其中鸡蛋是最常用的原料。鸡蛋分为蛋清、蛋黄和蛋壳三部分，其中蛋清占60％，蛋黄占30％，蛋壳占10％。蛋清中含有水分、蛋白质、碳水化合物、脂肪、维生素。蛋黄中的主要成分为脂肪、蛋白质、水分、无机盐、卵磷脂和维生素等。对于鲜蛋的质量要求是鲜蛋的气室要小，不散黄，新鲜。

二、咸鸭蛋黄

咸鸭蛋黄富含卵磷脂、不饱和脂肪酸、氨基酸等营养素，具有外观橙黄、外表析油、呈半透明状、口感绵沙等特点，常用于蛋黄酥等面点品种。

第五节　乳品

中式面点制作过程中使用的乳制品种类主要有牛奶、炼乳、奶粉等。

一、牛奶

牛奶也称牛乳，营养价值很高，含有丰富的蛋白质、脂肪、多种维生素和矿物质，经消毒处理的新鲜牛奶有全脂、半脱脂和脱脂三种类型。

新鲜牛奶应为乳白色或略带浅黄，无凝块，无杂质，有乳香味，清新自然，品尝时略带甜味，无酸味。

牛奶保存时一般采取冷藏法。如短期储存可放在－2～－1℃的冰柜中冷藏，长期保管需要放在－18～－10℃的冷库中。

二、炼乳

炼乳是"浓缩奶"的一种。炼乳是将鲜乳经真空浓缩或其他方法除去大部分的水分，浓缩至原体积25％～40％的乳制品。炼乳加工时由于所用的原料和添加的辅料不同，可以分为加糖炼乳（甜炼乳）、淡炼乳、脱脂炼乳、半脱脂炼乳、花色炼乳、强化炼乳和调制炼乳等。

三、奶粉

奶粉是将牛奶除去水分后制成的粉末，它适宜保存。奶粉是以新鲜牛奶或羊奶为原料，用冷冻或加热的方法，除去乳中几乎全部的水分，干燥后添加适量的维生素、矿物质等加工而成的冲调食品。其主要品种有全脂奶粉、脱脂乳粉、速溶奶粉和加糖奶粉等。

1. 全脂奶粉

它基本保持了牛奶的营养成分，适用于全体消费者。

2. 脱脂奶粉

牛奶脱脂后加工而成，口味较淡，适于中老年、肥胖和不适于摄入脂肪的消费者。

3. 速溶奶粉

与全脂奶粉相似，具有分散性、溶解性好的特点，一般为加糖速溶大颗粒奶粉或喷涂卵磷脂奶粉。

4. 加糖奶粉

由牛奶添加一定量蔗糖加工而成，适于全体消费者，多具有速溶特点。

第六节　馅料

馅料即制馅原料，是制作中式面点馅心所需的原料，是面点制作原料的重要组成部分。我国各地的面点风味各不相同，故馅心的种类也很多。一般来说，凡可烹制菜肴的原料，均可用来制作馅心，但是，在选料时必须根据原料的特点和品种的要求，合理选择。

一、动物性原料

动物性原料主要包括畜禽类、水产类等。

1. 畜禽类

一般家畜、家禽都可作为制馅原料。目前，畜肉在我国使用较广泛的是猪肉、牛肉、羊肉等，家禽制作馅心常选用当年的幼禽，如仔鸡等。猪肉一般选择黏性较大、吸水力强、肥少瘦多的部位，如夹心肉、后臀肉等；牛羊肉选料时，以肥嫩无筋的部位为好，这样馅心鲜嫩、卤汁多、肥而不腻；鸡肉味道鲜美，是调制三鲜馅的原料之一，宜选择当年的仔母鸡，用其腿肉、脯肉。

2. 水产类

凡新鲜水产品，如鱼、虾、蟹、贝、海参等都可用于制馅。鱼宜选条大、肉厚、刺少的；虾选用新鲜、色青白，有弹性的鲜活原料；蟹取河蟹、海蟹，择其肉，但一定要新鲜的活蟹。

二、植物性原料

植物性原料主要有蔬菜类、水果类、蜜饯类、干果类、豆类、鲜花等。

1. 蔬菜类

宜选择时令蔬菜，以质嫩、新鲜的为好，用其最佳部位。

2. 水果类

常用的新鲜水果有桃、李、杨梅、橘子、苹果、杏等。

3. 蜜饯类

常用的蜜饯品种有蜜枣、苹果脯、橘饼、瓜条、葡萄干、青梅等。

4. 豆类

豆类是制作泥蓉馅的常用原料，常用的有赤豆、绿豆、豌豆等。用于做馅的原料，应当选择粒圆满、色纯正的豆子。

5. 干果类

常用来制馅的干果有核桃仁、莲子、栗子、芝麻、花生、瓜子仁、松子仁、桂圆、荔枝、杏仁、乌枣、红枣等。

6. 鲜花类

鲜花类原料有味香料美的特点，用以配制馅心，可提高成品的味道，使之清香适口。常用的鲜花有玫瑰、桂花、茉莉、白玉兰等。

第七节　调味品

在中式面点制作中，调味类原料一般用于制作馅心，有时也直接用于调节面团，其主要作用是调味，增加色泽、香气和滋味。调味类原料较多，大致上分为五类：咸味类、甜味类、鲜味类、辣味类、香料类等。

一、咸味类

1. 盐

我国食盐根据来源不同，可分为海盐、矿盐、井盐和湖盐等，其中以海盐产量最多，占总产量的 75%～80%。海盐按其加工不同，又可分为原盐（也称粗盐）、洗涤盐（又称加工盐）、精制盐（也称再制盐）。中式面点制作中常选择精制盐。盐在面点制作中起了非常重要的作用，除用于调味外，还能改善面团的性能及色泽，调节发酵面团的发酵速率，抑制有害细菌的生长，改善面点制品的风味。

2. 酱油

酱油是中国传统的调味品，主要由大豆、小麦、食盐经过发酵、制油等程序制成。酱油的成分比较复杂，除食盐的成分外，还有多种氨基酸、糖类、有机酸、色素及香料等成分。以咸味为主，亦有鲜味、香味等。它能增加和改善菜肴的味道，还能增添或改变菜肴的色泽。酱油一般有老抽和生抽两种，生抽较咸，用于提鲜；老抽较淡，用于提色。

3. 酱

酱是以豆类、小麦粉、水果、肉类或鱼虾等物为主要原料，加工而成的糊状调味品。常见的调味酱分为以小麦粉为主要原料的甜面酱和以豆类为主要原料的豆瓣酱两大类。另外还有肉酱、鱼酱和果酱等。

二、甜味类

在面点制作中，甜味类调料能增加点心甜味，提高营养价值，使面糊光滑细腻，口感柔软，同时还有保持水分、延缓老化、防腐等作用。在部分点心品种烘烤过程中，能使表面变成褐色并散发出香味。

1．白砂糖

简称砂糖，是从甘蔗或甜菜中提取糖汁，经过滤、沉淀、蒸发、结晶、脱色和干燥等工艺而制成。白砂糖为白色粒状晶体，纯度高，蔗糖含量在99％以上，按其晶粒大小又分粗砂、中砂和细砂。在面点制作过程中，常选择细砂糖使用。

2．糖粉

它是蔗糖的再制品，为纯白色的粉状物，味道与蔗糖相同。常在面点装饰上使用。

3．糖浆

糖浆主要有转化糖浆或淀粉糖浆。转化糖浆是用砂糖加水和加酸熬制而成；淀粉糖浆又称葡萄糖浆等，通常使用玉米淀粉加酸或加酶水解，经脱色、浓缩而成的黏稠液体。糖浆可用于面点装饰。

4．绵白糖

也称白糖。它是用细粒的白砂糖加上适量的转化糖浆加工而成，质地细软、色泽洁白、甜而有光泽，其中蔗糖的含量在97％以上。

5．蜂蜜

又称蜜糖。根据其采集季节不同有冬蜜、夏蜜、春蜜之分，以冬蜜最好。若根据其采花不同，又可分为枣花蜜、荆条花蜜、槐花蜜、梨花蜜、葵花蜜、荞麦花蜜、紫云英花蜜、荔枝花蜜等，其中以枣花蜜、紫云英花蜜、荔枝花蜜质量较好，主要成分为转化糖，含有大量的果糖和葡萄糖，味甜且富有花朵的芬芳。在面点制作中一般用于有特点的品种中，例如蜂蜜蛋糕、蜂蜜麻花、蜂蜜桂花酥等。

6．赤砂糖

也称红糖，是未经脱色精制的砂糖，纯度低于白砂糖。呈黄褐色或红褐色，颗粒表面沾有少量的糖蜜，可以用于普通的面点品种中，例如红糖凉糕、红糖燕麦酥、红糖核桃饼干、芝麻红糖豆沙馅饼等。

三、鲜味类

1. 味精

味精，又名"味之素"，学名"谷氨酸钠"。成品为白色柱状结晶体或结晶性粉末，是由粮食采用微生物发酵的方法制成的一种现代调味品，是国内外广泛使用的增鲜调味品之一，其主要成分为谷氨酸钠。

2. 鸡精

鸡精是以味精、食用盐、鸡肉/鸡骨的粉末或其浓缩抽提物、呈味核苷酸二钠及其他辅料为原料，添加（或不添加）香辛料或食用香料等增香剂经混合、干燥加工而成，具有鸡的鲜味和香味的复合调味料。

3. 鲜汤

鲜汤也称高汤，是由猪肘、母鸡、肥鸭等原料经过反复的熬煮，清除杂质后制成，其味道清鲜纯正，是各种馅心上浆或汤包类皮冻馅心的上等原料。

四、辣味类

1. 辣椒油

辣椒油一般将辣椒和各种配料用油炸后制得。可在辣椒油里再加些花椒油，放适量盐。

2. 咖喱粉

咖喱粉是由多种香辛料混合调制而成的复合调味品。制作方法最早源于印度。咖喱对印度人来说，就是"把许多香料混合在一起煮"的意思，有可能是由数种甚至数十种香料所组成。组成咖喱的香料包括有红辣椒、姜、丁香、肉桂、八角、小茴香、肉豆蔻、芫荽子、芥末、鼠尾草、黑胡椒以及咖喱的主色——姜黄粉等。咖喱粉主要用于调制中式面点中的咖喱馅心。

3. 葱姜

葱姜各有不同的辛辣味。葱为百合科葱属多年生草本植物。在面点制作中常常用来调制馅心，或制作葱油饼等品种。

姜为姜科姜属多年生草本植物。开有黄绿色花并有刺激性香味的根茎，有芳香及辛辣味。在中式面点制作中多用来调制馅心。

五、香料类

1. 料酒

料酒是对烹饪用酒的称呼，添加黄酒、花雕酿制，其酒精浓度低，含量在15%以下，而酯类含量高，富含氨基酸。在烹制菜肴中广泛使用料酒的作用主要是去腥、增香。

料酒的成分主要有酒精、糖分、糊精、有机酸类、氨基酸、酯类、醛类、杂醇油及浸出物等。料酒可以增加食物的香味，去腥解腻，同时，它还富含多种人体必需的营养成分，甚至还可以减少烹饪对蔬菜中叶绿素的破坏。

2. 花椒

花椒是芸香科花椒属的植物果实，以粒小紫色的为佳，具有麻味和香气，常用于面点中调制馅心。

3. 八角

八角是八角茴香科八角属的一种植物，为著名的调味香料，味香甜。八角果实在中式面点馅心调味中可直接使用，如熬煮皮冻馅心等，也可直接加工成五香调味粉使用。

4. 桂皮

桂皮为樟科樟属植物天竺桂、阴香、细叶香桂或川桂等树皮的通称，有去腥提香的作用。

第八节　添加剂

食品添加剂是为改善食品色、香、味等品质，以及为防腐和加工工艺的需要而加入食品中的人工合成物质或者天然物质。中式面点制作中常见的添加剂有膨松剂、食用色素、食用香精等。

一、膨松剂

膨松剂是调制发酵面团的重要物料。在面团中引入膨松剂，可使面团组织膨松胀大，使制品体积增大、口感暄软。膨松剂的种类较多，大体可分为酵母、面肥和化学膨松剂 3 大类。

1. 酵母

发酵面团常使用的酵母有两种，即鲜酵母、干酵母等。

（1）鲜酵母　又称压榨酵母，是经过一定时间，酵母数量达到一定标准的酵母液经沉淀分离，再将酵母压缩成块而成。鲜酵母色泽淡黄或乳白，无其他杂质，并且有酵母固有的特殊味道。

（2）干酵母　干酵母是由鲜酵母经低温干燥而成的粉质条状或颗粒状的酵母，色黄，颗粒大小比较均匀，无杂质，便于储存，使用方便。在面点制作中，可促进面团发酵，增加制品营养，提高面点风味。

2. 面肥

面肥即含有酵母的种面。使用面肥发酵，是面点制作中发酵面点的传统方法。面肥内除含有酵母外，还含有较多的醋酸菌等杂菌，在发酵过程中，杂菌繁殖产生酸味。所以，采用面肥发酵的方法，发酵后必须加碱进行中和。

3. 化学膨松剂

大体可分为两类：一类通称发粉，如小苏打、氨粉、发酵粉（又名泡打粉）；另一类即矾碱盐。

（1）小苏打　小苏打化学名为碳酸氢钠，遇热加温放出气体，使制品膨松，呈碱性，蛋糕中较少用。

（2）氨粉　也称臭粉，它的化学名为碳酸氢铵，遇热产生 CO_2 气体，使制品膨胀。

（3）发酵粉　又名泡打粉。泡打粉的成分是"小苏打＋酸性盐＋中性填充物（淀粉）"，其中酸性盐有强酸和弱酸两种，强酸是快速发粉，遇水就发；弱酸是慢速发粉，要遇热才发。混合发粉——双效泡打粉，最适合蛋糕用。

（4）矾碱盐　矾碱盐主要指明矾、食碱和食盐，在过去制作中式面点时经常使用，例如油条等。但是，2015 年修订的《中华人民共和国食品安全法》中已禁止在面点及食品中使用明矾。食碱主要成分是碳酸钠，用于以面肥发酵的面团中，兑碱中和，调节面团的口味。

二、食用色素

食用色素的种类很多，按其来源可分为天然色素和食用合成色素两大类。

1. 天然色素

食用天然色素是从生物中提取的色素。按其来源，可分为动物色素、植物色素和微生物色素三大类；若以溶解性能来区分则可分为脂溶性色素和水溶性色素。目前，我国允许使用并已制订国家标准的天然色素有紫胶红、红花黄、红曲米、辣椒红、焦糖、甜菜红等。

由于天然色素一般对人体无害，甚至有些还具有一定的营养价值，所以在面点制作中，应提倡使用天然色素。

2. 食用合成色素

食用合成色素主要是用化学合成方法所制得的色素。与天然色素相比具有色彩鲜艳、成本低廉、性质稳定、着色力强并且可以调制各种色调的优点。但由于合成色素本身无营养价值，且大多数对人体有害，故在面点制作中，应尽量少用，并遵守国家颁布的相关标准。我国允许使用的食用合成色素目前只准使用胭脂红、柠檬黄、亮蓝和靛蓝 4 种。

三、食用香精

食用香精是指由各种食用香料和许可使用的附加物（包括载体、溶剂、添加剂）调和而成，可使食品增香的一大类食品添加剂。香精包括天然香精和合成香精。天然香精对人体无害，合成香精则不能超过 0.15％～0.25％。

食用香精按剂型可分为液体香精和固体香精。液体香精又分为水溶性香精、油溶性香精和乳化香精；固体香精分为吸附型香精和包埋型香精。在面点中多选择橘子、柠檬等果香型香精，以及奶油、巧克力等香精等。

第三章 中式面点的工具与设备

我国传统面点制作多以手工制作为主，近年来，面点的工具与设备有了长足的发展，降低了劳动强度，提高了工作效率。

第一节 中式面点的工具

面点制作工具可分为坯皮制作工具、成型工具、成熟工具、常用刀具及其他工具五类。

一、坯皮制作工具

1. 擀面杖

又称擀面棍，是制作坯皮时不可缺少的工具。粗细长短不等，常有大、中、小三种，大的长 80～86cm，用以擀大块面；中的长 53cm 左右，宜用于擀轧花卷、饼等；小的长约 33cm，用以擀饺子皮、包子皮及油酥等小型面剂。擀面杖木质要求结实耐用，表面光滑，常以檀木或枣木制成。

2. 走槌

又称通心槌。形似滚筒，中间空，供插入轴心，使用时来回推动，外圈滚筒便灵活转动，用以擀烧卖皮、制作花卷及大块油酥、起酥等。

3. 橄榄杖

中间粗，两头细，形如橄榄，用于擀烧卖皮、蒸饺皮等。

二、成型工具

1. 花钳

一般用铜片制成，形状、式样很多。用于制作各种花色点心的钳花成型。

2. 花嘴

又叫挤花头、裱花嘴，用铜片或不锈钢片制成。运用花嘴的不同形态，可形成各种不同形状图案花纹。常用于大、小蛋糕挤花、裱图案。

3. 木梳

用于制作鸟、鱼等花色点心品种的羽毛、鱼鳞等。

4. 拨桃

用于象形点心品种的开眼、点缀等制作。

5. 小剪

用于剪鱼鳞、鸟尾、虫翅、兽嘴、花瓣等制作。

6. 鹅毛管

用于戳鱼鳞、玉米粒和印眼窝、核桃花纹。

7. 小镊子

用于配花叶梗，装足、眼以及钳芝麻等细小物件。

8. 牙刷

选用新的、细毛的，用于刷色素溶液。

9. 毛笔、排笔

用于成品造型表面抹油。

三、成熟工具

1. 铁勺

用于制馅、加料等。

2. 笊篱

又称漏勺，常以铁丝、铁皮、铝材或不锈钢制成，中间布有均匀孔洞，用于在水、油中捞取水煮或油炸面点品种。

3. 筷子

有铁制或竹制两种，长短按需要而异。用于油炸食品时，翻动面点半成品和夹取面点成品。

四、常用刀具

1. 切刀

用于切肉及斩肉，常用于制馅和面点的常规刀工处理。

2. 滚刀

用于清酥皮、混酥皮面点品种切条滚压花纹。

五、其他工具

1. 粉筛

用于筛分，大小不一，规格以粉筛网眼加以区分，按面点品种制作或生产需要选置。

2. 面刮板

用白铁皮、铝皮或塑料、硅胶等制成。用于铲面、刮粉。

3. 粉帚

用棕制成，用于打扫粉料。

4. 小簸箕

一般用白铁皮或铝皮制成，用于盛粉等。

第二节　中式面点的设备

面点制作的设备主要有炉灶设备、烘烤设备、机械设备、冷藏设备等。

一、炉灶设备

1. 蒸煮灶

适用于蒸、煮的蒸煮灶有两种，一种是蒸汽蒸煮灶，另一种是燃烧蒸煮灶。

2. 烘烤炉

传统面点制作，常以燃烧型烘烤炉为主，有缸炉、吊炉、平炉之分，适用于烘烤不同面点品种。

二、烘烤设备

1. 电烤箱

又称电焗炉、电烤炉等，有恒温和定时控制等自动装置，使用方便。

2. 电热恒温电饼铛

用于煎烘馅饼，控温方便，安全卫生。

三、机械设备

1. 和面机

用于和面，使面团中的面筋质形成充分，有利于面团内部形成良好的组织结构，有立式与卧式两种。

2. 绞肉机

有电动与手动两种类型，可用于绞肉馅、轧豆沙馅等。

3. 刹菜机

又称蔬菜切碎机，主要用于茎叶类蔬菜的加工，例如白菜、洋葱、萝卜等菜馅的制作。

4. 馒头机

用于机械化大批量生产馒头。

5. 饺子机

用于大批量生产饺子，包的饺子的破损率不超过 4%。

6. 打蛋机

又称为搅拌机，主要用于打发蛋液，制作花式蛋糕，搅打蛋白膏、麦淇淋，制作裱花奶油等。

7. 压面机

又称切面机，有电动、手动两种类型，可以压制馄饨皮、水饺皮，也可压制面条等。

8. 磨粉机

有石磨、钢磨两类，采用平磨与立磨两种形式，磨出的粉均匀，质量较好。

9. 粉碎机

又称食品粉碎机，主要将细小的原料搅打成粉末状。

四、冷藏设备

冷藏设备主要有小型冷藏库，冷藏箱和电冰箱。按冷却方式分为直冷式与风扇式两种，冷藏温度在 $-18\sim10℃$ 之间，并具有自动恒温控制、自动除霜功能，使用方便。

第四章　中式面点的七大面团

面团调制是指将主要原料面粉或米粉等与水、油、蛋、膨松剂等调辅料混合，采用调制工艺使之适合于各式面点加工需要的面团的过程。在中式面点制作中，通常有水调面团、发酵面团、油酥面团、蛋和面团、米粉面团、化学膨松面团和杂粮面团七大面团。每种面团都各有特点，每种面团都有一些代表性的特色品种。

 第一节　水调面团与水

水调面团离不开水，不同的水温也成就了不同的面团。常见的水调面团按其性质可分为冷水面团、温水面团、热水面团、水朵面团等。

一、水调面团与水的关系

（一）水的硬度与面团的关系

硬度是将水中溶解的钙、镁离子的量换算成相应的氧化钙的量，是水质标准的重要指标之一。我国水硬度的标准是在100mL水中含有1mg氧化钙为1°。氧化镁的量应换算成氧化钙。换算公式如下：1mg氧化钙＝0.74mg氧化镁。

水的硬度对面团的影响较大。水中的矿物质一方面可提供营养，另一方面可增强面团的韧性，但矿物质过量的硬水，导致面筋韧性太强，影响面团的成型效果。

若水的硬度过大，可采用煮沸的方法去除一部分钙离子；如水的硬度过小，可采用添加矿物盐的方法来补充金属离子。

（二）水的 pH 值与面团质量的关系

pH 值是水质的一项重要指标。pH 值较低，酸性条件下会导致面筋蛋白质和淀粉的分解，从而导致面团加工性能的降低；pH 值过高则导致面团的筋性过强。水的 pH 值适中，和面后面团不需特意调节 pH 值就能达到加工要求，给面点制作带来极大的方便。一般的新面 pH 值不低于 6.0，控制水的 pH 值也能较好地调节面团的 pH 值，例如，水的 pH 值为 6.5 时馒头的质量最优。

（三）水在水调面团制品中的作用

面粉加水后，在调制面团的过程中，蛋白质吸水、胀润形成面筋网络，构成制品的骨架；淀粉吸水膨胀，加热后糊化，有利于人体的消化吸收。同时，溶解各种干性原辅料，使各种原辅料充分棍合，成为均匀一体的面团，使面团具有一定的黏稠度和湿度，有利于成型。而且，可以通过调节水温来控制面团的性质，形成冷水面团、温水面团、热水面团、水杀面团等。

（四）水温与水调面团质量的关系

水的温度与面团的性质息息相关，是不可忽略的重要因素。我国由于幅员辽阔，各地的温差很大，这也导致了水温的不同，即便是同一地区由于四季的更替，水的温度也有很大的差别。在调制不同的面团时，要考虑这些因素。一般情况下，夏天和面时，水不需加热就可直接加入进行和面；春秋季节稍稍加温到 30℃就可；冬天，水最好是加热到 40℃左右为佳。

二、水调面团的几种制作方法

（一）冷水面团

冷水面团是用 30℃以下的冷水调制成的，具有组织严密、质地硬实、筋力足、韧性强、拉力大、熟制品色白、吃口爽滑等特点。冷水面团适宜制作水饺、馄饨、面条、春卷皮等。

在冷水面团调制过程中，常常用 500g 标准粉，加 200～300g水，特殊的面可多加，如搅面馅饼，面皮的吃水量在 350g 左右。冷水面团的调制要经过下粉、掺水、拌、揉、搓等过程，调制时必须用冷水调制。

调制时先将面粉倒在案板上（或和面缸里），在面粉中间用手扒个圆坑，加入冷水（水不能一次加足，可少量多次掺入，防止一次吃不进而外溢），用手从四周慢慢向里抄拌，至呈雪花片状（有的称葡萄面、麦穗面）后，再用力反复揉搓成面团，揉至面团表面光滑并已有筋性并不粘手为止，然后盖上一块洁净湿布，静置一段时间（即醒面）备用。面团调制时应注意以下事项。

第一，水温要适当。冷水面团必须使用冷水。即使是冬季，也只能用 30℃ 以下的微温水，夏季不但要用冷水，还要参入少量的食盐，防止面团"掉劲"。因为盐能增强面团的强度和筋力，并使面团紧密，行业常说"碱是骨头，盐是筋"。加盐调制的面团色泽较白。

第二，面团要使劲揉搓。冷水面团中致密的面筋网络主要靠揉搓力量形成。面粉和成团块后要用力捣搋，反复揉搓，直至面团十分光滑、不粘手为止。

第三，调制面团要掌握掺水比例。掺水量主要根据制品需要而定，从大多数品种看面粉和水的比例为 2：1，并且要分多次掺入，防止一次吃不进而外溢。

第四，面团调制好后，需要静置饧面。调制好的面团要用洁净湿布盖好防止风干发生结皮现象，静置一段时间（饧面），使面团中未吸足水分的粉粒充分吸水，更好地生成面筋网络，提高面团的弹性和滋润性，制出的成品也更爽口，饧面的时间一般为 10～15min，有的也可饧 30min 左右。

总而言之，冷水面团要求筋性大，但也不能过大，超过了具体面点制品的需要就会影响成型工作，遇到面团筋力过大的情况，除和面时和软一些外，还可掺些热水揉搓，也可掺入一些淀粉破坏一部分筋劲，行话叫做"打掉横劲"。

（二）温水面团

温水面团是指用 50～60℃ 的水与面粉直接拌和、揉搓而成的面团。或者是指用一部分沸水先将面粉调成雪花面，再淋上冷水拌和、揉搓而成的面团。

温水面团的特点：面粉在温水（50～60℃）的作用下，部分淀粉发生了膨胀糊化，蛋白质接近变性，还能形成部分面筋网络。温水面团的成团，蛋白质、淀粉都在起作用。温水面团色较白，筋力较强，柔软、有一定韧性，可塑性强，成熟过程中不易走样，成品较软糯，口感软滑适中，适合做花样蒸饺等。

温水面团调制时一是可直接用温水与面粉调制成温水面团；二是可用沸水打花，再淋冷水的方法调制成温水面团。

温水面团操作关键与冷水面团基本相同，但由于温水面团本身的特点在调制中特别要注意以下两点：第一，水温要准确。调制温水面团，用 50～60℃ 的水比较适宜，不能过高和过低。过高会引起粉粒黏结，达不到温水面团所应有的特点；过低则不膨胀，也达不到温水面团的特点。第二，要散尽面团中的热气。等面团中的热气完全冷却后，再揉和成面团盖上湿布待用，此种面团适合制作花色蒸饺，制出的饺子不易变形。

（三）热水面团

热水面团是指用 90℃ 以上的水与面粉混合、揉搓而成的面团。热水面团的特点：面粉在热水的作用下，既使蛋白质变性，又使淀粉膨胀糊化产生黏性，大量吸水并与水融合形成面团。行业中把烫面的程度称为"三生面""四生面"。"三生面"就是说，十成面当中有三成是生的，七成是熟的。"四生面"就是生面占 4/10，熟面占 6/10，一般制品大约都在这两个比例之中。热水面团色暗、无光泽、可塑性好、韧性差，成品细腻、软糯黏弹，易于消化吸收，适合做蒸饺、烧卖等。

热水面团在调制过程中，一般常用方法就是把面粉摊在面板上，热水浇在面粉上，边浇边拌和，把面烫成一些疙瘩片，摊开散发热气后，适当浇点冷水和成面团。面团柔软的原因是因为面粉中的淀粉吸收热水后，膨胀和糊化的作用。也有把面粉放到盆里烫面的，不管面放在什么地方烫，主要是掌握好烫熟的程度，才能制出好品种来。如果烫好的面团硬了应补加热水揉到软硬适宜为止。如果面烫软了应补充些干面粉，否则会影响质量。

热水面团调制过程中要注意4点：第一，热水要浇匀。热水淋烫使淀粉糊化产生黏性；使蛋白质变性，防止生成面筋。在面团调制的过程中，热水要淋烫浇匀。第二，热气要散尽。加水搅匀后要散尽热气，否则郁在面团中，制成的制品不但容易结皮，而且表面粗糙、开裂。第三，加水要准确。该加多少水，在和面时要一次加足，不能成团后再调整。第四，揉面要适度。揉匀揉光即可，多揉则生筋，失掉了热水面团的特性。

（四）水氽面团

水氽面团是完全用 100℃ 的沸水，将面粉充分烫熟而调制成的一种特殊面团。其面粉中的蛋白质完全成熟变性，淀粉充分膨胀糊化。因此，水氽面团的特点是色泽暗、弹性足、黏性强、筋力差、可塑性高，适宜做煎炸类的点心，例如烫面炸糕、泡芙等。

水氽面团调制时，先将水烧开，然后一边徐徐倒下面粉，一边搅拌，使面粉搅匀至熟。最后倒在涂油的案板之上，摊开面团，使其散尽热气，凉透。再加入适量油脂或蛋品等拌匀。在面团调制过程中，要注意以下两点：第一，水要烧开，水量适宜。水不开，面团熟不透；水多，面团易成稀糊，无法成团；水少，面团则干硬不透。第二，氽好的面团要切开，让热气彻底散尽，凉透。

第二节　发酵面团与酵

发酵面团，简称酵面、发面。它是在面粉中加入适量的发酵剂

（简称酵），再用冷水或温水调制而成的面团。这种面团通过微生物和酶的催化作用，面团产生大量的二氧化碳，并由于面筋网络组织的形成，而被留在网状组织内，使烘烤面点组织疏松多孔、体积增大。

一、发酵面团与酵的关系

发酵面团发酵剂主要有酵母、面肥等。虽然使用的发酵剂不同，但是其原理是相通的。

（一）酵母在发酵面团中的发酵原理

酵母分为鲜酵母、干酵母两种，是一种可食用的、营养丰富的单细胞微生物，在有氧气和没有氧气存在的条件下都能够存活。

酵母在面团中的发酵主要是利用酵母的生命活动产生的二氧化碳和其他物质，同时发生一系列复杂的变化，使面团蓬松富有弹性，并赋予发酵面团制品特有的色、香、味。

在面团发酵初期，面团中的氧气和其他养分供应充足，酵母的生命活动非常旺盛，这个时候，酵母在进行着有氧呼吸作用，能够迅速将面团中的糖类物质分解成二氧化碳和水，并释放出一定的能量（热能）。在面团发酵的过程中，面团有升温的现象，就是由酵母在面团中有氧呼吸产生的热能导致的。

随着酵母呼吸作用的进行，面团中的氧气有限，氧气逐渐稀薄，而二氧化碳的量逐渐增多，这时酵母的有氧呼吸逐渐转为无氧呼吸，也就是酒精发酵，同时伴随着少量的二氧化碳产生。所以说，二氧化碳是面团膨胀所需气体的主要成分来源。

在整个发酵过程中，酵母一直处于活跃状态，在内部发生了一系列复杂的生物化学反应（如糖酵解、三羧酸循环、酒精发酵等），这需要酵母自身的许多酶参与。

在发酵面团调制中，要有意识地为酵母创造有氧条件，使酵母进行有氧呼吸，产生尽量多的二氧化碳，让面团充分发起来。如在发酵后期的翻面操作，都有利于排除二氧化碳，增加氧气。但是有时也要创造适当缺氧的环境，使酵母发酵生成少量的乙醇、乳酸、乙酸乙酯等物质，提高发酵面团制品所特有的风味。

（二）酵母在发酵面团中的受制因素

酵母在发酵面团中的受制因素包括糖分、温度、湿度等。

第一，面团中的糖分多寡。酵母在发酵过程中只能利用单糖。一般说来，面粉中的单糖很少，不能满足面团发酵的需要。酵母发酵所需的单糖主要来自两个方面：一是面粉中的淀粉水解形成的单糖；二是配料中的蔗糖经过酵母自身的酶系水解成单糖。虽然酵母需要糖作养料，但是当加入过量的蔗糖时，由于糖产生的渗透压的原因，会抑制酵母的生长繁殖，一般来说面粉中最适的蔗糖量在 $4\%\sim6\%$。

第二，酵面的温度高低。酵母的最适温度为 $25\sim28℃$。温度过低，会影响酵母发酵速度而使生产周期延长；温度过高，虽然会缩短发酵时间，但是会给其他杂菌（如乳酸菌、醋酸菌）生长创造有利条件，提高面团酸度，降低产品质量。

第三，面团的软硬程度。酵母的生长速度随着面团中的水分含量而变化。在一定范围内，水分越多，酵母发酵越快，反之越慢。面团的软硬程度，决定了发酵速度的快慢。

第四，发酵时间的长短。发酵时间需要控制得恰到好处。发酵时间不足，面团体积会偏小，质地也会很粗糙，风味不足；发酵时间过度，面团会产生酸味，也会变得很黏，不易操作。

另外，面粉的质量、面团中加入的其他配料如油脂、奶粉、盐类等都与面团的发酵有着密切的关系。在实际操作过程中，这些也是应该注意的。

（三）酵母在发酵面团中的作用

酵母在面团发酵过程中，主要起了几种作用：第一，生物膨松作用。由于面筋网络组织的形成，酵母在面团中发酵产生大量的二氧化碳被保留在面团中，使面团松软多孔，体积变大。第二，面筋扩展作用。酵母发酵除产生二氧化碳外，还有增加面筋扩展的作用，提高发酵面团的包气能力。第三，提高发酵面点制品的香味。酵母发酵时，能使产品产生特有的发酵风味。酵母在面团内发酵时，除二氧化碳和酒精外，还伴有许多与发酵制品风味有关的有挥发性和非挥发性的化合物，形成发酵制品所特有的蒸制或烘焙的芳香气味。第四，提高发酵面点制品的营养价值。酵母体内，蛋白质的含量高达一半，而且主要氨基酸含量充足，尤其是在谷物内较缺乏的赖氨酸，另外，还含有大量的B族维生素。

二、发酵面团的调制方法

（一）酵母发酵法

调制发酵面团时，先将干酵母粉放入小碗中，用30℃的温水化开，放在一边静置5min，让它们活化一下。酵母菌最有利的繁殖温度是30～40℃。低于0℃，酵母菌失去活性；温度超过50℃时，会将酵母烫死。

然后，将面粉、泡打粉、白糖放入面盆中，用筷子混合均匀。然后倒入酵母水，用筷子搅拌成块，再用手反复揉搓成团。

最后，用一块干净的湿布将面盆盖严，为了防止表面风干，把它放在温暖处静置，等面团体积变大，面中有大量小气泡时就可以了。这个过程大概需要一个小时左右。在调制面团的过程中，反复揉搓面团是非常必要的，不是简单地将所有食材混合拌匀，而是要尽量地多揉搓面团，目的是使面粉中的蛋白质充分吸收水分后形成面筋，从而能阻止发酵过程中产生的二氧化碳流失，使发好的面团膨松多孔，方便制作发酵面点。

（二）面肥发酵法

面肥，又称酵种（也称"老肥""面头""引子"等）。面肥除含有酵母菌外，还含有较多的醋酸杂菌和乳酸杂菌。面肥是饮食行业传统的酵面催发方式，经济方便，但缺点是发酵时间长，使用时必须加碱中和酸味。常见酵面制作面肥的方法是，取一块当天已经发酵好的酵面，用水化开，再加入适量的面粉揉匀，放置中盆中自然发酵，到第二天就成了面肥了。所以，面肥发酵面团就是利用隔天的发酵面团所含的酵母菌催发新酵母的一种发酵方法。面肥发面，即用一块面肥和面粉掺和起来调成面团，在一定的温度条件下，如果面团充满多而密的孔洞，体积膨大，发酵面就成功了。

1. 几种酵面的调制方法

在一般情况下，面粉、水和面肥的比例大约为 1：0.5：0.05，具体应根据水温、季节、室温、发酵时间等因素来灵活掌握。面肥发酵的面团可分作大酵面、嫩酵面、碰酵面、戗酵面、烫酵面等几种。

（1）大酵面的调制方法　大酵面是将面粉加面肥及水和成面团，经一次发足了的酵面，其发酵程度为面肥的八成左右。因为是一次性发足，所以显得特别松软、肥嫩、饱满，其色泽洁白、酸味正常，有一定的酒香味，它的用途较广，适于制作馒头、包子、花卷等品种。

调制大酵面团时一般用 5kg 面粉掺 0.5～1kg 面肥（夏季最多 0.5kg，冬季可用 1.5kg），加水约 2.3kg（夏季适当减少，冬季可略增加），发酵时间则因温度而异。如掌握不当，时间过长则成面肥，过短则达不到大酵面团的质量要求。根据经验，夏季发酵时间需 1～2h，春秋季约需 3h，冬季需 5h 以上。如气候寒冷，还要放在保温的地方，用棉被盖上，使酵母菌易于繁殖，产生气体。

具体的调制方法：先将面肥放在缸里，倒入水泡一会，用手把面肥在水中抓开；再放入面粉（或把面肥揪成小块和入面粉，再加水）用两手使劲搓；然后用手掌揉，用拳头捣，要揉到面团有劲、揉透、揉光（达到手光、缸光、面光）。

（2）嫩酵面的调制方法　又称小酵面、子酵面。嫩酵面是指没有发足的酵面，即用面粉加水再加少许面肥调制，稍发后就使用的面团。这种面团松发中带一些韧性，且具有一定的弹性和延伸性，既有酵面的稍微蓬松特点，又有水调面团结构较紧密的特点，较适宜做皮薄卤多的品种，如小笼包子、蟹黄汤包等。因为这类品种的特点主要是鲜嫩、汤汁多。如果酵面发足则皮子太松，卤汁会渗入到皮子中去，导致汁水干少而影响口感。

调制嫩酵面团时，各种原料用量比例均与大酵面团相同，只是发酵时间短，只相当于大酵面团时间的 $1/3\sim1/2$，即达到要求。

（3）碰酵面的调制方法　又称抢酵面、拼酵面。抢酵面就是用较多的面肥与水调面团拼合在一起，经揉制而成的酵面，故也称拼酵面。这种面团的性质和用途与大酵面团一样，实际上它是大酵面的快速调制法，可随制随用。

调制碰酵面团时，面肥的比例是根据品种的需要、气温的高低、静置的时间长短和老嫩来决定的。一般比例是 $4:6$，即四成面肥加六成水调面团揉匀而成。也有 $1:1$ 的，即面肥和水调面团各一半。在天气很热，或急需使用酵面时，可以用碰酵面来处理。虽说碰酵面面团的性质和用途与大酵面团相同，但其成品质量不如大酵面团制品光洁。所以在操作过程中要注意面肥不能太老，最好用新鲜的面肥；如时间允许，碰好的面团最好饧一饧以后再用。

（4）饧酵面的调制方法　饧酵面就是在酵面中饧入干面粉经揉搓而成的面团。这种面团由于饧制的方式不同而形成不同的特色。一种是用兑好碱的大酵面团饧入 $30\%\sim40\%$ 的干面粉调制而成（即 1kg 大酵面中饧 $300\sim400g$ 干面粉）。用这种方法制出的面点，吃口干硬，有筋力，有咬劲，可做饧面馒头、高桩馒头等。另一种是在面肥中饧入 50% 的干面粉，调制成团，进行发酵。发酵时间与大酵面相同。要求发足，发透，然后兑碱，制成成品。它的特点是制品柔软、香甜、表面开花，面点品种有开花馒头等。

（5）烫酵面的调制方法　烫酵面即是把面粉用沸水烫熟，拌成雪花状，稍冷后再放入面肥揉制而成的酵面。烫酵面在拌粉时因用沸水烫粉，所以制品色泽不白净，但吃口软糯、爽滑，较适宜制作煎、烤的品种，如黄桥烧饼、大饼、生煎包子等。

调制烫酵面时在和面缸中放入面粉，中间扒一小窝，将沸水倒入窝中（面、水之比一般为 $2:1$），用双手伸入缸底由下向上以面粉推水抄拌，成雪花状。稍凉后用双手不停地搋、捣，使其搋透、揉透，再加入面肥（面粉、面肥之比为10∶3），均匀地搋揉即可发酵。

总之，发酵正常的面团，俗称“正肥”，制作的面点洁白松软而有光泽。怎样辨别面团是否起发适度呢？面团发酵1～2h后，如果面团弹性过大，孔洞很少，则需要保持温度，继续发酵；如面团表面裂开，弹性丧失或过小，孔洞成片，酸味很浓，则面团发过了头，此时可以掺和面粉加水后，重新揉和成团，盖上湿布，放置一会，饧一饧，便可做面点了；如果面团弹性适中，孔洞多而较均匀，有酒香味，说明面“发”得合适，当时即可兑碱使用。

2. 兑碱过程

兑碱的目的是为了去除面团中的酸味，使成品更为膨大、洁白、松软。兑好碱的关键是掌握好碱水的浓度，一般以浓度40%的碱水为宜。

（1）配制碱水　将50g食碱放入75g清水中溶解，即成40%碱水。饮食行业中遵循的测试碱水浓度的传统方法是切一小块酵面团丢入配好的碱水中，如下沉不浮，则碱水浓度不足40%，可继续加碱溶解；如丢下后立即上浮水面，则碱水浓度超过40%，可加水稀释；如丢入的面团缓缓上浮，既不浮出水面，又不沉底，表明碱水浓度合适。

（2）兑碱方法　先在案板上均匀地撒上一层干面粉，将酵面放在干面粉上摊开，均匀地浇上碱液，并进一步沾抹均匀，折叠好。双手交叉，用拳头或掌跟将面团向四周搋开，搋开后卷起来再搋，反复几次后再使劲揉搓，直至碱液均匀地分布在面团中，否则会出现花碱现象。

（3）验碱方法　验碱一般采用感官检验。用刀切开揉好的酵面团，闻之有香味而无明显酸味和碱气味，说明碱量适度；再查看切开的酵面团横断面，如孔洞均匀，略呈圆形如芝麻大小，则酵碱适合。

饮食行业中传统的验碱方法是嗅、尝、揉、拍、看、试等几种。

① 嗅酵法　酵面加碱揉匀后，用刀切开酵面放在鼻子上闻，有酸味即碱少了；有碱味即碱多了，无酸碱味为适当。

② 尝酵法　取出一块加过碱揉匀的面团。放在嘴里嚼一下，味酸则碱少，有碱味则碱多。有酒香味而无酸碱味为正常。

③ 揉酵法　面团加碱之后用手揉面团，揉时粘手无劲是碱少；揉时劲大，滑手是碱多；揉时感觉顺手，有一定劲力，不粘手为正常。

④ 拍酵法　加过碱的面团揉匀，用手拍面团，拍出的声音空、低沉为碱少，声音实是碱多，拍上去"啪，啪"响亮的是正常。

⑤ 看酵法　加过碱的面团揉匀，用刀切开酵面，内层的孔洞大小不一，是碱少，孔洞呈扁长条形或无孔洞是碱多，孔洞均匀呈圆形、似芝麻大小为正常。

⑥ 试样法　取一小块加碱揉匀的面团放在笼上蒸，成熟后表面呈暗灰色、发亮的是碱少，表面发黄是碱多，表面白净为正常。

第三节　油酥面团与油

　　油酥面团是起酥制品所用面团的总称。根据成品分层次与否，可分为层酥面团和混酥面团两种。根据调制面团时是否放水，又分为干酥和水油酥两种。根据成品表现形式，划分为明酥、暗酥、半明半暗酥三种。根据操作时的手法分为大包酥和小包酥两种。

一、油在油酥面团中的起酥原理

（一）油在混酥面团中的作用原理

　　所谓的混酥，是用蛋、糖、油和其他辅料混合在一起调制成的面团。混酥面团制成食品的特点是成型方便，制品成熟后无层次，但质地酥脆，代表作有"桃酥""双麻酥饼"等。

在混酥面团中，油脂以球状或条状、薄膜状存于面团内。在这些球状或条状的油脂中，存有大量的空气，这些空气也随着油脂搅进了面团中。待成型坯料在加热后，面团内的空气就要膨胀。另外，混酥面团用的油量大，面团的吸水率就低。因为水是形成面团面筋网络条件之一，面团缺水严重，面筋生成量就降低了。面团的面筋量越低，制品就越松酥。同时，油脂中的脂肪酸饱和程度也和成品的酥松性有关。油脂中脂肪酸饱和程度越高，结合空气的能力越大，面团的起酥就越好。

（二）油在层酥面团中的作用原理

所谓层酥，是用水油面团包入干油酥面团经过擀片、包馅、成型等过程制成的酥类制品。成品成熟后，显现出明显的层次，标准要求是层层如纸，口感松酥脆，口味多变，如海棠酥、枇杷酥等。

层酥需用水油面团做皮，干油酥面团做馅才能做好层酥点心。这是因为仅仅用干油酥面团做酥点，当然可以起酥，但面质过软，缺乏筋力和韧性，就是勉强成型，在加热熟制过程中也会遇热而散碎。为了保证酥点酥松的特点，又要成型完整，就不能用干油酥面团来做皮，要用有一定筋力和韧性的面团来做皮坯料。用水调面团虽然做皮成型效果好，但影响点心酥性。最好的选择是用适量水、油调制的水油面团做皮坯料。这样皮和馅心密切结合，水油酥包住干油酥，经过折叠、擀压，使水油酥与干油酥层层间隔，既有联系，又不粘连，既能使面团性质具有良好的造型和包捏性能，又能使熟制后的成品具有良好的膨松起酥性，并形成层次而不散碎。

二、油酥面团的调制方法

（一）混酥面团的调制方法

混酥，由油、糖、面粉、化学膨松剂等原料组成，具有酥性但没层次。

混酥面团调制的过程是，在室内温度 22～30℃ 的条件下，将面粉 500g 放入面案上，中间扒一个小窝，放入白糖 200g、猪油 200g、鸡蛋 50~100g、发酵粉 10g，先拌匀辅料，然后拌粉，调制成软硬度适中的面团。

（二）层酥面团的调制方法

层酥由两块面组成，一块水油皮，一块干油酥，用水油皮包上干油酥而成。水油皮是面粉加油和水调制而成的面团，干油酥是用面粉和油拌匀擦制而成的面团。水油皮具体制法是，用面粉 500g、油 100g、水 175~200g。先将面粉倒入案板或盆中，中间扒个坑，加水和油用手搅动水和油带动部分面粉，达到水油溶解后，再拌入整个面粉调制，要反复揉搓，盖上湿布饧 15min 后，再次揉透待用。干油酥的具体制法是，面粉 500g，用油约 250g。先把面粉放在案板上或盆中，中间扒个坑，把油倒入，搅拌均匀，反复擦匀擦透即可使用。

制作层酥类面点还要注意"包酥"这个环节。包得好坏，能直接影响制品的质量，具体分为大包酥和小包酥。大包酥就是一次加工几个或几十个制品。小包酥就是一次包一个或几个。它是根据制品的数量、质量要求来决定。包酥要注意擀制要均匀，少用生粉，卷紧，盖上湿布等，每个环节都要掌握好，这样才能制出好的制品来。

加工层酥类面点制品还分为明酥、暗酥、半明半暗酥。暗酥就是酥层在里边，外面见不到，切开时才能见到，如酥饼、叉子饼等。明酥就是酥层都在表面，清晰可见，如千层酥、兰花酥、荷花酥等。半明半暗酥就是部分层次在外面可见，如蛤蟆酥、刀拉酥等。

第四节 米粉面团与粉

粉，这里指米粉，它是米粉面团中的主要原料。粉的粗细、粉的干湿、粉的糯硬，与米粉制品的质量关系很大。

米粉面团是指用米粉掺水调制而成的面团。由于米的种类比较多，如糯米、粳米、籼米等，因此可以调制出不同的米粉面团。

一、粉的种类与特点

调制米粉面团的粉料一般可分为干磨粉、湿磨粉、水磨粉。水磨粉多数用糯米，掺入少量的粳米制成，粉质比湿磨粉、干磨粉更为细腻，吃口更为滑润。所以在行业中米粉通常选用的是水磨粉，而不用干磨粉和湿磨粉。

干磨粉：将大米不经加水，直接磨成细粉。其优点是含水量少，保管方便，不宜变质；缺点是粉质较粗，制成成品后滑爽性差。

湿磨粉：湿磨粉先要经过淘米、静置、着水的过程，直到米粒松胀时才能磨制。湿磨粉粉质比干磨粉细软滑腻，成品口味较软糯。其缺点是含水量高，难于储存。湿粉可做蜂糕、年糕等品种。

水磨粉：水磨粉多数用糯米，掺入少量的粳米（一般糯米占80％～90％，粳米占10％～20％），粉质比湿磨粉更为细腻，口感滑润。可以制成特色糕团。先将糯米、粳米按比例掺和，淘洗干净，用冷水渗透后，连水带米一起上磨，磨成粉浆，然后装入布袋，将水分挤压出去即成水磨粉。

二、米粉面团的调制原理

米粉面团的调制原理主要由米粉的化学组成所决定。米粉和面粉组成的成分基本一样，主要含有淀粉与蛋白质，但两者的蛋白质与淀粉的性质都不同。面粉所含的蛋白质是能吸水生成面筋的麦醇溶蛋白和麦谷蛋白，但米粉所含的蛋白质则是不能生成面筋的谷蛋白和球蛋白；面粉所含的淀粉多为淀粉酶活力强的直链淀粉，而米粉所含的淀粉多是淀粉酶活力低的支链淀粉。米的种类不同，情况又有所不同。糯米所含几乎都是支链淀粉，粳米含有支链淀粉也较多；籼米含支链淀粉较少，约占淀粉的30%左右。糯米粉和粳米粉所制作出来的粉团黏性比较强，就是因为其中含有了比较多的支链淀粉。

面粉中加入一些膨松剂之后，制成的品种比较膨松暄软。糯米粉和粳米粉正常情况下是不能做出暄软膨松的制品，因为糯米粉、粳米粉含有的支链淀粉较多，黏性较强，淀粉酶活性低，分解淀粉为单糖的能力很低，也就是说，缺乏发酵的基本条件；而它的蛋白质也不能产生面筋，没有保持气体能力。因此，米粉虽可引入酵母发酵，但酵母的繁殖缓慢，生成气体也不能被保持。所以糯米粉和粳米粉形成的面团，一般都不能用作发酵。但籼米粉却可调制成发酵面团，因为籼米粉中支链淀粉含量相对比较低，可以做一些有膨松性能的制品。

三、米粉面团的调制方法

米粉面团的制品很多，按其属性，一般可分为3大类，即糕类粉团、团类粉团、发酵粉团。除了以上的3种纯粹用米粉调制的粉团外，还有很多用米粉与其他粉料调制而成的粉团，比如说米粉与澄粉或者杂粮调制而成的粉团。

（一）糕类粉团

糕类粉团是米粉面团中经常使用的一种粉团，根据成品的性质一般可分为松质糕和黏质糕两类。

1. 松质糕粉团的调制方法

松质糕粉团简称松糕，它是先成型后成熟的品种。

调制方法：将糯米粉和粳米粉按一定比例拌和在一起，加入清水，抄拌成粉粒，静置一段时间，然后进行夹粉（过筛）即成，再倒入或筛入各种模型中蒸制而成松质糕。需要注意的是白糕粉团的调制是以糖水代替清水调制而成。调制过程中要注意以下几点：第一，掺水要适当。粉拌得太干则无黏性，蒸制时容易被蒸汽所冲散，影响米糕的成型；粉拌得太烂，则中间无空隙，蒸制时蒸汽不易上冒，出现中间夹生的现象，成品不松散柔软。第二，粉团要夹粉。拌好的粉有很多团块，不搓散蒸制时就不容易成熟，也不便于制品成型；过筛、搓散的过程通常称之为夹粉。第三，粉团要静置。主要是让米粉充分吸水和入味。例如，五色小圆松糕、赤豆猪油松糕等。

2. 黏质糕粉团的调制方法

黏质糕粉团是先成熟后成型的糕类粉团，具有黏、韧、软、糯等特点，大多数成品为甜味或甜馅品种。

调制方法：黏质糕的粉料和拌粉、静置、夹粉等过程与松质糕粉团相同，但采用先成熟、后成型的方法调制而成，即把粉粒拌和成糕粉后，先蒸制成熟，再揉透（或倒入搅拌机打透打匀）成团块，即成黏质粉团。调制过程中需要注意的是蒸熟的糕粉必须趁热揉成团，再制成型。例如，猪油白糖年糕、玫瑰百果蜜糕等。

（二）团类粉团

团类制品又叫团子，大体上可分为生粉团、熟粉团。

1. 生粉团的调制方法

生粉团即是先成型后成熟的粉团。其制作方法是，用少量粉先用沸水烫熟或煮成芡，再掺入大部分生粉料，调拌成块团或揉搓成块团，再制皮，捏成团子，如各式汤圆。其特色是可包较多的馅心、皮薄、馅多、黏糯、口感滑润。调制方法主要有以下两种。

（1）泡心法　适用于干磨粉和湿磨粉。将粉料倒在案板上，中间扒一个坑，用适量的沸水将中间部分的粉烫熟，再将四周的干粉与熟粉一起揉和，然后加入冷水揉搓，反复揉到软滑不粘手为止。

（2）煮芡法　适用于水磨粉。取出 1/2 的粉料加入清水调制成粉团，塌成饼形，投入到沸水中煮成"熟芡"，取出后马上与余下的粉料揉和，揉搓到细洁、光滑，不粘手为止。

调制过程中需要注意以下几点：第一，采用泡心法，掺水量一定要准确，如沸水少了，制品容易裂口；沸水投入在前，冷水加入在后。第二，采用煮芡法，在熟芡制作时，必须等水沸后才可投入

"饼"，否则容易沉底散破；第二次水沸时需要加适量的凉水，抑制水的滚沸，使团子漂浮在水面上 3～5min，即成熟芡。例如，汤圆、鸽蛋圆子、船点等。

2. 熟粉团的调制方法

所谓熟粉团，即是将糯米粉、粳米粉加以适当掺和，加入冷水拌和成粉粒蒸熟，然后倒入机器中打匀打透形成的块团。

调制过程中，需要注意以下几点：第一，熟粉团面团一般为白糕粉团，不加糖和盐。第二，因包馅成型后直接食用，所以操作时更要注意卫生。例如，双馅团、果馅元宵、麻团等。

（三）发酵粉团

发酵粉团仅是指以籼米粉调制而成的粉团。它是用籼米粉加水、糖、膨松剂等辅料经过保温发酵而成的。其制品松软可口，体积膨大，内有蜂窝状组织。它在广式面点中使用较为广泛，如著名的棉花糕、黄松糕、伦教糕等。

一般调制方法是，先取籼米粉浆的 1/10 量，再用其 2/10 量的水，煮成稀糊成熟芡，晾凉，掺入其余的生粉浆搅匀，再加适量水及适量糕肥（即发过酵的糕粉，作用同面肥）搅匀，置于温暖处发酵（夏季发 6～8h，冬季发 10～12h），待发酵后，加入糖拌和，使糖溶化被吸收后，再加入泡打粉、枧水（从草木灰中提取，经化合制成的物质，化学性质与纯碱相似，作用同纯碱，也可用碱水代替）拌和均匀，即可制作成品。发酵时，要根据糕肥数量等因素灵活掌握发酵时间，不能发得过度，如出现过度现象，可加少许精盐加以控制。

第五节　蛋和面团与蛋

蛋品是蛋和面团的重要辅助原料，对面团的性质也起到不可忽视的作用。

蛋和面团就是用鸡蛋、油脂、水及面粉拌和揉搓而成的面团。由于各个品种的要求不同，在调制面团时，所用水的温度不同，投料标准也不同，根据不同的用料和作法，蛋和面团可分为纯蛋和面团、油蛋和面团、水蛋和面团三种。

一、蛋品的结构、营养组成和性质

（一）蛋品的结构和营养组成

鸡蛋的结构从外观看分为固态和液态两相。固态部分主要是包裹在鸡蛋外层的蛋壳，液态部分根据色泽组成成分和性质等的不同又可分为蛋清和蛋黄两部分。

蛋清也称为蛋白，蛋清占有鸡蛋液态部分总重量的大部分，约为 67%。蛋清中包含鸡蛋中一半以上的蛋白质。

蛋黄大约占鸡蛋液态部分总重量的 33%。蛋黄由蛋黄膜包裹，蛋黄膜可以防止蛋黄破碎，但是随着鸡蛋存放时间的延长这层膜会逐渐变软。

蛋黄中包含了鸡蛋中几乎所有的脂肪和稍低于一半的蛋白质。

（二）蛋品在面团中的性质

鸡蛋的加工性能主要包括可稀释性、打发性、热凝固性、乳化性。

1. 鸡蛋的可稀释性

鸡蛋的可稀释性是指鸡蛋可以同其他原料均匀混合，并被稀释到任意浓度。但如果不进行特殊的处理，鸡蛋不能和油质的原料均匀混合。

2. 鸡蛋清的打发性

蛋清的打发性是指鸡蛋蛋清在空气中搅拌后卷入并包裹气体的能力。当蛋清被强烈搅打时，空气会被卷入蛋液中而形成泡沫，最终泡沫的体积可以达到原始体积的 6～8 倍，形成的泡沫同时失去蛋清的流动性，成类似固体状。

3. 鸡蛋的热凝固性

鸡蛋的热凝固性是鸡蛋重要的特性之一。它是指鸡蛋蛋白加热到一定温度后，会凝固变性，形成凝胶的特性。蛋白形成的凝胶具有热不可逆性。

4. 鸡蛋黄的乳化性

鸡蛋黄的乳化性是将油脂类物质和水分等互不相溶的物质均匀分散的过程，能使两种以上不相混合的液体均匀分散的物质就是乳化剂。鸡蛋中起乳化作用的成分是卵磷脂。卵磷脂是良好的天然乳化剂，它能使油、水和其他材料均匀地分布到一起，促进面点制品组织细腻、质地均匀、疏松可口，具有良好的色泽，使面点制品保持一定的水分，在储存期内保持柔软。

二、三种蛋和面团的调制方法

（一）纯蛋和面团的调制方法

顾名思义，是由鸡蛋和面搓制而成。调制时把面粉倒在案板上，扒个坑，加入鸡蛋液，拌匀，经反复揉搓而成。面团的特点较硬，有韧性，制成的成品色黄、松酥。例如，用纯蛋和面做成的迎春糕、麻花属松酥品种。

另一种纯蛋和面团调制方法是，把鸡蛋白和鸡蛋黄分别盛在两个盆内，用打蛋器把蛋清抽打成泡沫状，蛋黄盆内加入调料搅匀，再把蛋清泡沫倒入蛋黄内搅匀，倒入适量的面粉继续搅成糊状，把蛋糊倒入各种器具或模具内制作各种面点。纯蛋和面团和好，要盖上洁净湿布，稍饧片刻。例如，三色蛋糕、卷糕卷属松软品种。

注意要点：第一，面团和好后，上面盖上一层湿布静置一定时间；第二，如用机械搅拌胀发时，应注意蛋糊抽打程度和投料顺序及比例。

（二）油蛋和面团的调制方法

把面粉倒在案板上，扒个坑，加入鸡蛋液、油脂。先把蛋液和油脂搅匀，再拌和面粉（一般蛋液和油脂的比例为 4∶1），反复揉搋，使面团达到"三光"（手光、缸光、面光）程度即成。面团的特点硬滑，更易膨松，制成的成品色泽金黄、松酥、甜香。例如，用油蛋和面做成的各种麻花和点心等。

注意要点：第一，要根据制品要求及季节、温度及面粉质量等掌握面团的软硬度；第二，根据品种要求添加辅料；第三，面团上需盖湿布，以免出现硬皮，不便操作。

（三）水蛋和面团的调制方法

把面粉倒在案板上，扒个坑，加入鸡蛋、温水搅匀（水、蛋比例为 1∶1），再将面粉拌和在一起，反复揉搋，面团揉匀醒透后即可。适宜制作面条、馄饨皮等，如制面团时加入适量白糖，可制成蜂糕。

注意要点：第一，正确掌握气温和调制水温；第二，调制面团时，如加入白糖，要适当减少水量；以免面团过软；第三，面团和好后要盖上湿布，以免干皮，影响操作和面点质量。

第六节　化学膨松面团与膨松剂

化学膨松剂简称膨松剂。化学膨松面团是采用化学膨松法，即掺入一定数量的化学膨松剂调制而成的面团。化学膨松面团的特点是：制作工序简单，膨松力强、时间短、制品形态饱满、松泡多孔、质感柔软。

一、化学膨松剂的种类和膨松原理

（一）化学膨松剂的种类

化学大体可分为两类：一类通称发粉，如小苏打、氨粉、发酵粉（又名泡打粉）；另一类即矾碱盐。在第二章中式面点的原料介绍中，已经做了介绍。

（二）化学膨松的原理

化学膨松的原理是利用某些化学膨松剂在面团调制和加热时产生的化学反应来实现面团膨松目的。面团内掺入化学膨松剂调制后，在加热成熟时受热分解，可以产生大量的气体，这些气体和生物膨松剂酵母产生的气体的作用是一样的，也可使成品内部结构形成均匀的多孔性组织，达到膨大、酥松的要求。

二、化学膨松面团的调制方法

把面粉倒在案板上，扒个坑，加入膨松剂搅匀，再加水将面粉拌和在一起，反复揉搋，面团揉匀即可。另一种方法，可以先将化学膨松剂用水融化后再与面粉拌和，揉成面团。

调制化学膨松面团，因为使用的是化学品，因此，需注意以下几个问题：第一，正确选择化学膨松剂。要根据制品种类的要求、面团性质和化学膨松剂自身的特点，选择适当的化学膨松剂。例如小苏打适用于高温烘烤的糕、饼类制品。氨粉只适合于制作高温烘烤的薄饼类制品。第二，正确掌握化学膨松剂的用量。操作时必须掌握好准确用量，用量多，面团苦涩；用量不足则面团成熟后不疏松，严重影响制品质量。如小苏打的用量一般为面粉重量的 $1\%\sim$ 2%；氨粉为面粉的 $0.5\%\sim1\%$，发酵粉可按其性质和使用要求掌握用量，只有掌握好用量和比例，才能保证面团膨松质量。第三，必须用凉水，不宜使用热水。如果用热水溶解或调制，化学膨松剂遇热起化学反应，分解出一部分二氧化碳，从而降低了面团的膨松质量。第四，面团必须揉匀、揉透。掺入化学膨松剂的面团如未揉匀、揉透，成熟后表面出现黄色斑点，影响起发和口味。

 ## 第七节　杂粮面团与杂粮

杂是杂粮面团的特点，除面粉、米粉、澄粉等主料外，还涉及到杂粮粉、根茎类原料、豆类原料、果类原料等。

一、杂粮面团的特征

杂粮面团是指将杂粮、澄粉或蔬菜类原料加工成粉料或将其制熟加工成泥蓉调制而成的面团。有的可单独成团，有的需和面粉、澄粉或其他辅料掺和调制成团。这类面团的成品具有营养丰富、制作精细、季节分明等特点。

这类面团，范围很广，种类繁多，除了涉及杂粮粉、根茎类原料、豆类原料、果类原料等之外，甚至个别地方还有用蛋品和鱼虾类等原料经过加工成为坯皮，制成具有独特风味特色的面点品种。

二、杂粮面团的调制方法

常见的杂粮面团有澄粉面团、杂粮粉面团、根茎类面团、豆类面团、果类面团等。

（一）澄粉面团

所谓澄粉面团，就是将澄粉（即小麦淀粉）用沸水烫制而调成的面团。澄粉面团是纯淀粉制成面团，因为它不含有蛋白质，不能与水结合形成面筋，所以只能靠淀粉糊化形成粉团。当水温达53℃以上时，淀粉的颗粒就逐渐膨胀，60℃以上时，不但膨胀，同时还进入糊化阶段，淀粉颗粒体积比常温下胀大好几倍。适用于制作各类透明中式面点品种，如水晶月饼、水晶烧卖、水晶虾饺等，还可以用来制作苏州船点。

（二）杂粮粉面团

杂粮粉面团即是将小米、玉米、高粱等磨成粉，加水调制或加入面粉掺和调制而成的面团。这类面团种类很多，可做成各种中式面点制品，如北京的黄米炸糕、小米煎饼、玉米馒头、高粱饼干等。

（三）根茎类面团

根茎类面团是指将土豆、山药、芋头、南瓜等根茎类原料去皮煮熟，制成泥加入面粉或澄粉等粉料调制而成的面团。其成品有山药糕、南瓜饼、紫薯球等。

（四）豆类面团

豆类面团是指用各种豆类加工成粉、泥，或单独调制，或与其他原料一起调制而成的面团。其成品有赤豆糕、绿豆糕、豌豆黄等。

（五）果类面团

果类面团是指利用荸荠、莲子、菱角、板栗等原料制成的粉料、蓉泥与其他原料如面粉、澄粉、猪油等掺和调制而成的面团。常见品种有马蹄糕、枣泥糕等。

第五章　中式面点的制馅工艺

　　馅心的制作是面点制作中具有较高要求的一项工艺操作，包馅面点的口味、形态、特色、花色品种等都与馅心密切相关。所以，馅心对于包馅面点的重要性不言而喻。

第一节　中式面点馅心概述

一、馅心的概念和分类

　　馅心，又称馅子，是指将各种制馅原料，经过精细加工、调和、拌制或熟制后包入米面等坯皮内的"心子"。

　　馅心制作即制馅工艺，是指将各种原料制成馅心的过程，主要有选料、初步加工、调味、拌制或熟制等工序。制作方法分为两类：一是拌制法，先将原料经初步加工或经预热处理，再切成丝、丁、粒、末、沙、泥（蓉）等形状，最后加调味料拌和而成，多为生馅；二是熟制法，将原料加工成各种形状后加热调味成馅，多为熟馅。

　　馅心种类很多，花色不一，常用馅心可以从原料、口味、制作方法三个方面来进行分类，第一，按照原料不同来分类，在常用面点馅心中主要分为荤馅、素馅两大类；第二，按口味不同来分类，常用馅心的口味主要分甜馅、咸馅、甜咸馅三种口味；第三，按照制作方法不同来分类，可分为熟馅、生馅两种。

二、馅心的制作原则与作用

（一）馅心的制作原则

虽然馅心各有不同的制法和特点，但是馅心制作原则却大同小异，归纳起来，有以下几点。

1. 馅心的水分和黏性要合适

制作馅心时，水分和黏性可影响包馅制品的成型和口味。水分含量多、黏性小，不利于包捏成型；水分含量少、黏性大，馅心口感粗"老"，鲜嫩无法体现。因此馅心调制时，要适度控制水分和黏性。

馅心调制主要有生拌与熟制两种方法。生菜馅具有鲜嫩、柔软、味美的特点，多选用新鲜蔬菜制作，其含水量多在 90％ 以上，黏性很差，必须减少水分、增加黏性。蔬菜洗净切碎后，采用挤压或盐腌方法去除水分；增加黏性，则采取添加油脂、酱类及鸡蛋等办法。生肉馅，具有汁多、肉嫩、味鲜的特点，但必须增加水分、减少黏性。可采用"打水"或"掺冻"的办法，并加入调味品，使馅心水分、黏性适当。

熟菜馅多用干制菜泡后熟制，黏性较差；熟肉馅在熟制过程中，馅心又湿又散，黏性也差。所以，熟制馅一般都采用勾芡的方法，增加馅心的卤汁浓度和黏性，使馅料和卤汁混合均匀，以保持馅心鲜美入味。

生甜馅水分含量少，黏性差，常采用加水或油打"潮"增加水分；加面粉或糕粉增加黏性。熟甜馅，为保持适当水分，常采用泡、蒸、煮等方法调节馅心的水分；原料加糖、油炒制成熟，增加黏性。

2. 馅心原料的形状要加工成细碎状

馅心原料的形状要加工成细碎状是制作馅心的共同要求。制作馅心的原料形状宜小不宜大，宜碎不宜整。因坯皮是粉料调制而成，非常柔软，如果制作馅心的原料形状大，难以包捏成型，熟制时易产生皮熟馅生、破皮露馅的现象。所以馅料必须加工成细丝、小丁、粒、末、泥（蓉）等形状。具体规格要根据具体面点品种对馅心要求来决定。例如，扬州三丁包，鸡丁、肉丁、笋丁的大小规格现在常常为 0.5cm、0.4cm、0.3cm。

3. 馅心口味总体上调制要稍淡

馅心在口味上要求与菜肴一样，鲜美适口，咸淡适宜。由于面点多是空口食用，再加上经熟制会失掉一些水分，使卤汁变浓，咸味相对增加，所以，馅心调味应比一般菜肴淡些。水煮面点及馅少皮厚的品种除外。

4. 根据面点的成型特点制作馅心

由于馅料的性质和调制方法的不同，制出的馅心有干、硬、软、稀等区别。制作包馅面点时，应选择合适硬度的馅心，这样，才不至于面点在熟制后走形、塌架。一般情况下，制作花色面点的馅心应稍干一些、稍硬一些；皮薄或油酥面点的馅心应软硬适中或用熟馅，以免影响面点制品形态和口味。

（二）馅心对于包馅面点的作用

1. 决定面点的口味

包馅面点的口味，主要由馅心来体现。第一，包馅面点制品，馅心占较大比重，一般是皮料占 50％，馅料占 50％，有的品种如烧卖、锅贴、春卷、水饺等，则是馅料多于皮料，包馅多达60％～80％。第二，人们往往以馅心的质量作为衡量包馅面点制品质量的重要标准，日常形容包馅面点的口味都用"鲜、香、油、嫩"等加以表达，而这四字特点都是反应馅心质量的。可见，馅心对包馅面点的口味起着决定性的作用。

2. 影响面点的形态和色泽

馅心与包馅面点制品的形态也有着密切的关系。馅心调制适当与否，对制品成熟后的形态能否保持不走样、不塌形有着很大影响。一般情况下，制作面点花色品种，馅心应稍硬些，这样能使制品在成熟后撑住坯皮，保持形态不变。再如，有些制品由于馅料的装饰，可使形态优美。如在制作各式花色蒸饺时，在生坯做成后，再配以火腿末、虾仁丁、青菜碎、蟹黄粒、蛋白碎、蛋黄末、香菇末等馅心，使面点制品的色泽更加美观。所以，制作馅心还必须根据面点的成型特点做不同的点缀处理。

3. 形成面点的地方特色

各种包馅面点的特色跟所用坯料、成型加工和熟制方法等有关，但所用馅心也往往起着决定性的作用，馅心体现了不同地方风味特色。例如，广式面点馅味清淡，具有"鲜、滑、爽、嫩、香"的特点；苏式面点馅浓色深，多掺美味皮冻，具有皮薄馅足、卤多味美的特点；京式面点注重口味，常用葱姜、京酱香油等为调辅料，肉馅多用水打馅，具有薄皮大馅、非常松嫩的特点。

4. 增加面点制品的花色品种

由于馅心用料广泛，所以制成的馅心品种多样，从而增加了面点的花色品种。同样一只包子，因为馅心的不同，就可以产生不同的口味，形成不同的花式。如蟹粉包、鸡肉包、鲜肉包、菜肉包、水晶包、百果包、苹果包等，至于蒸饺、春卷、烧卖、汤团等品种，无一莫不如此，可见馅心品种的多种多样，才能增加面点制品的花色品种。

三、馅心的配方设计

馅心的配方设计是根据面点的具体特色，例如色、香、味、形等风味特征，设计包馅面点品种的坯皮料和馅心比例，并进一步形成其特色。因为面点中所含馅心比例不仅直接影响面点的形态、口味、口感、色泽，同时影响面点的制作工艺，还与面点制作的成本密切相关。因此，研究面点馅心的比例及要求在面点制作技术中非常重要。在设计面点包馅的配方比例时，既要考虑所做面点制品的特点、制作工艺与熟制方法，还要考虑所选原料的种类、性质，掌握季节变化规律和不同地区的饮食特点。

根据面点的种类不同，面点有无馅与有馅之分。有馅面点的包馅比例是指皮重与馅重之间的比例。在饮食行业中，依据包馅比例，常将包馅制品分为轻馅品种、重馅品种及半皮半馅品种三种类型。

（一）轻馅品种的馅心配方设计

轻馅品种的坯皮料与馅料重量比例一般为坯皮料占 60％～90％，馅料 10％～40％。有两种面点属于轻馅品种。一种是皮料具有显著特色，而以馅料辅佐的品种，如开花包，以其皮料松软、体大而开裂的外形为特色，故只能包以少量馅料以衬托坯皮料；再如象形品种中的荷花酥、海棠酥、金鱼包以及各种花色蒸饺等，主要是突出坯皮造型，如包馅量过大，会导致变形而达不到成品外观上的要求。另一种是馅料具有浓醇香甜味，多放不仅会破坏口味，而且易使坯皮穿底，如水晶包、鸽蛋圆子，常选用水晶馅、果仁蜜饯馅等味浓香甜的馅心，控制馅心的用量。

（二）重馅品种的馅心配方设计

重馅品种的坯皮料与馅料重量比例一般为坯皮料占 20％～40％，馅料占 60％～80％。属于重馅品种的面点也有两种。一种是馅料具有显著特点的品种，如广东月饼、春卷等，制品突出馅料，馅心变化多样。另一种是坯皮具有较好的韧性，适于包制大量馅心的品种，如水饺、烧卖等，以韧性较大的水调面做坯皮，能够包制大量的馅心。这类制品馅大、品种多、味美、吃口筋道。

（三）半皮半馅品种的馅心配方设计

半皮半馅品种是以上两种类型以外的包馅面点，其坯皮料和馅料的重量比例一般为坯皮料占 50％～60％，馅料占 40％～50％，适用于皮料与馅料各具特色的品种，如各式大包、各式酥饼等。

第二节　馅心预处理工艺

制馅的原料种类多，常见的原料有动物性的，也有植物性的；

有鲜活的原料，也有干货原料，总之，原料性状差异较大。馅心制作工艺就是通过一定的加工处理方法，将馅心原料改变原有的形态、形状，使之符合制馅要求，并便于调馅和食用。

一、馅心选料工艺

馅料的选择要考虑不同原料具有的不同性质，以及同一种原料不同部位具有的不同特点。由多种原料制作的馅心，应根据馅料性质合理搭配原料。

由于我国幅员辽阔，物产丰富，因而用于馅心制作的原料也是丰富多彩的，禽肉、畜肉等肉品，鲜鱼、虾、蟹、贝、海参等水产品，以及杂粮、蔬菜、水果、干果、蜜饯、果仁等都可用于制馅，这就为选择馅料提供了广泛的原料基础。

选料时，一是无论荤素原料，都取质嫩、新鲜，符合卫生要求的，要检查是否受潮霉变，是否虫伤鼠害。二是在选料时，猪肉馅要选用夹心肉，因其黏性强，吸水量较大；牛肉馅选用牛的腰板肉、前夹肉；羊肉馅选用肥嫩而无筋络的部位；鸡肉馅选用鸡脯肉；鱼肉馅宜选海产鱼中肉质较厚、出肉率高的鱼；虾仁馅宜选对虾；猪油丁馅选用板油；用于制作鲜花馅的原料，常选用玫瑰花、桂花、茉莉花、白兰花等可以食用的鲜花。

二、馅心加工工艺

馅心加工主要对制作馅心的原料进行初步整理，使之适合制作馅心和食用。

（一）焯水处理

焯水是以水为加热介质使原料半熟或刚熟的一种方法。根据原料的性质和制馅的要求，焯水分为冷水焯水和沸水焯水。

大部分新鲜蔬菜都必须焯水，一般采取沸水焯水。焯水有三个作用：第一，使蔬菜变软，便于刀工处理。第二，消除异味，蔬菜中如冬油菜、芹菜等，均带有一些异味，通过焯水可以消除。第三，有效地防止部分蔬菜的褐变，如芋头、藕、慈姑等，通过焯水可使酶失活，防止褐变。

对于牛羊肉等有膻味的动物性原料，根据制作馅心的需要，可以采取沸水焯水处理的方式。

（二）熟化处理

1. 面粉熟化

将干面粉通过加热使蛋白质变性，从而降低面粉中面筋的含量，称为面粉的熟化。面粉经熟化处理后吃水量较高，可增加馅心的甜软酥松感，使口味油而不腻，并能使馅心产生特殊的炒面香气。

面粉的熟化工艺有蒸熟、烘熟两种。蒸熟，是将生面粉放入用干笼布垫好的蒸笼中，通过蒸汽使面筋质凝固熟化。由于采用"干蒸"的工艺，面粉中的淀粉因含水量少不发生糊化，熟面粉冷却过筛后粉质仍然洁白松散。蒸熟的面粉，不仅用于制馅，还可用于蛋糕、棉花包、桃酥等只需少量面筋的品种。烘熟，是将生面粉用干净烤盘装好放入约 120～140℃ 炉温中烘烤至熟。经过烘熟处理的面粉冷却过筛后有香气，色泽微黄，吃水量较大，多用于调制甜馅。

2. 糯米熟化

将糯米炒熟磨制成粉，称为糯米的熟化。糯米经熟化处理后具有吸水力强、黏性大的特点。利用糯米的这一特性制馅，可使馅心纯滑带韧、软糯清亮。例如，广式月饼馅心就是用熟化处理的糯米粉作为馅料黏合剂而形成广式月饼特色的。经熟化处理的糯米粉，行业中称糕粉，也叫加工粉或潮州粉。其工艺过程是，先将糯米淘洗干净，再用温热水浸透，然后滤干水分与白沙炒制。炒时先用大火将白沙炒热，再倒入糯米迅速翻炒，待米粒发白发松即将糯米出锅，筛去白沙，冷却后磨制成粉。

刚制好的糕粉不宜使用，这种糕粉性较烈，行业中称为暴糕粉，如用于制作点心则制品口感较粗且容易变形，不好掌握。糕粉应摊放一段时间（约 2～3 周）才好使用，这时糕粉性质纯和，口感细腻软糯，成品定型好，并可吸收馅心中较多的水分，使馅心更为软滑。糕粉是甜馅中理想的黏合原料。

（三）褪皮处理

褪皮处理是指有皮壳的制馅原料的去皮、去壳加工。带皮壳的制馅原料主要是果仁类原料。这些原料经过褪皮处理，肉质光洁、色泽鲜明，并能够去掉原料中的苦涩味，使原料口味纯正。常见原料的褪皮处理方法如下。

1. 豆类

制馅中常用的豆类有赤豆、绿豆等，因其淀粉含量高，制成馅口感细腻、爽滑。但外皮较粗糙、韧实。所以制馅时常需进行褪皮处理。处理方法：将豆子用清水浸泡、洗净，淘去泥沙等杂质；倒入锅内加清水煮至豆皮爆裂；煮好的豆子放入罗筛中用手擦制，使豆内淀粉通过筛眼沉淀于水中，而豆皮则留在筛内被清除掉；将筛过的粉浆装入布袋，压去水分，即成豆沙。

2. 莲子

莲子是甜馅中的上等原料之一，以湘莲质量为最佳。莲子肉质洁白、松化、味清香，但其外衣色粉红、粗糙，制馅时应去掉，以免影响馅心的色泽和口感。处理方法：将莲子放入碱水中浸泡20min 左右，然后加入沸水（水要比莲子多一倍）加盖，浸闷约1h；用刷子搓洗莲子，并用清水冲洗干净，再用竹签捅去莲芯；将去皮、去芯后的莲子滤干水分，入笼，蒸至酥烂，再将熟莲子绞成蓉，即成。

3. 芝麻

芝麻有黑、白、黄三种，在去皮之前统称为糙麻。芝麻表皮粗糙无光泽，又带苦涩味，所以除黑芝麻有时用于点缀外，在制馅前一般都必须将外皮进行处理。

处理方法：先将芝麻浸泡淘洗干净，然后放在簸箕中用双手揉擦，通过揉擦使表皮脱落。待表皮脱落干净后放通风处吹干，再扬去外皮，即可得到颗粒整齐、油润光亮的麻仁。洗去外皮的芝麻称为洗麻，洗麻是芝麻中的上品。

用于制馅的芝麻须经炒制。炒制方法：先将铁锅烧热，然后放入芝麻迅速用竹刷在锅内旋炒，听芝麻爆裂声后尽快将锅端离火位倒出冷却即可。

4. 核桃

核桃是制作果仁馅的主要原料。核桃有坚硬的外壳，使用前要进行去壳处理，用小铁锤敲碎核桃壳，去掉核桃外壳、桃夹等剩下的即为桃仁。桃仁的衣有涩、苦味，调制馅心时应进行预处理，方法是焐油去涩或焯水去涩，即可达到食用要求。

（四）涨发处理

制馅中所用的干货原料，为尽量恢复其鲜嫩、细腻、松软的组织结构，常用水发、碱发、煮发、蒸发等涨发处理手段，其方法与烹调中干货原料的涨发基本相同，如木耳、香菇、海参、干贝、虾米等。干货涨发时，要根据具体品种的口味要求确定其涨发度，如春卷馅中的鱿鱼或墨鱼的处理，则只需在炉边稍烤，使其回软即可，以便保持其香味。

（五）形状处理

为适应面点的成型、熟制的需要，馅料一般都加工成细丝、小丁、粒、末、蓉等形状。常用的形态处理方法如下。

1. 绞法

用绞肉机将原料绞碎。适用于将多种原料加工成细小的末、泥、蓉形状，如鲜肉等。

2. 擦法

适宜蔬菜根茎、果实等原料加工成丝状，用擦板或刨加工；还适宜含粉质多的原料加工成泥蓉状或去皮，用筛擦洗，可保证粉粒细而爽滑，并去掉粗糙的皮，如豆沙、枣泥等。

3. 切法

适宜加工成丝状、丁状，如里脊肉、鸡肉、笋丁等。扬州的三丁包子，是用鸡丁、肉丁、笋丁烩制而成的三丁馅制成，在刀功形态上，鸡丁大于肉丁，肉丁大于笋丁。

4. 剁法

适宜质脆、含水量高、形体大的原料加工成细碎的形态。一般先切成小料，再有顺序地剁匀、剁细，如青菜、虾仁等。

5. 研磨或粉碎

适合质松脆、有硬性的原料加工成粉蓉状，采用研钵、粉碎机等工具加工，如麻仁、各种香辛料等。

三、馅心调制工艺

馅心调制工艺分为两类：一是拌制工艺，先将原料经初步加工或经预热处理，再切成丝、丁、粒、末、沙、泥、蓉等形状，最后加调味料拌和而成，多为生馅；二是熟制工艺，将原料加工成各种形状后加热调味成馅，多为熟馅。馅心调制工艺过程分解如下。

（一）拌制工艺

1. 拌制处理

拌制是把经过选料、加工处理的原料直接搅拌在一起的一种方法。主要用于各种生馅和部分熟馅。

在馅心拌制过程中常常应注意几个方面：第一，加入调味料的先后顺序要得当。加入调味料的先后顺序基本相同，首先是加盐、酱油（有的还加味精）于馅料中，经过搅拌确定基本咸味（加味精的还确定基本鲜味），也使馅料充分入味，再逐次加水搅拌，然后可按品种要求掺入冻（应在加水后进行），最后再放味精、芝麻油、葱等。第二，有些调味品要根据地方特色和风味特点投放，不能乱用；对于鲜味足的原料，应突出本味，不宜使用多种调料，以免影响风味；对于有不良气味的原料，除在加工处理中应先清除不良气味外，还可选用适当的调味料来改善、增强其鲜香味；调制馅心时不宜过咸，应以鲜香为宜。第三，天气热时要现拌现用，以免影响质量。

2. 擦制处理

擦制主要用于生甜馅的制作。擦糖，也称为擦糖馅，是指将蔗糖"打潮"，经擦制将粉料黏附在糖颗粒表面，从而使馅心能黏在一起成团，避免过于松散和加热熟制后溶化软塌以及食用时烫嘴的弊病。

"打潮"是将蔗糖中加入适量的水或油拌匀，使糖颗粒表面湿润，产生一定的黏性，以便吸附粉料。用水"打潮"叫水潮，用油"打潮"叫油潮。加熟面粉是调制生甜馅中的一个关键，多加了馅心干燥，少加了起不到作用，检验标准是加粉后用手搓透，能捏成坨即可。油除了起黏合剂作用外，还能调节馅心的干湿度，增加馅心的鲜香味道。

3. 掺水处理

掺水，又称吃水、打水，是使生肉馅鲜嫩的一种方法。因为动物性原料黏性大，油脂重，加水可以降低黏性，使生肉馅达到松嫩多汁。加水时应注意以下几点：第一，加水量的多少应根据制作的品种而定，水少则黏，水多则澥。以 500g 肉泥为准，一般吃水量为 250g 左右。第二，加水必须在调味之后进行，否则，肉馅吸水量降低，或者会出现肉馅水分逸出。第三，水要分多次加入，防止肉馅一次吃水不透而出现肉、水分离的现象。第四，搅拌时要顺着一个方向用力搅打。边搅边加水，搅到水加足，肉质颗粒呈胶状有黏性为止。如京式面点馅心口味上注重咸鲜，肉馅制作多用"水打馅"，佐以葱、黄酱、味精、麻油等，使之口味鲜咸而香，天津的"狗不理"包子是其中典型的代表品种。

4. 掺冻处理

（1）皮冻的制作方法　皮冻又叫冻。皮冻大体分为硬冻和软冻两类。两种冻制法相同，只是所加汤水量不同。硬冻放原汤少，每1000g 肉皮加汤水 1000～1500g，比较容易凝结，多在夏天使用；软冻放原汤多，每 1000g 肉皮加汤水 2000～2500g。如果把煮烂的肉皮从锅中取出后用纯汤汁制成的冻称水晶冻。

制冻有选料和熬制两道工序。第一，选料。制皮冻的用料，常选择猪肉皮（最好选用猪背部的肉皮），因肉皮中含有一种胶原物质，加热熬制时变成明胶，其特性为加热时熔化，冷却就能凝结成冻。在制皮冻时，如只用清水（一般为骨汤）熬制，则为一般皮冻。讲究的皮冻还要选用火腿、母鸡或干贝等鲜料，制成鲜汤，再熬肉皮冻，使皮冻味道鲜美，适用于小笼包、汤包等精细点心。第二，熬制。将肉皮洗净、去毛，将肉皮用沸水略煮一下，取出投入凉水中冲洗、去异味；放入锅中，加水或骨汤将肉皮浸没，用旺火煮至手指能捏碎时捞出肉皮，用刀剁成粒状或用绞肉机绞碎，再放入原汤锅内，加葱、姜、黄酒，用小火慢慢熬，一边熬一边撇去油污及浮沫，一直熬至肉皮完全粥化呈糊状时盛出，冷却后即成。

（2）掺冻方法　馅料中加入皮冻可以使馅料稠厚，便于包捏；熟制过程中皮冻熔解，可使馅心卤汁增多，味道鲜美。掺冻是南方面点常用的增加含水量的方法。有的馅心是在加水的基础上"掺冻"，如小笼肉包、汤包、饺子等的肉馅，都掺有一定数量的皮冻。掺冻量的多少，应根据冻的种类及具体品种的坯皮性质而定。一般情况下，每1000g馅料加500g左右皮冻。如用水调面及嫩酵面等作坯皮，掺冻量可以多一些。而用大酵面作坯皮时，掺冻量则应少一些。否则，卤汁为坯皮吸收后，容易穿底漏馅。如苏式面点馅心口味上，注重咸甜适口、卤多味美，肉馅多用"猪皮冻"，使制品汁多肥嫩、味道鲜美。淮安著名的"文楼汤包"为其代表性品种，且汤包熟制后，"看起来像菊花，提起来像灯笼"。同时，也正是由于运用了皮冻馅的原因，使汤包食用时，必须"轻轻提、慢慢移、先开窗、后喝汤"，增添了饮食的情趣，令人食后难忘。至于广式面点，馅心口味注重清淡，具有鲜、爽、滑、嫩、香等特点。

5. 掺粉处理

在甜馅的制作时，为了调剂馅心的黏性、软硬度和香味，适量添加熟化的面粉或糯米粉的过程就叫掺粉。例如，制作生甜馅时，要加入粉料和油（水）以增加黏性，便于包捏，馅心熟制后不液化、不松散，但掺入过多会使馅结成僵硬的团块，影响馅心的口味和口感。所以加入的粉料和油（水）要适宜。

行业中常用的检验方法是，用手抓馅，能捏成团不散，用手指轻碰能散开为好；如捏不成团、松散是黏性不足，应加油脂或水擦匀以增加黏性；如捏成团碰不散，表明黏性过大，应加粉料擦匀以减少黏性。

（二）熟制工艺

熟制工艺主要针对于熟馅加工。例如，熟肉馅烹制主要有两种方法：一种是先把肉类经煮、蒸、卤、烤等方法熟制后，加工成粒、丁、丝、片等形状，配以相应的辅料烹炒或直接用调味汁调拌而成，特点是味浓醇厚、香酥松散、卤汁少；另一种是直接将生肉类切成粒、丁、丝等形状后，经调味上浆、滑油至刚熟时配以相应的辅料烹炒而成，特点是颗粒丰满、口感滑嫩、芡汁明亮。

例如，熟菜馅是以腌制、干制或根茎类等蔬菜为主料，经过加工处理和烹制调味而成的馅心。其特点是清香不腻、柔软适口，多用于花色面点品种。熟菜馅所用的干菜类原料要经过冷水、热水泡发，还要经过煸、炒、焖、烧烹制成熟。

1. 划油处理

划油，又称滑油、拉油，是指用中火力、中油量、温油锅，将原料放入油锅中迅速划开，划散成半成品的一种熟处理方法，"滑熘鸡片"的过油就属于这种过油方法。

划油取料主要取用很嫩鲜的鸡、鸭、鱼、虾或猪、牛、羊、兔等嫩鲜部位的原料。划油的原料必须加工成较薄、较细、体积小的形状，如薄片、细丝、小丁、细条等，这样才能使原料在加热中快速成熟，快速出锅，进而保证半成品滑嫩的口感要求。

划油工艺流程是，把干净油锅放中火灶上，炝热，放入净油，加热到80～110℃，快速放入原料下锅划散，轻轻搅动，待原料浮到油面片刻后捞出，最后沥干余油备用。划油后的原料主要适应旺火速成的炒、爆、烹等烹调方法。在馅心制作中，滑鸡馅、三丁馅等品种都可以采用划油处理的方法来制作。

2. 调味处理

调味是保证馅心质量的重要手段。各地由于口味和习惯的不同，在调味品的选配和用量上存有差异，北方偏咸，南方喜甜。因此，要根据顾客要求、季节、地域的具体情况而定。在馅心制作的过程中，巧妙施加咸味、甜味、酸味、苦味、辣味、鲜味等调味料，使馅心口味呈现花样繁多的局面。

原料在加热中的调味，又称定性调味。调味在加热容器中进行，主要目的是使各种主料、配料及调料的味道融合在一起，并且相互配合，协调统一，从而确定馅心的滋味。

定性调味主要适合于熟制类的各种馅心，大部分熟馅都是如此。

3. 用芡处理

用芡是使馅料入味，增加黏性，提高包捏性能的重要手段。用芡的方法有两种：勾芡和拌芡。勾芡指烹制馅心时在炒锅内淋入芡汁；拌芡指将先行调制入味的熟芡，拌入熟制后的馅料，拌芡的芡汁粉料可用生粉或面粉调制。制芡汁时应注意，馅心芡汁一般较菜肴稍浓稠。

用芡可以使馅心卤汁浓稠，从而增加卤汁对原料的附着力。用芡既可以控制馅心的含水量，使馅心的软硬度与成型要求相适应，又可以增进馅心口味，使馅心更为充分地反映出调味的效果。用芡恰当与否，对面点的口味与成型均可造成较大的影响。

第三节　咸味馅制作工艺

在馅心制作中，咸馅的用料最广，种类很多，也是使用最多的一种馅心。咸味馅按制作方法划分，可分为生咸味馅、熟咸味馅两类。根据原料性质划分，一般有肉馅、菜馅和菜肉馅三类。

一、生咸味馅制作工艺

（一）生咸味馅的概念

生咸味馅是指将经过加工的生的制馅原料拌和调味而成的一类咸味馅心。用料一般多以禽类、畜类、水产品类等动物性原料以及蔬菜为主，加入配料及调料拌和而成。其特点是馅嫩多汁、口味鲜美。

1. 生肉馅制作

（1）概念　生肉馅又叫肉馅，是生馅的一种，以畜肉类为主，辅以其他如禽类或水产品等，斩剁后，一般经加水或掺冻，和调味品搅拌而成。其质量要求是鲜香、肉嫩、多卤汁、保持原料原汁原味，如猪肉馅、羊肉馅等。

（2）制作案例

1）猪肉馅的制作

① 原料准备　鲜猪肉 750g，精盐 5g，葱末 20g，姜末 10g，芝麻油 50g，酱油 10g，味精 5g，骨头汤或水 500g。

② 制作方法

A. 将鲜猪肉洗净，制成泥状，倒入盆内，加姜末、精盐、酱油搅拌，腌制 10min。

B. 加入骨头汤（水）搅打上劲后放入葱末、芝麻油、味精，拌匀即成。

③ 操作关键

A. 猪肉的肥瘦比例为 4∶6 或 5∶5 为宜。

B. 肉泥的吃水量应灵活掌握。肉馅以打上劲，不吐水为准。

C. 鲜肉馅要求外观色泽浅，在调味时酱油的用量不宜多。

D. 肉馅可以掺冻，掺冻的比例根据制品的要求而定。

④ 风味特点　色泽鲜明，肉质滑嫩，鲜美有汁，软硬适中。

2）羊肉馅的制作

① 原料准备　鲜羊肉 750g，胡萝卜 350g，葱 200g，芝麻油

50g，酱油 75g，花椒水 250g，姜末 15g，精盐 5g，花椒粉 5g，味
精 5g。

② 制作方法

A. 鲜羊肉绞成蓉，胡萝卜切成碎末，大葱切成葱花。

B. 羊肉蓉放入盆中，加姜末、精盐、酱油拌匀，腌制 10min。

C. 用花椒水搅打肉蓉，边加边顺着一个方向搅动，搅成稠糊
状，再加入味精、葱花、花椒粉、香油拌匀，最后加入胡萝卜末拌
匀即成为馅心。

③ 操作关键

A. 要选用羊的腰板肉或颈肉。该部分肉质嫩、肥瘦均匀。

B. 要注意祛除羊肉膻味。

④ 风味特点　色泽鲜明，肉质滑嫩。

2. 生菜馅制作

（1）概念　生菜馅，是指以新鲜蔬菜为原料，经过择洗、刀工
处理、腌、渍、调味、拌制等精细加工而成，如白菜馅、韭菜馅、
萝卜丝馅等。其特点是能够较多地保持原料固有的香味与营养成
分，口味鲜嫩、爽口、清香，适用于水饺、包子等。

（2）制作案例

1）白菜馅的制作

① 原料准备　白菜 500g，油面筋 50g，绿豆芽 400g，香菜
50g，芝麻油 20mL，芝麻酱 25g，盐 15g，味精 5g。

② 制作方法

A. 将白菜切细剁碎，略腌后，挤干水分。

B. 油面筋撕成小碎块备用。

C. 绿豆芽择洗干净，焯水后入凉水凉透切碎，香菜切末。

D. 将以上原料混合倒入盆中，加盐、味精、芝麻油和芝麻酱
拌和均匀。

③ 操作关键

A. 白菜切碎后，要腌制一下，挤去水分。

B. 要掌握豆芽菜焯水时间，焯水后一定要入凉水凉透。

C. 这是典型的生素菜馅，忌用荤油。

④ 风味特点　咸鲜爽口，香味宜人。

2）萝卜丝馅的制作

① 原料准备　白萝卜 750g，虾皮 20g，盐 10g，味精 5g，胡椒粉 3g，葱花 25g，芝麻油 25g，熟火腿 15g，水发香菇 25g。

② 制作方法

A. 白萝卜去皮擦成细丝，开水焯一下，捞出晾凉，挤去水分。

B. 熟火腿切成末，水发香菇切末备用。

C. 将萝卜丝、熟火腿末、水发香菇末等加上盐、味精、胡椒粉、葱花、芝麻油等拌匀即可。

③ 操作关键

A. 萝卜丝必须用开水焯一下，去其辣味。

B. 水发香菇须发透，没有硬芯。

④ 风味特点　色泽素雅，咸鲜适口。

3. 生菜肉馅制作

（1）概念　生菜肉馅是指以鲜肉馅为基础，加蔬菜原料拌制而成的生咸馅。此类馅心荤素搭配，营养合理，口味协调，使用较为广泛，适用于包子、饺子等。

（2）制作案例

1）菜肉馅的制作

① 原料准备　猪肉泥 500g，白菜 500g，酱油 20g，葱末 25g，姜末 15g，精盐 15g，味精 5g，白糖 15g，芝麻油 25g。

② 制作方法

A. 猪肉洗净后，斩成蓉状（或绞肉机绞成肉蓉）；加入葱末、姜末、精盐、味精、白糖、芝麻油和水搅打上劲。

B. 白菜择洗干净，切碎斩成细末，略腌挤干水分。

C. 肉蓉与白菜一起拌和均匀，调好口味即可。

③ 操作关键

A. 肉馅的掺水量可适当减少，因为白菜水分多。

B. 白菜要切碎略腌，挤去水分，加入肉蓉中拌匀，最好现拌现用。

④ 风味特点　荤素搭配，鲜美不腻。

2）笋肉馅的制作

① 原料准备　鲜猪肉 500g，水发香菇 50g，冬笋 200g，精盐 5g，味精 5g，酱油 25g，白糖 20g，胡椒粉 5g，芝麻油 10g，葱末 25g，姜末 20g，清水（骨头汤）200g。

② 制作方法

A. 冬笋焯水，剁成细粒；水发香菇切成粒。

B. 将鲜猪肉洗净绞成泥状，倒入盆内，加姜末、精盐、葱末、酱油、白糖搅拌，加清水（骨头汤）搅打上劲后放入熟笋粒、香菇粒、芝麻油、味精，拌匀即成。

③ 操作关键

A. 冬笋一定要焯水，去除涩味。

B. 控制肉泥的加水量，水量不宜过多。

④ 风味特点　肉嫩香脆，卤多鲜美。

二、熟咸味馅制作工艺

（一）熟咸味馅的概念

熟咸味馅是将制馅原料经形状处理后，通过熟制制成的。它选料广泛，口味多变，并能缩短面点制品的成熟时间，保持坯皮料的风味，其特点是口味醇厚，鲜香汁美。

1. 熟肉馅的制作

（1）概念　熟肉馅是用畜禽肉及水产品等原料经加工处理，烹制成熟而成的一类咸馅心。其特点是卤汁紧、油重味鲜、肉嫩爽口、清香不腻、柔软适口，一般适用于酵面、熟粉团面坯花色点心及用作油酥制品的馅心。

（2）制作案例

1）三丁馅的制作

① 原料准备　猪五花肉 500g，熟鸡脯肉 250g，熟冬笋 250g，

虾籽 5g，酱油 75g，白糖 50g，湿淀粉 25g，葱 10g，姜 10g，绍酒 15g，鸡汤 350g，盐 10g。

② 制作方法

A. 将葱、姜洗净，切成碎末备用。

B. 将猪五花肉焯水后，放入清水锅中煮至七成熟后捞出。

C. 将猪五花肉、熟鸡脯肉、熟冬笋改切成丁，入锅稍加炒制后，加入绍酒、葱姜末、酱油、虾籽、白糖、鸡汤、盐等，用旺火煮沸入味，最后用湿淀粉勾芡，等卤汁浓稠后出锅。

③ 操作关键

A. 三丁的比例大小要恰当，鸡丁略大于肉丁，肉丁略大于笋丁。

B. 卤汁分量要适中，过多难以包捏，过少吃口不鲜美。

④ 风味特点　三丁嫩脆，味鲜纯正。

2）叉烧馅的制作

① 原料准备　熟叉烧肉 500g，面粉 150g，粟粉 150g，猪油 250g，白糖 150g，酱油 10g，精盐 15g，味精 10g，芝麻油 100g，蚝油 100g，香葱 25g，清水 1000g。

② 制作方法

A. 将熟叉烧肉改切成指甲片备用。

B. 将炒锅烧热，放入猪油烧热，入香葱炝锅，倒入面粉、粟粉炒香，加入清水制糊，再加入精盐、酱油、白糖、味精、蚝油、芝麻油等调味并搅匀，呈稠糊状浅棕色熟糊，即为面捞芡，出锅晾凉备用。

C. 将叉烧肉片加入面捞芡搅拌均匀，即成叉烧馅。

③ 操作关键

A. 叉烧肉不能切太细，一般为指甲片大小。

B. 注意掌握面捞芡浓稠度。过稀或过稠均会影响面点成型和口感。

④ 风味特点　色泽红亮，甜咸润口。

2. 熟菜馅的制作

（1）概念　熟菜馅是以腌制和干制蔬菜等为主料，经过加工处理和烹制调味而成的馅心。其特点是清香不腻、柔软适口，多用于花色面点品种。

（2）制作案例

1）雪菜冬笋馅的制作

① 原料准备　雪里蕻 500g，冬笋 150g，猪油 50g，鸡汤 100g，虾籽 5g，湿淀粉 25g，精盐 15g，酱油 5g，味精 2.5g。

② 制作方法

A. 将雪里蕻反复用冷水泡去咸味，再剁成碎末；冬笋切细丁，焯水。

B. 锅内加入猪油，烧热后煸炒笋丁，放入鸡汤、虾籽、酱油、精盐，焖约 10min 左右盛出。

C. 再在锅里放入猪油，烧热后煸炒雪里蕻，炒透后，放入笋丁、味精，用湿淀粉勾芡，拌和均匀即可。

③ 操作关键

A. 雪里蕻一定要反复用冷水浸泡，套去咸味。

B. 笋丁要焯水，并先炒干水分，再加油煸炒。

④ 风味特点　咸香甘鲜，爽脆适口。

2）素什锦馅的制作

① 原料准备　干香菇 20g，冬笋 100g，鲜蘑菇 100g，豆腐干 50g，油面筋 50g，油菜 750g，葱 10g，姜 10g，植物油 25g，芝麻油 10g，盐 10g，味精 3g，酱油 15g。

② 制作方法

A. 葱姜切末；干香菇用温水浸泡涨发后洗净，切成细粒；油面筋放在温水中泡软，然后切碎；鲜蘑菇、豆腐干一起放入沸水中，焯水后捞出；冬笋放入沸水锅中煮熟。

B. 油菜放入沸水锅中焯水，捞出用冷水冲凉，把油菜切碎后挤干水分。

C. 将冬笋、蘑菇、豆腐干分别切成细粒。

D. 把油菜末放入盛器中，加植物油、盐、味精、芝麻油拌匀。

E. 锅内放油烧热，放下葱姜末炸香，加入香菇粒、切碎的面筋、冬笋粒、蘑菇粒、豆腐干粒，加盐、味精、酱油煸炒，盛出冷却后倒入油菜末中，拌匀即可。

③ 操作关键

A. 油菜焯水后一定要用冷水冲凉，避免油菜氧化变色。

B. 拌馅心时一定要等到凉透后再拌在一起。

④ 风味特点　色泽鲜明，咸鲜适口。

3. 熟菜肉馅制作技术

（1）概念　将肉加工处理、烹制调味后，再掺入加工好的蔬菜馅料拌匀，即成熟菜肉馅。其特点为色泽自然、荤素搭配、香醇细嫩。

（2）制作案例

1）鸡粒馅的制作

① 原料准备　鸡脯肉 250g，冬笋 50g，冬菇 50g，猪肥膘肉 50g，叉烧肉 100g，葱 10g，姜 10g，生抽 15g，精盐 5g，味精 5g，胡椒粉 5g，芝麻油 10g，猪油 100g，料酒 15g，白糖 10g，湿淀粉 15g，鸡汤 200g，蛋清 15g。

② 制作方法

A. 将鸡脯肉、冬笋、冬菇、猪肥膘肉洗净，与叉烧肉一起均切成黄豆大小的细粒；葱姜切末。

B. 鸡肉丁加少许精盐、料酒拌匀，用蛋清、湿淀粉上浆。

C. 炒锅置于火上，加入一半猪油，待油温升至 3～4 成热后，放入鸡丁划熟。

D. 炒锅加另一半猪油，倒入猪肥膘肉、叉烧肉、冬菇等煸炒，再放入鸡丁、葱姜末、料酒、精盐、生抽、胡椒粉、白糖、味精和鸡汤，烧沸后勾芡，淋入芝麻油出锅成馅。

③ 操作关键

A. 鸡脯肉较嫩，要采用划油的初步熟处理方法。

B. 芡汁的厚度要适中。

④ 风味特点　细嫩滑爽，鲜香醇厚。

2）咖喱牛肉馅的制作

① 原料准备　牛肉 200g，洋葱 150g，咖喱粉 15g，猪油 100g，精盐 5g，白糖 10g，味精 2g，黄酒 15g，鸡汤 50g，湿淀粉 10g。

② 制作方法

A. 牛肉洗净切成肉丁备用。

B. 洋葱切成小丁备用。

C. 锅内放入一半猪油，待油热时，将肉丁放入锅内煸炒，加黄酒，炒松变色散时，将肉丁倒出。

D. 原锅放在火上，加油烧热，将咖喱粉倒入煸炒出香味，倒入洋葱煸炒至上色，加入鸡汤、精盐、白糖、味精调好味，加入牛肉丁炒匀，最后勾芡盛出即可。

③ 操作关键

A. 牛肉丁需要划油处理。

B. 洋葱要煸炒至微微上色，这样葱香味才够浓郁。

④ 风味特点　色泽金黄，鲜香肉嫩。

第四节　甜味馅制作工艺

甜味馅制作工艺分为生甜馅制作工艺和熟甜馅制作工艺。

一、生甜馅制作工艺

（一）概念

生甜馅是以糖为主要原料，配以粉料（糕粉、面粉）和干果料，经擦拌而成的馅心。加入的果料主要有果仁和蜜饯两类。常用的果仁有瓜子仁、花生仁、核桃仁、松子仁、榛子仁、杏仁、芝麻等；蜜饯有青红丝、瓜条、蜜枣、桃脯、杏脯等。

有的果料在拌入糖馅前要进行成熟处理，如芝麻要炒熟、碾碎。特点是松爽香甜、甜而不腻，且带有各种果料的特殊香味。常用的品种有白糖馅、麻仁馅、水晶馅、五仁馅。也有的馅将玫瑰、桂花等拌入到糖中再制成馅，这样不仅增加了风味，同时也增加了香味，使制品更具特色。常用的品种有玫瑰白糖馅、桂花水晶馅等。

（二）制作案例

1. 麻仁馅的制作

（1）原料准备　芝麻仁 250g，熟面粉或熟米粉 50g，猪油 350g，白糖 500g。

（2）制作方法

① 将芝麻洗净、滤干，用小火炒至呈淡黄色，有香气为止。

② 将炒好的芝麻倒在案板上，碾压成碎末状。

③ 将白糖、熟面粉或熟米粉、猪油、芝麻细末一起擦拌均匀即成麻仁馅。如将芝麻改用芝麻酱，即成麻蓉馅。

（3）操作关键

① 炒制芝麻时要用小火，炒匀炒黄。

② 要反复擦制，擦匀擦透。

（4）风味特点　甘甜适口，麻味香浓。

2. 水晶馅的制作

（1）原料准备　猪板油 600g，白糖 400g。

（2）制作方法

① 将猪板油撕去表面薄膜。

② 切去带血的猩红部分，用刀切成 1cm 见方的小丁。

③ 然后按板油丁与白糖为 3：2 比例拌和均匀。

④ 待糖渍至 48h 以后即可作馅。

（3）操作关键

① 选用猪板油，色泽要白。

② 要去掉筋膜，切细丁，与白糖一起擦成泥状。

（4）风味特点　色白细腻，甜润甘香。

二、熟甜馅制作工艺

（一）概念

熟甜馅是指以植物的种子、果实、根茎等为主要原料，用糖、油炒制而成的一类甜馅。因加工中将其制成泥蓉状，所以也称为泥蓉馅。其特点是质地细腻、油润，甜而不腻，果香浓郁，是制作花色面点的理想馅心。常见的品种有豆沙馅、枣泥馅、山药馅、莲蓉馅等。

（二）制作案例

1. 豆沙馅的制作

（1）原料准备　赤豆 750g，白糖 750g，色拉油 200g，桂花酱 75g。

（2）制作方法

① 赤豆去杂质，洗净，加清水用大火烧开，然后改小火焖煮至豆酥烂。

② 将煮酥的赤豆放入罗筛中，加水搓擦去皮，挤干水分，即成豆沙。

③ 锅内加少量的色拉油、白糖炒出糖色后，再加入豆沙、白糖、色拉油同炒。炒至豆沙中水分基本蒸发尽。

④ 最后加入桂花酱搅拌均匀，即成豆沙馅。

（3）操作关键

① 煮豆时水要一次性加足，如中途实在需要加水，注意只能加热水不能加凉水，以防止把豆煮僵。

② 煮豆时，避免多搅动，以防止影响传热和造成煳锅，影响豆沙馅的品质口味。

③ 出沙时要选用细罗筛，边加水边擦，以提高出沙率。

④ 炒制时，用小火不停地翻炒，炒至黏稠、深褐色油亮即成。

（4）风味特点　色泽深褐，油亮爽口，软硬适度，口感细腻。

2. 莲蓉馅的制作

（1）原料准备　莲子 750g，白糖 750g，色拉油 300g，碱 5g。

（2）制作方法

① 莲子放入沸水内加少许碱浸泡。

② 用刷子刷去皮，去除莲芯，清洗干净。

③ 将莲子入笼屉干蒸，至酥烂取出，捣成泥状。

④ 炒锅烧热，先下少许的色拉油炒制，待糖熔化，倒入莲蓉，边铲边翻炒。

⑤ 然后继续加糖，炒至稠浓，水分蒸发，不粘锅与铲子，即可出锅。

（3）操作关键

① 莲子去皮洗净后，应立即煮制，避免水泡太久，导致回生上色。

② 莲子捣烂后，要用罗筛过筛，擦成细泥。

③ 火候掌握要适度，先用中火，后改用小火。

（4）风味特点　色泽淡黄，莲香细腻。

第六章　中式面点的成型工艺

中式面点的形状可谓是千姿百态，极大地丰富了我国面点的品种。随着科技的进步，部分面点的成型，也可以用机器来代替了，大大地提高了劳动生产率，但是机器成型存在着一定的局限性。目前，机器只能生产形状单一的面点品种，如面条、元宵、水饺等，成型稍微复杂的面点及至一些基本的技法，仍然主要以手工技法为主。

 ## 第一节　中式面点的基本技法剖析

中式面点制作的基本技法是历代厨师代代传承、不断总结、辛勤劳动的结晶。中式面点制作虽然由早期的全手工制作发展到当今的手工技能和机械加工共存的局面，但在我国餐饮业中式面点制作工艺仍是以手工技能为主导，以经验为指导的，技能相对复杂。

我国面点虽然种类繁多，花色复杂，各地有不同的风味、特点，但是在制作面点的基本动作、基本工艺流程的表现形式上是相同或基本相同的。行业中常说"点心入门先调面"。如果没有过硬的基本功，没有掌握一定的动作手法、技巧和标准要想学好是很难的，更难制作出色、香、味、形、质俱佳的中式面点。

一、和面

和面是依据面点制品的要求，将粉料与水、油、蛋等辅料调制成面坯的过程。和面是面坯调制的重要环节，和面的好坏会直接影响成品品质和制作工艺的顺利进行。

（一）手工和面

1. 抄拌法

一般适用于较多面粉的和面。具体方法是将适量水及其他辅助原料放入和面缸盆中搅拌均匀，再倒入面粉，双手沿和面缸的内壁伸入缸中，由下向上、从外向内反复抄拌。抄拌时，用力要均匀，促使水粉结合，使之成为絮片状（也有的叫穗状）。这时可根据面坯吸水性，调整加水量，并继续用双手抄拌，使面坯呈块状态，再揉捣成为面坯。

2. 调和法

一般适用于较少量面粉的和面。具体方法是将面粉倒在面案上，用手在面粉堆中间挖出适当的凹塘，将水和其他辅料倒入凹塘中调制均匀，右手握刮面刀从粉凹塘的内边开始向中间调和，以粉推水，待面粉和水拌和成为絮状后，再适当调整面坯的含水量，揉搓成面坯。操作过程中，手要灵活，动作要快，不能让水泄漏流到凹塘外面案板上。此法也用于油酥面坯调制，如调制水油面等。

3. 搅和法

一般用于较稀软坯、烫面坯的调制。具体方法是先将面粉倒入盆中，然后左手浇水，右手拿竹筷或擀面杖搅和，边浇边搅，使其吃水均匀，搅匀成坯。

（二）机器和面

机器和面是通过和面机搅拌桨的旋转，将主、辅料搅拌均匀，并经过挤压、揉捏等作用，使粉粒互相黏结成坯。和面时将适量的水及调辅原料倒入和面机搅拌桶内，开机搅拌均匀；倒入面粉，选择适当的转速下搅拌均匀，达到符合面坯的调和程度即可。

二、揉面

揉面是指将和好的面坯经过反复揉搓，使粉料与辅料更为调和均匀，形成柔润、光滑的符合面坯调制质量要求的过程。

根据面坯的性质和制品的要求，揉面的方法有单手揉、双手揉、双手交叉揉三种。

（一）单手揉

左手压住面坯的一头（后部），右手掌根将面坯压住向前推，将面坯摊开，再卷拢回来，翻上接口转 90°，再继续摊卷，如此反复，直到面坯揉透。一般用于较少的面坯。

（二）双手揉

用双手的掌根压住面坯，用力伸向外推动，把面坯摊开，再从外向内卷起形成面坯，翻上接口转 90°，继续再用双手向外推动摊开、卷拢，直到揉匀揉透、面坯表面光滑为止。

（三）双手交叉揉

双手交叉用掌跟将面坯向两侧推平摊开，再用双手从前向后卷起，翻上接口转 90°，再次双手交叉用掌跟将面坯推开、卷起，如此重复，直到面坯揉匀揉透。

三、搓条

搓条是取适量揉好的面坯，经双手搓揉，制成一定规格、粗细均匀、光滑圆润的条状过程。搓条时双手压在揉好的面坯上，向前左右推搓，使面坯向左右两侧延伸，要求将面团搓成粗细均匀的圆柱形长条。

四、下剂

下剂是将搓好的剂条按照制品要求，分成一定规格分量面剂的过程。常用的有摘剂、挖剂、拉剂、切剂等方法。

（一）摘剂

先将搓好的剂条，用左手握住，露出与剂子分量相同大小的截面，然后用右手大拇指与食指、中指配合轻轻捏住面剂露出部分，拇指用力顺左手食指边缘摘下一个面剂。

（二）挖剂

挖剂也称铲剂，是将搓条后的坯条，用右手指挖成一段段分量均匀面剂的过程，适用于较粗大的各种剂条。

（三）拉剂

拉剂是在面坯上用手指抓出或捏出一团团面剂的过程，适用于比较稀软或无筋力的面坯。

（四）切剂

切剂又叫剁剂，是将制成条的面坯用刀或铲等工具，切成一定分量的小剂过程。

五、制皮

制皮是按面点品种和包馅的要求将面坯剂子制成一定质量要求的薄皮过程。

（一）按皮

按皮即用手掌将面剂按成适当坯皮的过程。此方法使用方便、速度快，是一种常用的制皮方法，也可成为其他制皮方法的基础，运用较为广泛，适用于制作 50～75g 重量的面皮。

（二）拍皮

拍皮又称压皮，是借用工具按压面剂制皮的过程，适用于制作小型没有韧性的或坯料较软、皮子要求较薄的特色品种皮。

（三）捏皮

捏皮又称为"捏窝"，指用手指将面剂捏成适当的圆窝形坯皮的过程，适用于无韧性的米粉坯。

（四）摊皮

摊皮是指加热的工具将面坯制成坯皮的过程，主要用于稀软的或糊状的面坯制皮，如春卷皮、豆皮等。

（五）擀皮

擀皮是利用工具将面剂擀制成相应坯皮的过程，是目前最主要、最普遍的制皮法。

（六）压皮

压皮是将剂子按在案板上，用手略揿，右手持刀将刀平压在剂子，左手按住刀面向前旋压，将剂子压成圆皮的一种特殊的制皮的方法，主要用于澄面点心的制皮。

六、上馅

上馅是指在坯皮中间放上调好的馅心的过程。根据品种不同常用的上馅方法有包馅法、拢馅法、夹馅法、卷馅法、滚粘法等。

（一）包馅法

包馅法是最常用的一种方法用于包子、饺子等品种。根据品种的特点，又可分为无缝、捏边、提褶、卷边等。

（二）拢馅法

拢馅法是将馅放在皮子中间然后将皮轻轻拢起，不封口，露一部分馅，如烧卖等。

（三）夹馅法

夹馅法主要适用糕类制品，即一层粉料加上一层馅。要求上馅量适当，上均匀并抹平，可以夹上多层馅。对稀糊面的制品，则要蒸熟一层后上馅，再铺另一层，如豆沙凉糕等。

（四）卷馅法

卷馅法是先将面剂擀成片状，然后将馅抹在面皮上，一般是细碎丁馅或软馅，再卷成筒形做成制品，切块露出馅心，如豆沙卷、如意卷等。

（五）滚粘法

滚粘法即是把馅料搓成型，蘸上水，放入干粉中，用簸箕摇晃，使干粉均匀地粘在馅上，如橘羹圆子、藕粉圆子等。

第二节　中式面点的成型技法运用

中式面点的成型技法就是用调制好的面坯，按照面点的制品要求，运用各种手法制成多种多样的半成品（或成品）。大致有揉、切、卷、包、捏、擀、叠、摊、抻、拧、拨、削等。但大部分面点的成型都需要两种或两种以上的成型方法来完成。

一、揉、切、卷、包、捏

（一）揉

揉是面点制作的基本动作之一，也是面点制品成型的方法之一，是将下好的剂子用手揉搓成球形、半球形的一种方法。揉分为双手揉和单手揉两种技法，其中双手揉又分为揉搓和对揉两种技法。

（二）切

切是以刀为主要工具，将加工成一定形状的坯料切割成型的一种方法，如刀切面、刀切馒头、花卷或成熟后改刀成型的千层油糕等糕类制品。

（三）卷

卷是采用卷馅法，就是上馅后将坯料连同馅一起卷拢成圆柱形的一种方法。卷可分为单卷法和双卷法两种技法。

单卷法就是将平铺在案板上的坯皮抹上一层油，加上馅料，将坯馅从一头卷到另一头，成为单卷圆筒形。

双卷法就是将平铺在案板上的坯皮抹上一层油，加上馅料，从坯馅两头向中间对卷，卷到中心两卷靠拢且紧靠而成两卷粗细一致的双圆筒形。

（四）包

包是将制好的皮子或其他薄形的原料（如春卷皮、粽叶等）上馅后使之成型的一种方法。可以分为包入法、包拢法、包裹法等。

（五）捏

捏是将上馅的皮子，按成品形态要求，经双手的指上技巧制成各种不同造型的半成品的方法。根据品种的形状不同，捏又可分为一般捏法和捏塑法两种。

二、擀、叠、摊、抻、拧

（一）擀

擀是运用擀面工具将坯料擀制成一定形状的一种方法，具有坯皮成型与品种成型两种功能，如饼类、蒸饺皮、烧卖皮、层酥、油条等。

（二）叠

叠就是将经过擀制的坯料，经折叠法形成半成品的形态。由于面点花色品种较多，叠的方法也有所不同，有对折叠而成的，也有反复多次叠折的，如荷叶卷、桃夹、千层糕、凤尾酥、兰花酥等。

（三）摊

摊是用于较稀面坯在烧热的铁锅上平摊成型的一种方法。摊可以分为熟成型法（如煎饼）和半成品成熟法（如春卷皮）。

（四）抻

抻是调制柔软的面团，经双手反复抖动、抻拉、扣合，最后成条、丝等形状制品的方法。抻的成型法主要用于面条的制作，其制品形状比较简单，但技术难度大，特别是细如发丝的龙须面，是面点制作的一门绝技。

（五）拧

拧是将面剂翻转或扭成一定形态的技法，常与揉搓、切等技法结合使用，如麻花、油条即属此法。

三、按、剪、削、拨、滚

（一）按

按是指将制品生坯用手按扁压圆成型的一种方法。

（二）剪

剪就是运用剪刀的手法，来修饰半成品和成品等成型所用。

（三）削

削是用刀直接削制面团而成长条形面条的方法。用刀削出的面条又称为刀削面。削可以分为机器削和手工削两种。

（四）拨

拨是面条的一种成型方法，拨出的面条别具风味。方法是用筷子顺碗沿拨出面条（又称为拨鱼面），拨出后的面条直接下锅煮熟。

（五）滚

滚是将馅心加工成球形或小方块后通过着水增加黏性，再在粉料中滚动，使其表面黏上多层粉料而成型的方法。

四、挤、钳、镶、型模

（一）挤

挤就是将调制好的浆、糊状面团装入裱花袋里，捏紧袋口，使浆、糊从铜制裱花嘴挤出成长条形、饼形等各种形状，主要用于浆糊状面团的面点成型，如曲奇饼干、泡芙等。此外，挤也是装饰面点的主要成型方法，如各种中式裱花蛋糕等，就是把调制好的挤花料（如果酱、奶油等）装入带裱花嘴的布袋或油纸卷成的喇叭筒内，在蛋糕上挤成各种亭台楼阁、山水、人物、花草虫鱼、中西文字等图案花纹和字样。

（二）钳

钳是使用花钳等工具，在制好的面点半成品或面点成品上钳花，形成多种多样的花色品种。

（三）镶

镶又称镶嵌。有的是直接镶嵌，如枣糕等，就是在糕饼上嵌上几个红枣而成。有的是间接镶嵌，即把各种配料和粉料拌和一起，制成成品后，表面露出配料，如赤豆糕、百果年糕等。

（四）型模

型模即利用模具来成型。由于各种面点品种的成型要求不同，模具的种类可分为四类，即印模、套模、盒模、内模，应按照面点制品的要求选择使用。

第七章　中式面点的熟制工艺

　　熟制工艺，即是运用各种方法将成型的面点生坯（又叫半成品）加热，使其在热量的作用下发生一系列的变化（蛋白质的热变性，淀粉的糊化等），成为色、香、味、形俱佳的熟制品的过程。

第一节　中式面点熟制的基本原理

　　中式面点熟制的基本原理其实跟面点熟制工艺中传热的方式和熟制过程中的物理化学变化相关。

　　面点熟制工艺中传热的基本方式有三种：导热、对流和辐射。导热是指物体各部分无相对位移或不同物体直接接触时依靠物质分子、原子及自由电子等微观粒子热运动而进行热量传递的现象。依靠流体的运动，把热量由一处传递到另一处的现象，称为对流。无论是导热还是对流，都必须通过冷热物体的直接接触，即均须依靠常规物质为媒介来传递热量。而热辐射的机理则完全不同，它是依靠物体表面对外发射可见或不可见的射线来传递热量的。

　　中式面点熟制工艺中经常使用的传热介质有水及水蒸气、油、空气、金属等。以水及水蒸气为介质传热的熟制方法主要是煮制成熟法、蒸制成熟法；以油为传热介质的熟制方法主要有炸制成熟法；以空气为传热介质的熟制方法主要有烤制成熟法；以金属为传热介质的熟制方法主要有煎制成熟法、烙制成熟法。

在熟制过程中，面点制品由生坯到成熟，要经过一系列的物理化学变化及生物化学变化，如水分蒸发、气体膨胀、蛋白质凝固、淀粉糊化、油脂熔化和氧化、糖的焦糖化和美拉德褐变反应等，经加热后面点半成品成为色、香、味、形、质、营养俱佳的熟制品。

第二节 中式面点熟制的几种方法

中式面点的熟制方法，主要有蒸、煮、炸、烙、煎、烤（烘）等单加热法，以及为了适应特殊需要而使用的蒸煮后煎、炸、烤；蒸、煮后炒或烙后烩等综合加热法（又叫复合加热法）。

一、单加热法

单加热法主要是采用单一加热方法熟制面点的成熟法，具体有蒸、煮、炸、煎、烙、烤等。

（一）蒸

蒸就是把成型的生坯，置于笼屉内，架在开水锅上，在蒸气热量的作用下，成为熟品。通常把这种蒸熟的制品叫"蒸食"或"蒸点"。它的主要设备是蒸灶和笼屉。蒸的方法主要适用于膨松面（特别是发酵面）、热水面、糕面等制品。

（二）煮

煮就是把成型的生坯，投入沸水锅中，利用水受热后产生的热量的传导和对流作用，使制品成熟。煮制法的使用范围也较广，包括面团制品和米类制品两大类。面团制品如冷水面的饺子、面条、馄饨等和米粉面团的汤糕、元宵等；米粉制品如饭、粥、粽子等。

（三）炸

炸是用油传热的熟制方法。它的成熟原理与煮制法相同。炸制法的适用性比较广泛，几乎各类面团制品都可炸制，主要用于油酥面团、矾碱盐面团、米粉面团等制品。

目前炸制面点的油温，大体分为温油（90～130℃）、热油（150℃左右）、旺油（180～220℃）3类。

（四）煎

煎与炸一样，也是用油传热的熟制法。不同的是，煎制法用油量较少，一般都是用高沿锅煎制，主要用于馅饼、锅贴、煎包等。煎时用油量的多少，根据制品的不同要求而定，一般以在平锅底抹薄薄一层为限。有的品种需油量较多，但以不超过制品厚度的一半为宜。煎法又分为油煎和水油煎两种。

1. 油煎

高沿锅架于火上，烧热后放油（均匀布满整个锅底），再把生坯摆入，先煎一面，煎到一定程度，翻个再煎另一面，煎至两面都呈金黄色，内外、四周均熟为止。从生到熟的全过程中，不盖锅盖。

2. 水油煎

做法与油煎有很多不同之处，锅上火后，只在锅底抹少许油，烧热后将生坯从锅的外围整齐地码向中间，稍煎一会（火候以中火、150℃左右的热油为宜），然后洒上几次清水（或和油混合的水），每洒一次，就盖紧锅盖，使水变成蒸汽传热焖熟。

（五）烙

烙就是把成型的生坯，摆放在平锅中，架在炉火上，通过金属传热的熟制法。烙制法适用于水调面团、发酵面团、米粉面团、粉浆面团等制品。烙的方法，可分为干烙、刷油烙和加水烙3种。

1. 干烙

制品表面和锅底，既不刷油，也不洒水，直接将制品入平锅内烙，叫做干烙。干烙制品，一般来说，在制品成型时加入油、盐等（但也有不加的，如发面饼等）。

2. 刷油烙

刷油烙的方法和要点，均与干烙相同，只是在烙的过程中，或在锅底刷少许油（数量比油煎法少），每翻动一次就刷一次；或在制品表面刷少许油，也是翻动一面刷一次。

3. 加水烙

加水烙是利用锅底和蒸汽联合传热的熟制法，做法和水油煎相似，风味也大致相同。但水油煎法是在油煎后洒水焖熟；加水烙法，是在干烙以后洒水焖熟。加水烙在洒水前的做法，和干烙完全一样，但只烙一面，即把一面烙成焦黄色即可。

（六）烤

烤又叫烘、炕，即利用各种烘烤炉内的高温，把制品加热烤熟。目前使用的烤炉，式样较多，并出现了电动旋转炉、红外线辐射炉、微波炉等。烤制范围主要用于各种膨松面、油酥面等制品。

二、复加热法

我国面点种类繁杂，熟制方法也是丰富多彩的，除上述这些单加热法以外，还有许多面点需要经过两种或两种以上的加热过程。这种经过几种熟制方法制作的称为复加热法，又称综合熟制法。它与上述单加热法不同之处，就是在成熟过程中往往要多种熟制方法配合使用，归纳起来，大致可分为两类。

第一类，即为蒸或煮成半成品后，再经煎、炸或烤制成熟的品种，如油炸包、伊府面、烤馒头等。

第二类，即是将蒸、煮、烙成半成品后，再加调味配料烹制成熟的面点品种，如蒸拌面、炒面、烩饼等。这些方法已与菜肴烹调结合在一起，变化也很多，需要有一定的烹调技术才能掌握。

第八章　中式面点的装盘装饰

近年来，随着生活水平的提高，人们对面点的享受不仅仅局限在味觉上，而且也注重面点具体品种的整体视觉效果以及与整桌筵席的美感上，于是面点的装饰艺术已悄然兴起。

第一节　中式面点的装盘

我国面点制作源远流长，具体品种成百上千，丰富多彩，且都具有不同的地方特色。这些制品按完成后的形态分，常常可分为饭、粥、糕、团、饼、粉、条、包、饺、羹、冻等，其中，大多数面点品种形状简洁朴实，少部分为花色面点，具有多彩多姿的造型。

在传统面点的装盘技法中，单个品种放在盘中心；两个装的呈平行状；三个装的呈品字形；四个装的呈田字格；五个装的四平一高呈双层形；再多就顺次堆高呈馒头形、宝塔状，装盛以简洁、丰满为度。

如果将大多数造型简单的品种，甚至花色面点品种，在常规的装盛手法外，适当缀以盘饰，可谓相得益彰，不仅可以提高面点的欣赏价值，而且可以提高它的食用价值。此法已在近年来的国内、国际大赛中，屡屡使用，展示了面点品种的意境与装饰的魅力。

第二节 中式面点的装饰

面点的装饰也俗称面点的盘饰。所谓盘饰，俗称围边，即在面点盛器内占有一定空间，点缀可食性的装饰物，以装饰美化面点造型，提高视觉效果，从而增进宾客食欲，给人以欢乐的情趣和艺术的享受。

一、面点盘饰的手法

面点盘饰常常在装盛面点的盘（碟）子边沿、一角、正中或底面进行，主要目的是针对面点具体品种进行装饰、点缀，使盘饰与面点品种浑然一体，体现出一种色、形、意俱佳的艺术效果。所以盘饰的品种，多以色艳、象形、写意的形式出现，常见的有时果、花草、鸟兽、虫鱼、徽记、山水、楼阁、人物等制品。常用的手法如下。

（一）围边

这是一种最为普遍使用的盘饰方法，主要在盛器的内圈边沿围上一圈装饰物。如用各种有色面团相互包裹，揉搓成长圆形，再用美工刀切成圆片、半圆片或花形片，围边点缀，烘托面点的造型。

（二）边缀

也是一种常用的盘饰方法，在盛器的边缘等距离地缀上装饰物。如用澄粉面团制作的喇叭花、月季花、南瓜藤等在对称、三角位处摆放，起到一定的装饰效果。

（三）角花

是当前最为流行的一种盘饰方法，在盛器的一端或边沿上放上一个小型装饰物或一丛鲜花。如用澄粉面团制的小鱼小虾、小禽小兽，缀以小花小草或直接用鲜花作陪衬，使整盘面点和谐美观。

（四）大手笔

这种盘饰手法，主要用面点品种展示、比赛，以增强艺术效果。如采用面塑制作的人物、亭台楼阁、风景等装饰，创造整盘面点的意境，引人入胜。

面点盘饰除了采用以上集中常见的手法外，还应注意利用各种配器和垫衬物来加以美化。如为了突出面点品种艺术效果，常选择菱形盘、柳叶碟、水晶盅、小圆笼、漆盒、红木托、紫砂盘等特殊器皿装盛，在盛器底部还可以垫上荷叶、纸托、绢纱、草编垫等，使点心更加赏心悦目。

二、面点盘饰的注意事项

在制作面点盘饰的过程中，需注意几方面的情况。

（一）盘饰制品以食用为主

所用盘饰制品，应是熟制品和可以直接食用的加工制品，不影响整盘面点的食用卫生要求。

（二）盘饰制品的色泽应鲜艳明快

盘饰制品常用面点工艺中卧色法和套色法配色。制作时，要注意色彩的纯度，多用暖色调（红、黄、橙），慎用冷色调（蓝、绿）。

（三）盘饰制品造型应简洁、明了、自然

在盘饰制作过程中，常选用人们喜闻乐见、形象简洁的素材，如花、鸟、虫、鱼等。制作时要善于抓住对象的特征，创造出形象生动的制品，做到既简洁又迅速，少用过分逼真、费工费时又易污染的盘饰制品。

（四）盘饰制品应与面点制品主题相近或相配

只有盘饰制品与面点制品相互呼应，盘饰才能起到辅助美化作用，才能创造和谐的意境，使整盘面点生色，从而，也展现了现代盘饰的魅力。

第九章 中式面点的制作案例

第一节 水调面团类

一、笋肉蒸饺

1. 原料配方（以 30 只计）

（1）坯料 面粉 300g，开水 100mL，冷水 50mL。

（2）馅料 猪肉泥 250g，净鲜笋 150g，盐 3g，生抽 10mL，糖 5g，玉米淀粉 15g，姜末 5g，葱末 10g，冷水 100mL，虾籽 2g，味精 3g。

2. 制作过程

（1）馅心调制 净鲜笋洗净后焯煮 10min 后，捞出晾凉，切粒备用。在猪肉泥中加上笋粒、葱末、姜末、盐、生抽、糖、玉米淀粉、虾籽、味精等搅匀上劲，再加上 100mL 冷水，继续搅匀，再次上劲成馅。

（2）面团调制 面粉放入盆中加入 100mL 开水，用筷子搅拌成絮状，然后再加上 50mL 冷水，揉拌均匀，形成光滑的面团，盖上湿布，醒面 20min。

（3）生坯成型 将醒好的面团揉匀，搓条，下剂。然后将面剂子逐个擀成饺皮，中心部分分别放入馅料，对折捏紧包成元宝形饺子。

(4) 生坯熟制　把包好的饺子生坯，逐只排列在放有硅胶笼垫的蒸笼里，再将蒸笼置于旺火烧开的锅上，蒸 12min 即可。

二、月牙蒸饺

1. 原料配方（以 30 只计）

(1) 坯料　中筋面粉 300g，开水 100mL，冷水 50mL。

(2) 生肉馅　猪肉泥 300g，葱花 15g，姜末 5g，黄酒 15mL，虾籽 3g，酱油 15mL，精盐 5g，白糖 15g，味精 5g，冷水 150mL。

(3) 皮冻　鲜猪肉皮 250g，鸡腿 150g，猪骨 250g，香葱 25g，生姜 15g，黄酒 15mL，虾籽 5g，精盐 5g，味精 5g，冷水 1000mL。

2. 制作过程

(1) 馅心调制　首先将鲜猪肉皮焯水，铲刮去毛根和猪肥膘，反复三遍后，入锅，放入香葱、生姜、黄酒、虾籽以及焯过水的鸡腿、猪骨等，大火烧开，小火加热至肉皮一捏即碎，取出熟肉皮及鸡腿、猪骨等，肉皮入绞肉机绞三遍后返回原汤锅中再小火熬至黏稠，放入精盐、味精等调好味，过滤去渣，冷却成皮冻。

其次，将猪肉泥加入葱花、姜末、虾籽、黄酒、酱油、精盐搅拌入味，搅拌上劲，然后分三次加入冷水，顺一个方向搅拌再次上劲，加入白糖、味精和匀成鲜肉馅，再拌入绞碎的皮冻待用。

(2) 面团调制　中筋面粉倒上案板，中间扒一小窝，倒入开水和成雪花面，再淋冷水和成温水面团，盖上湿布，饧制 20min。

(3) 生坯成型　将面团揉光搓成条，摘成 30 只小剂，撒上干粉，逐只按扁，用双饺杆擀成直径 9cm、中间厚四周稍薄的圆皮。左手托皮，右手用馅挑刮入 25g 馅心成一条枣核形，将皮子分成

四、六开，然后用左手大拇指弯起，用指关节顶住皮子的四成部位，以左手的食指顺长围住皮子的六成部位，以左手的中指放在拇指与食指的中间稍下点的部位，托住饺子生坯。再用右手的食指和拇指将六成皮子边捏出皱褶，贴向四成皮子的边沿，一般捏 14 个皱褶，最后捏合成月牙形生坯。

（4）生坯熟制　生坯上笼，置蒸锅上蒸 8～10min，视成品鼓起不粘手即为成熟。

三、金鱼饺

1. 原料配方（以 30 只计）

（1）坯料　中筋面粉 300g，热水 100mL，冷水 50mL。

（2）馅料　猪肉泥 300g，葱末 15g，姜末 15g，黄酒 15mL，虾籽 3g，精盐 5g，酱油 15mL，白糖 20g，味精 5g，冷水 100mL。

（3）饰料　模具刻圆的红樱桃 60 粒。

2. 制作过程

（1）馅心调制　将鲜猪肉泥加入葱末、姜末、虾籽、黄酒、酱油、精盐搅拌入味，搅拌上劲，然后分三次加入冷水，顺一个方向搅拌再次上劲，加入白糖、味精和匀成鲜肉馅。

（2）面团调制　中筋面粉倒上案板，用开水烫成雪花状，摊开冷却后，再洒上冷水，均匀揉和成团，盖上湿布，饧制 20min。

（3）生坯成型　将面团揉光搓成条，摘成 30 只小剂，按扁擀成直径 8cm 的圆皮。在圆皮直径的 1/4 部放上馅心，将面皮沿直径对称向上提起，前端的 1/4 面皮，用筷子夹出三个小孔与中间的两边相黏，做成鱼嘴和鱼眼睛。然后再用筷子夹住圆皮的中间，将馅心往身部推、捏拢，把后端的 1/2 面皮按扁成扇面形，剪成 4 片，修成鱼尾形状，用木梳压出细纹，在鱼的脊背处用铜夹子夹出背鳍，即成金鱼饺生坯。

（4）生坯熟制　将生坯上笼蒸 8min 成熟，出笼后在鱼的两只眼睛孔里放上刻圆的红樱桃。

四、冠顶饺

1. 原料配方（以 30 只计）

（1）坯料　中筋面粉 300g，温水 150mL。

（2）馅料　猪肉泥 150g，水发干贝 25g，水发香菇 25g，酱油 15g，味精 3g，白胡椒粉 0.5g，精盐 5g，骨头汤 50g，熟火腿 15g。

2. 制作过程

（1）馅心调制　将水发干贝洗净，去掉老筋，入笼用旺火蒸发，取出后晾凉撕碎。水发香菇洗净去蒂，切成末。熟火腿切成小丁。将猪肉泥盛入碗内，加入碎干贝、香菇末、白胡椒粉、精盐、味精、酱油拌匀，再加入骨头汤拌匀上劲即成馅料。

（2）面团调制　将面粉过罗筛，放案板上，中间扒一小窝，加入温水 150mL 拌匀揉透。

（3）生坯成型　盖上湿布，饧制后搓成细条，摘成 30 个剂子。然后逐个剂子擀成直径约 8cm 的薄圆皮，按三等份对折成角，将皮子翻转，光的一面朝上，中间放入肉馅 15g，将三个角同时向中间捏拢，然后用食指和拇指推出花边，将后面折起的面依然翻出，顶端留一小孔，填入火腿末。

（4）生坯熟制　将生坯排入蒸笼中，旺火蒸约 10min 即成。

五、四喜饺

1. 原料准备（以 30 只计）

（1）坯料　中筋面粉 300g，开水 100mL，冷水 50mL。

（2）馅料　猪肉泥 350g，葱花 15g，姜末 10g，黄酒 15mL，虾籽 3g，酱油 15mL，精盐 5g，白糖 20g，味精 3g，冷水 100mL。

（3）饰料　蛋白末 50g，熟香肠末 50g，蛋黄末 50g，熟青菜末 50g。

2. 制作过程

（1）馅心调制　将鲜猪肉泥加入葱花、姜末、虾籽、黄酒、酱油、精盐搅拌入味，搅拌上劲，然后分三次加入冷水，顺一个方向搅拌再次上劲，加入白糖、味精和匀成鲜肉馅。

（2）面团调制　中筋面粉倒上案板，中间扒一小窝，用开水烫成雪花状，摊开后，再洒上冷水，揉和成团，盖上湿布，饧制15～20min。

（3）生坯成型　将面团揉光搓成条，摘成30只小剂，按扁擀成直径8cm的圆皮。将圆形坯皮中间放上馅心，沿边分成四等份向上、向中心捏拢，将中间结合点用水粘起，而边与边之间不要捏合，形成4个大孔。将两个孔洞相邻的两边靠中心处再用尖头筷子夹出1个小孔眼，计夹出4个小孔眼，然后把4个大孔眼的角端捏出尖头来即成生坯。

（4）生坯熟制　将四喜饺子生坯上笼蒸8min即可成熟。

（5）点缀装饰　出笼后逐只在4个大孔眼中分别填入蛋白末、熟香肠末、蛋黄末、熟青菜末即成。

六、一品饺

1. 原料配方（以30只计）

（1）坯料　中筋面粉300g，开水100mL，冷水50mL。

（2）馅料　猪肉泥300g，葱花15g，姜末10g，黄酒15mL，虾籽3g，酱油15mL，精盐5g，白糖20g，味精5g，冷水100mL。

（3）饰料　熟蛋白末150g，熟香肠末150g，熟蛋黄末150g。

2. 制作过程

（1）馅心调制　将猪肉泥加入葱花、姜末、虾籽、黄酒、酱油、精盐搅拌入味，搅拌上劲，然后分三次加入冷水，顺一个方向搅拌再次上劲，加入白糖、味精和匀成鲜肉馅。

（2）面团调制　中筋面粉倒上案板，中间扒一个窝，用开水烫成雪花状，摊开冷却后，再洒上冷水，揉和成团，盖上湿布，饧制 15min。

（3）生坯成型　将面团揉光搓成条，摘成 30 只小剂，逐只按扁擀成直径 8cm 的圆皮。左手托住面皮，放入馅心后，皮子边沿分三等份向上向心拢起，边拢边捏形成三条边，然后将三条边捏薄卷向中心，形成三个大孔，捏成方形如"口"字，即成一品饺子生坯。

（4）生坯熟制　上笼蒸制 8min。

（5）点缀装饰　出笼后在三个大孔里分别点缀上熟蛋黄末、熟蛋白末、熟香肠末即成。

七、兰花饺

1. 原料配方（以 30 只计）

（1）坯料　中筋面粉 300g，开水 100mL，冷水 50mL。

（2）馅料　猪肉泥 300g，葱花 15g，姜末 15g，黄酒 15mL，虾籽 3g，酱油 15mL，精盐 5g，白糖 20g，味精 3g，冷水 100mL。

（3）装饰料　熟蛋白末 150g，熟香肠末 150g，熟蛋黄末 150g，熟青菜末 150g，熟香菇末 80g。

2. 制作过程

（1）馅心调制　将鲜猪肉泥加入葱花、姜末、虾籽、黄酒、酱油、精盐拌和入味，搅拌上劲，然后分三次加入冷水，顺一个方向搅拌再次上劲，加入白糖、味精拌匀成鲜肉馅。

（2）面团调制　将中筋面粉倒上案板，扒一个小窝，用开水烫成雪花状，摊开冷却后，再洒上冷水，揉和成团，盖上湿布，饧制 15min。

（3）生坯成型　将面团揉光搓成条，摘成 30 只小剂，逐只按扁擀成直径 8cm 的圆皮。圆形面皮中间放上馅心，从圆形面皮边缘按四等份向上拢起，向中间捏成四角形，中心留一个小圆孔，每只角捏成边，用剪刀将四边修齐，然后在每条边上由下向上剪出两根面条。将一边的上面一根面条与相邻边的下面一根面条的下端粘起来，这样形成 4 个向下倾斜的孔。再将 4 只角的剩余部分的边上剪出齿，并朝同一方向拧偏一角度，做成兰花叶，即成兰花饺子生坯。

（4）生坯熟制　将兰花饺子生坯上笼蒸 8min 即可成熟。

（5）点缀装饰　出笼后在 4 个斜形孔和中心的圆洞里分别填进五种不同颜色的馅料碎末即成兰花饺子。

八、莲蓬饺

1. 原料配方（以 30 只计）

（1）坯料　中筋面粉 300g，开水 100mL，冷水 50mL。

（2）馅料　前夹心肉泥 300g，葱花 5g，姜末 5g，黄酒 15mL，虾籽 1g，精盐 5g，酱油 15mL，白糖 20g，味精 5g，冷水 100mL。

（3）饰料　熟松子仁 50g，熟绿叶菜末 50g。

2. 制作过程

（1）馅心调制　将鲜猪肉泥加入葱花、姜末、虾籽、黄酒、酱油、精盐拌和入味，搅拌上劲，然后分三次加入冷水，从一个方向搅拌再次上劲，加入白糖、味精和匀成鲜肉馅。

（2）面团调制　将中筋面粉倒上案板，扒一个小窝，用开水烫成雪花状，摊开冷却后，再洒上冷水，揉和成团，盖上湿布，饧制 15～20min。

（3）生坯成型　将面团揉光搓成条，摘成 30 只小剂，逐个按扁用双饺杆擀成直径 8cm 的圆形面皮。左手托住圆形面皮，右手用馅挑刮鲜肉馅心 15g 放在面皮中心。用手将面皮向上向中间拢起，并折叠成 7 个大小相等的角，收口时不要捏紧，只是把每个角的下边粘牢。然后用骨针（或竹签）把其中一个角的两条边分开，把这个角的一条边和相邻角的一边用水粘上，黏合起来、捏紧。用同样方法把另外 6 个角也粘牢。这样从饺子的上面看，是由 7 个小圆孔组成的一个整面，形似莲蓬。

（4）生坯熟制　将生坯上笼蒸 8min 即可。

（5）点缀装饰　出笼后在每个制品小圆孔里填入少许绿叶菜

末，按上半颗松子仁即成莲蓬饺子。

九、飞轮饺

1. 原料配方（以 30 只计）

（1）坯料　中筋面粉 300g，开水 100mL，冷水 50mL。

（2）馅料　猪肉泥 300g，葱末 15g，姜末 15g，黄酒 15mL，虾籽 3g，精盐 5g，酱油 15mL，白糖 25g，味精 5g，冷水 100mL。

（3）饰料　熟火腿末 50g，熟蛋白末 50g。

2. 制作过程

（1）馅心调制　将猪肉泥加入葱末、姜末、虾籽、黄酒、酱油、精盐拌和入味，搅拌上劲，然后分三次加入冷水，顺一个方向搅拌再次上劲，加入白糖、味精和匀成鲜肉馅。

（2）面团调制　中筋面粉倒上案板，扒一个小窝，用开水烫成雪花状，摊开冷却后，再洒淋上冷水，揉和成团，盖上湿布，饧制 15～20min。

（3）生坯成型　将面团揉光搓成条，摘成 30 只小剂，逐只按扁擀成直径 8cm 的圆皮。在圆皮的中间放入馅心，将皮子四周按对称两大两小的等份向上向中心捏起，粘牢，形成对称的两个大孔和两个小孔。将相对的两个大孔捏拢成两条边，然后分别将每条边自上而下地用手指捻捏出波浪形的花边，再将两条花边沿顺时针方向旋转，以增加动感。另外将两个对称的小孔用铜夹子夹出花边，表示轮盘，即成飞轮饺子生坯。

（4）生坯熟制　将生坯放入笼内蒸 8min 成熟。

（5）点缀装饰　出笼后在两个小孔里分别放入熟火腿末和熟蛋白末点缀后装盘。

十、白菜饺

1. 原料配方（以 30 只计）

（1）坯料　中筋面粉 300g，开水 100mL，冷水 50mL。

（2）馅料　猪肉泥 300g，葱末 15g，姜末 15g，黄酒 15mL，虾籽 3g，精盐 5g，酱油 15mL，白糖 25g，味精 5g，冷水 100mL。

2. 制作过程

（1）馅心调制　将猪肉泥加入葱末、姜末、虾籽、黄酒、酱油、精盐拌和入味，搅拌上劲，然后分三次加入冷水，顺一个方向搅拌再次上劲，加入白糖、味精和匀成鲜肉馅。

（2）面团调制　中筋面粉倒上案板，扒一个小窝，用开水烫成雪花状，摊开冷却后，再洒淋上冷水，揉和成团，盖上湿布，饧制 15～20min。

（3）生坯成型　将面团揉光搓成条，摘成 30 只小剂，逐只按扁擀成直径 8cm 的圆皮。在圆形面皮中间放上馅心（馅心要硬一点），四周涂上水，将圆面皮按五等份向上向中间捏拢成 5 个眼，再将 5 个眼捏紧成 5 条边。每条边用手由里向外、由上向下逐条边推出波浪形花纹，把每条边的下端提上来，用水粘在邻近一片菜叶的边上，即成白菜饺生坯。

（4）生坯熟制　将生坯上笼蒸 8min 成熟即可。

十一、鸳鸯饺

1. 原料配方（以 30 只计）

（1）坯料　中筋面粉 300g，开水 100mL，冷水 50mL。

（2）馅料　猪肉泥 300g，葱末 15g，姜末 15g，黄酒 15mL，虾籽 3g，精盐 5g，酱油 15mL，白糖 25g，味精 5g，冷水 100mL。

（3）饰料　熟火腿末 50g，黄蛋皮末 50g。

2. 制作过程

（1）馅心调制　将猪肉泥加入葱末、姜末、虾籽、黄酒、酱油、精盐拌和入味，搅拌上劲，然后分三次加入冷水，顺一个方向搅拌再次上劲，加入白糖、味精和匀成鲜肉馅。

（2）面团调制　中筋面粉倒上案板，扒一个小窝，用开水烫成雪花状，摊开冷却后，再洒淋上冷水，揉和成团，盖上湿布，饧制

$15\sim20\text{min}$。

（3）生坯成型　将面团揉光搓成条，摘成 30 只小剂，逐只按扁擀成直径 8cm 的圆皮。在圆形面皮中间放上馅心（馅心要硬一点），在皮子的四周涂上蛋液，将皮子两边的中间部分对粘起，再将坯在手上转 $90°$，先后把两端的两边对捏紧，成为鸟头鸟嘴，两边的中间各现出一个圆筒。用铜夹子把鸟嘴夹出花纹，再在鸟头两边的空洞中分别放入熟火腿末和黄蛋皮末，即成生坯。

（4）生坯熟制　将生坯上笼蒸 8min 成熟即可。

十二、梅花饺

1. 原料配方（以 30 只计）

（1）坯料　中筋面粉 300g，开水 100mL，冷水 50mL。

（2）馅料　猪肉泥 300g，葱末 15g，姜末 15g，黄酒 15mL，虾籽 3g，精盐 5g，酱油 15mL，白糖 25g，味精 5g，冷水 100mL。

（3）饰料　熟蛋黄末 50g。

2. 制作过程

（1）馅心调制　将猪肉泥加入葱末、姜末、虾籽、黄酒、酱油、精盐拌和入味，搅拌上劲，然后分三次加入冷水，顺一个方向搅拌再次上劲，加入白糖、味精和匀成鲜肉馅。

（2）面团调制　中筋面粉倒上案板，扒一个小窝，用开水烫成雪花状，摊开冷却后，再洒淋上冷水，揉和成团，盖上湿布，饧制 $15\sim20\text{min}$。

（3）生坯成型　将面团揉光搓成条，摘成 30 只小剂，逐只按扁擀成直径 8cm 的圆皮。先在皮的中间用馅挑刮入少量馅心，再把皮分五等份，向上向中心捏拢捏成五只角，角上边呈五条边，用小剪刀将五条边剪齐，然后将每条边向里卷起，卷向中心与第二条边相连时，将连接处用蛋液粘起。共圈成五个小圆孔，将圆孔向外微扩，成五瓣梅花饺生坯。将熟蛋黄末均匀点缀到五个圆孔里，最后摆列置蒸笼屉中。

（4）生坯熟制　将生坯上笼蒸 8min 成熟即可。

十三、知了饺

1. 原料配方（以 30 只计）

（1）坯料　中筋面粉 300g，开水 100mL，冷水 50mL。

（2）馅料　猪肉泥 300g，葱末 15g，姜末 15g，黄酒 15mL，虾籽 3g，精盐 5g，酱油 15mL，白糖 25g，味精 5g，冷水 100mL。

（3）饰料　虾仁 60 颗，水发香菇粒 50g。

2. 制作过程

（1）馅心调制　将猪肉泥加入葱末、姜末、虾籽、黄酒、酱油、精盐拌和入味，搅拌上劲，然后分三次加入冷水，顺一个方向搅拌再次上劲，加入白糖、味精和匀成鲜肉馅。

（2）面团调制　中筋面粉倒上案板，扒一个小窝，用开水烫成雪花状，摊开冷却后，再洒淋上冷水，揉和成团，盖上湿布，饧制 15～20min。

（3）生坯成型　将面团揉光搓成条，摘成 30 只小剂，逐只按扁擀成直径 8cm 的圆皮。将其 4/5 部分向反面对称先折叠成"人"字形，然后在两条边上抹上水，皮的中间放上馅心，将两条边各自对叠起来，顶端相连形成一个筒形孔。用骨针将圆孔的中段向里推进，粘起成两个小孔即为眼睛，两小孔中分别放上两粒虾仁，在虾仁的中间戳一个小洞按上一颗小香菇丁作眼珠。用铜花夹将对叠的两边都夹出花边来，夹紧。然后再将折叠过去的两圆边从下面翻过来，用铜夹夹出花边，即为知了的两翅，将两翅微向后弯，将生坯站立放置，即为知了饺生坯。

（4）生坯熟制　将生坯上笼蒸 8min 成熟即可。

十四、蝴蝶饺

1. 原料配方（以 30 只计）

（1）坯料　中筋面粉 300g，开水 100mL，冷水 50mL。

（2）馅料　猪肉泥 300g，葱末 15g，姜末 15g，黄酒 15mL，虾籽 3g，精盐 5g，酱油 15mL，白糖 25g，味精 5g，冷水 100mL。

（3）饰料　水发香菇末 50g，熟蛋黄末 50g，熟蛋白末 50g。

2. 制作过程

（1）馅心调制　将猪肉泥加入葱末、姜末、虾籽、黄酒、酱油、精盐拌和入味，搅拌上劲，然后分三次加入冷水，顺一个方向搅拌再次上劲，加入白糖、味精和匀成鲜肉馅。

（2）面团调制　中筋面粉倒上案板，扒一个小窝，用开水烫成雪花状，摊开冷却后，再洒淋上冷水，揉和成团，盖上湿布，饧制 15～20min。

（3）生坯成型　将面团揉光搓成条，摘成 30 只小剂，逐只按扁擀成直径 8cm 的圆皮。在坯皮中间上入馅心，将皮子提起向上包拢，捏拢成四个空洞，其中两大两小，两个大洞占圆弧的 3/5，两个小洞占圆弧的 2/5。

两大洞之间留一长孔，在近尖端 1/3 处沾上蛋液，用筷子夹粘起，将两大孔的斜上方捏尖，再将两个小孔的下端捏尖，注意两个小孔之间不相粘，中间的长孔作为蝴蝶的身子，两个大孔作为蝴蝶的两大翅膀，两个小孔作为蝴蝶的两个小翅膀。

（4）点缀装饰　在中间的长孔里放入黑色的水发香菇末；在两个大洞中点缀熟蛋黄末；在两个小洞中点缀上熟蛋白末，即成蝴蝶饺生坯。

（5）生坯熟制　将生坯上笼蒸 8min 成熟即可。

十五、燕子饺

1. 原料配方（以 30 只计）

（1）坯料　中筋面粉 300g，开水 100mL，冷水 50mL。

（2）馅料　猪肉泥 300g，葱末 15g，姜末 15g，黄酒 15mL，虾籽 3g，精盐 5g，酱油 15mL，白糖 25g，味精 5g，冷水 100mL。

（3）饰料　红樱桃末 15g，水发香菇粒 50g，蛋液 50g。

2. 制作过程

（1）馅心调制　将猪肉泥加入葱末、姜末、虾籽、黄酒、酱油、精盐拌和入味，搅拌上劲，然后分三次加入冷水，顺一个方向搅拌再次上劲，加入白糖、味精和匀成鲜肉馅。

（2）面团调制　中筋面粉倒上案板，扒一个小窝，用开水烫成雪花状，摊开冷却后，再洒淋上冷水，揉和成团，盖上湿布，饧制15～20min。

（3）生坯成型　将面团揉光搓成条，摘成30只小剂，逐只按扁擀成直径8cm的圆皮。将圆坯皮周长划分成六等份，上端和下端各留下1/6，两边各占2/6。将两边的圆皮推出水波浪花边，然后在圆皮中心放上馅心，将两边的水波浪花边各自对捏比齐，上边不捏紧，略翻出；下边捏紧，成为两只翅膀，将两翅膀粘牢。

上端1/6经捏制后成一圆孔，将圆孔捏出一个尖角，成为嘴，在圆孔中放入香菇末，成为鸟头，香菇中间按上一点红樱桃末，即为眼睛。下端的1/6也成为一个圆孔，在圆孔的中心部位，用骨针竖着向两翅膀中间推进沾上蛋液，捏成剪刀形的尾巴。

（4）生坯熟制　将生坯上笼蒸8min成熟即可。

十六、桃饺

1. 原料配方（以30只计）

（1）坯料　中筋面粉300g，开水100mL，冷水50mL。

（2）馅料　猪肉泥300g，葱末15g，姜末15g，黄酒15mL，虾籽3g，精盐5g，酱油15mL，白糖25g，味精5g，冷水100mL。

（3）饰料　红樱桃末15g，水发香菇粒50g，蛋液50g。

2. 制作过程

（1）馅心调制　将猪肉泥加入葱末、姜末、虾籽、黄酒、酱油、精盐拌和入味，搅拌上劲，然后分三次加入冷水，顺一个方向搅拌再次上劲，加入白糖、味精和匀成鲜肉馅。

（2）面团调制　中筋面粉倒上案板，扒一个小窝，用开水烫成雪花状，摊开冷却后，再洒淋上冷水，揉和成团，盖上湿布，饧制15～20min。

（3）生坯成型　将面团揉光搓成条，摘成30只小剂，逐只按扁擀成直径8cm的圆皮。

在圆皮中放入馅心，左手托皮，右手将圆皮的两边用蛋清粘一点，把圆边分成3/5为一边，2/5为另一边。将3/5的边从中间向粘接处再用蛋液粘起，成两个大孔。再将两个大孔相邻的两边粘起，在两个大孔的顶端处捏拢，捏出一个桃尖来。另将2/5的边捏合成两条对等的双边，两条边从上到下推出水波浪花边，纹路要对称，将两边的下端向上提起用蛋液粘在当中成两片桃片，再从中捏出桃梗来。最后，在两个大孔中放入红樱桃末，两个小孔中放入水发香菇粒即成桃饺生坯。

（4）生坯熟制　将生坯上笼蒸8min成熟即可。

十七、簸箕饺

1. 原料配方（以30只计）

（1）坯料　中筋面粉300g，开水100mL，冷水50mL。

（2）馅料　猪肉泥300g，葱末15g，姜末15g，黄酒15mL，虾籽3g，精盐5g，酱油15mL，白糖25g，味精5g，冷水100mL。

（3）饰料　蛋液50g。

2. 制作过程

（1）馅心调制　将猪肉泥加入葱姜末、虾籽、黄酒、酱油、精盐拌和入味，搅拌上劲，然后分三次加入冷水，顺一个方向搅拌再次上劲，加入白糖、味精和匀成鲜肉馅。

（2）面团调制　中筋面粉倒上案板，扒一个小窝，用开水烫成雪花状，摊开冷却后，再洒淋上冷水，揉和成团，盖上湿布，饧制15～20min。

（3）生坯成型　将面团揉光搓成条，摘成30只小剂，逐只按扁擀成直径 8cm 的圆皮。在圆坯皮中间放上馅心，再将圆皮对折叠齐，边子的重叠处用铜夹子钳出花边，然后将两只边角向中间窝起，用蛋液把两角上下粘起，使窝起的凹塘朝上，成簸箕型生坯。

（4）生坯熟制　将生坯上笼蒸 8min 成熟即可。

十八、孔雀饺

1. 原料配方（以 30 只计）

（1）坯料　中筋面粉 300g，开水 100mL，冷水 50mL。

（2）馅料　猪肉泥 300g，葱末 15g，姜末 15g，黄酒 15mL，虾籽 3g，精盐 5g，酱油 15mL，白糖 25g，味精 5g，冷水 100mL。

（3）饰料　熟蛋黄末 50g，水发香菇粒 50g，青菜末 50g，蛋液 50g，红色面团 50g。

2. 制作过程

（1）馅心调制　将猪肉泥加入葱末、姜末、虾籽、黄酒、酱油、精盐拌和入味，搅拌上劲，然后分三次加入冷水，顺一个方向搅拌再次上劲，加入白糖、味精和匀成鲜肉馅。

（2）面团调制　中筋面粉倒上案板，扒一个小窝，用开水烫成雪花状，摊开冷却后，再洒淋上冷水，揉和成团，盖上湿布，饧制 15~20min。

（3）生坯成型　将面团揉光搓成条，摘成 30 只小剂，逐只按扁擀成直径 8cm 的圆皮。先把圆皮由外向里折叠成三角形，然后把皮子翻转过来，沿边涂上蛋液，中间放上馅心，把三只角向上提起，捏拢，捏紧成三角体。用铜花夹子在每条边上都夹上花纹，再把折叠过去的圆边，也翻出来，夹成花边，在三角体的顶端捏出孔雀头，用黑芝麻沾上蛋液，安在孔雀头的两侧做眼睛；再用剪刀剪出嘴，用少许红色面团做出孔雀冠安在头顶。把三只角向后稍拢，成孔雀的尾巴和翅膀，上笼蒸熟后取出。在三条边子上分别放上熟蛋黄末、青菜末和水发香菇粒即成生坯。

（4）生坯熟制　将生坯上笼蒸 8min 成熟即可。

十九、菊花饺

1. 原料配方（以 30 只计）

（1）坯料　中筋面粉 300g，开水 100mL，冷水 50mL。

（2）馅料　猪肉泥 300g，葱末 15g，姜末 15g，黄酒 15mL，虾籽 3g，精盐 5g，酱油 15mL，白糖 25g，味精 5g，冷水 100mL。

2. 制作过程

（1）馅心调制　将猪肉泥加入葱末、姜末、虾籽、黄酒、酱油、精盐拌和入味，搅拌上劲，然后分三次加入冷水，顺一个方向搅拌再次上劲，加入白糖、味精和匀成鲜肉馅。

（2）面团调制　中筋面粉倒上案板，扒一个小窝，用开水烫成雪花状，摊开冷却后，再洒淋上冷水，揉和成团，盖上湿布，饧制15～20min。

（3）生坯成型　将面团揉光搓成条，摘成 30 只小剂，逐只按扁擀成直径 8cm 的圆皮。左手托住饺皮，右手用馅挑刮入馅心，然后捏成五个大小相等的角，剪平后再用剪刀在每个角从上到下，剪出长短不等的五根细条。最后将每个角的五根细条向两边散开，呈花瓣状。

（4）生坯熟制　将生坯上笼蒸 8min 成熟即可。

二十、草帽饺

1. 原料配方（以 30 只计）

（1）坯料　中筋面粉 300g，开水 100mL，冷水 50mL。

（2）馅料　猪肉泥 300g，葱末 15g，姜末 15g，黄酒 15mL，虾籽 3g，精盐 5g，酱油 15mL，白糖 25g，味精 5g，冷水 100mL。

2. 制作过程

（1）馅心调制　将猪肉泥加入葱末、姜末、虾籽、黄酒、酱油、精盐拌和入味，搅拌上劲，然后分三次加入冷水，顺一个方向搅拌再次上劲，加入白糖、味精和匀成鲜肉馅。

（2）面团调制　中筋面粉倒上案板，扒一个小窝，用开水烫成雪花状，摊开冷却后，再洒淋上冷水，揉和成团，盖上湿布，饧制15～20min。

（3）生坯成型　将面团揉光搓成条，摘成30只小剂，逐只按扁擀成直径8cm的圆皮。圆皮中间顺长放入馅心，对叠成半圆形，将边叠齐捏紧，推绞出花边。然后将半圆形饺子的两个角向圆心处弯，使两角上下接头，用蛋清粘起。将中心隆起的部分朝上做表面，平放于蒸笼中即成。

（4）生坯熟制　将生坯上笼蒸8min成熟即可。

二十一、蝙蝠饺

1. 原料配方（以30只计）

（1）坯料　中筋面粉300g，开水100mL，冷水50mL。

（2）馅料　猪肉泥300g，葱末15g，姜末15g，黄酒15mL，虾籽3g，精盐5g，酱油15mL，白糖25g，味精5g，冷水100mL。

（3）饰料　黑芝麻15g。

2. 制作过程

（1）馅心调制　将猪肉泥加入葱末、姜末、虾籽、黄酒、酱油、精盐拌和入味，搅拌上劲，然后分三次加入冷水，顺一个方向搅拌再次上劲，加入白糖、味精和匀成鲜肉馅。

（2）面团调制　中筋面粉倒上案板，扒一个小窝，用开水烫成雪花状，摊开冷却后，再洒淋上冷水，揉和成团，盖上湿布，饧制15～20min。

（3）生坯成型　将面团揉光搓成条，摘成30只小剂，逐只按扁擀成直径8cm的圆皮。将圆坯皮四周涂上蛋液，中间放入馅心（微扁），将坯皮对折叠起，压出内部空气，比齐边子，捏紧捏扁，从半圆弧的右边开始向左用右手食指和拇指把弧边绞出绳状花边来。再将中间捏出，捏尖，呈蝙蝠头，在两侧沾上蛋液，安上两颗黑芝麻为眼睛；在半圆弧的中间向圆心处顶进 1/3，把两边捏尖呈蝙蝠尾；把两端尖角略向头部稍弯成翅膀，即成生坯。

（4）生坯熟制　将生坯上笼蒸 8min 成熟即可。

二十二、五角风轮饺

1. 原料配方（以 30 只计）

（1）坯料　中筋面粉 300g，开水 100mL，冷水 50mL。

（2）馅料　猪肉泥 300g，葱末 15g，姜末 15g，黄酒 15mL，虾籽 3g，精盐 5g，酱油 15mL，白糖 25g，味精 5g，冷水 100mL。

（3）饰料　熟蛋黄末 35g。

2. 制作过程

（1）馅心调制　将猪肉泥加入葱末、姜末、虾籽、黄酒、酱油、精盐拌和入味，搅拌上劲，然后分三次加入冷水，顺一个方向搅拌再次上劲，加入白糖、味精和匀成鲜肉馅。

（2）面团调制　中筋面粉倒上案板，扒一个小窝，用开水烫成雪花状，摊开冷却后，再洒淋上冷水，揉和成团，盖上湿布，饧制 15～20min。

（3）生坯成型　将面团揉光搓成条，摘成 30 只小剂，逐只按扁擀成直径 8cm 的圆皮。圆坯皮中上入馅心，将坯皮按五等份向上捏拢，均匀地捏出五个等角，角上呈五条等边（每条边是由两层圆坯皮边捏叠而成）；用剪刀将每条边修齐，分别从边向中心剪出两个粗细一致的条子，中间不剪断，取一个角的第一根条与相邻角的第二根条粘接在一起，这样依次粘成五个。然后用镊子将两根条子的粘接点夹住，向上向中间弯去，并且粘牢，依次做下去即成五角风轮饺子生坯。中间点缀上熟蛋黄末。

（4）生坯熟制　将生坯上笼蒸 8min 成熟即可。

二十三、四角饺

1. 原料配方（以 30 只计）

（1）坯料　中筋面粉 300g，开水 100mL，冷水 50mL。

（2）馅料　猪肉泥 300g，葱末 15g，姜末 15g，黄酒 15mL，虾籽 3g，精盐 5g，酱油 15mL，白糖 25g，味精 5g，冷水 100mL。

2. 制作过程

（1）馅心调制　将猪肉泥加入葱末、姜末、虾籽、黄酒、酱油、精盐拌和入味，搅拌上劲，然后分三次加入冷水，顺一个方向搅拌再次上劲，加入白糖、味精和匀成鲜肉馅。

（2）面团调制　中筋面粉倒上案板，扒一个小窝，用开水烫成雪花状，摊开冷却后，再洒淋上冷水，揉和成团，盖上湿布，饧制 15～20min。

（3）生坯成型　将面团揉光搓成条，摘成 30 只小剂，逐只按扁擀成直径 8cm 的圆皮。将圆坯皮由外向里叠成四角的正方形，然后将反面朝上，四边涂上蛋液，中间放上馅心，把四边各自对叠，四只角向中间捏拢，四条对叠成的边，分别用铜花夹夹成花边夹紧。最后，把四个叠进去的圆边翻出朝上窝起，即成生坯。

（4）生坯熟制　将生坯上笼蒸 8min 成熟即可。

二十四、眉毛饺

1. 原料配方（以 30 只计）

（1）坯料　中筋面粉 300g，开水 100mL，冷水 50mL。

（2）馅料　猪肉泥 300g，葱末 15g，姜末 15g，黄酒 15mL，虾籽 3g，精盐 5g，酱油 15mL，白糖 25g，味精 5g，冷水 100mL。

（3）饰料　蛋液 50g。

2. 制作过程

（1）馅心调制　将猪肉泥加入葱末、姜末、虾籽、黄酒、酱油、精盐拌和入味，搅拌上劲，然后分三次加入冷水，顺一个方向搅拌再次上劲，加入白糖、味精和匀成鲜肉馅。

（2）面团调制　中筋面粉倒上案板，扒一个小窝，用开水烫成雪花状，摊开冷却后，再洒淋上冷水，揉和成团，盖上湿布，饧制15～20min。

（3）生坯成型　将面团揉光搓成条，摘成30只小剂，逐只按扁擀成直径8cm的圆皮。将圆皮四周涂上一圈蛋液，中间放上馅心。然后对叠将边子比齐，将一只角的顶端塞进一部分，再将结合处捏紧捏扁，用手绞出绳状花边，即成生坯。

（4）生坯熟制　将生坯上笼蒸8min成熟即可。

二十五、三角饺

1. 原料配方（以30只计）

（1）坯料　中筋面粉300g，开水100mL，冷水50mL。

（2）馅料　猪肉泥300g，葱末15g，姜末15g，黄酒15mL，虾籽3g，精盐5g，酱油15mL，白糖25g，味精5g，冷水100mL。

（3）饰料　蛋液50g。

2. 制作过程

（1）馅心调制　将猪肉泥加入葱末、姜末、虾籽、黄酒、酱油、精盐拌和入味，搅拌上劲，然后分三次加入冷水，顺一个方向搅拌再次上劲，加入白糖、味精和匀成鲜肉馅。

（2）面团调制　中筋面粉倒上案板，扒一个小窝，用开水烫成雪花状，摊开冷却后，再洒淋上冷水，揉和成团，盖上湿布，饧制15～20min。

（3）生坯成型　将面团揉光搓成条，摘成30只小剂，逐只按扁擀成直径8cm的圆皮。坯皮用剪刀剪成等边三角形皮子，然后在3条边边沿涂上蛋液，中间放上馅心，将3条边各自对叠起来，捏成一个三角体，然后用铜夹将每条边都夹出花边来，即成生坯。

116

（4）生坯熟制　将生坯上笼蒸 8min 成熟即可。

二十六、蜻蜓饺

1. 原料配方（以 30 只计）

（1）坯料　中筋面粉 300g，开水 100mL，冷水 50mL。

（2）馅料　猪肉泥 300g，葱末 15g，姜末 15g，黄酒 15mL，虾籽 3g，精盐 5g，酱油 15mL，白糖 25g，味精 5g，冷水 100mL。

（3）饰料　青豆 60 颗。

2. 制作过程

（1）馅心调制　将猪肉泥加入葱末、姜末、虾籽、黄酒、酱油、精盐拌和入味，搅拌上劲，然后分三次加入冷水，顺一个方向搅拌再次上劲，加入白糖、味精和匀成鲜肉馅。

（2）面团调制　中筋面粉倒上案板，扒一个小窝，用开水烫成雪花状，摊开冷却后，再洒淋上冷水，揉和成团，盖上湿布，饧制15～20min。

（3）生坯成型　将面团揉光搓成条，摘成 30 只小剂，逐只按扁擀成直径 8cm 的圆皮。坯皮中上入馅心后，四周涂上蛋液，顺长将两边提起，向中间捏拢成四个孔，前后各夹出一个空，计六个孔洞。将两边的两个孔下端捏合，留下上端 0.5cm 宽的地方不捏合，用铜花夹夹出花边向外翻成平面，作为蜻蜓的两对翅膀；前端的一个孔，应留小一点，从孔的中心处向里推进粘住，成两个小孔，在两个小孔里分别安上两粒青豆，作为头部眼睛；后端一个孔应留大一点，从下往上捏起，上部留 0.5cm 宽的边不捏，然后再用手把两边对绞出绳状花边，合起做身，尖端处剪一小叉成尾巴。

（4）生坯熟制　将生坯上笼蒸 8min 成熟即可。

二十七、烫面煎饺

1. 原料配方（以 30 只计）

（1）坯料　面粉 300g，开水 150mL。

（2）馅料　猪后臀肉 350g，白菜 250g，熟猪油 50g，葱末 15g，姜末 10g，黄酒 15mL，精盐 5g，酱油 25mL，白糖 15g，胡椒粉 2g，芝麻油 15mL，味精 2g，色拉油 100mL。

2．制作过程

（1）馅心调制　将猪后臀肉切粒，炒锅上火，放入熟猪油，烧至 150℃，下葱末、姜末、肉粒、黄酒炒散，放入精盐、酱油、白糖调味起锅待用；白菜洗净、焯水、浸凉、切碎、挤干，与熟肉粒、胡椒粉、芝麻油、味精拌匀成馅。

（2）面团调制　将面粉放在案板上，扒一小窝，倒入开水，用擀面杖调拌均匀，稍凉后揉和成团，饧制 15min。

（3）生坯成型　将面团揉光，搓成长条，摘成 30 只剂子，横截面朝上，按扁后在案板上擀成直径 8cm 的圆形饺子皮，包上馅后捏成月牙饺形生坯。

（4）生坯熟制　将平底锅上火，烧热后放入色拉油滑锅，锅离火，将生坯自外向里排好，盖好锅盖上火，稍加热，开盖倒入少量热水，盖严后中小火加热，煎 5min，至饺子表皮鼓起、光亮，底呈金黄色，香味四溢时出锅装盘。

二十八、凤尾烧卖

1．原料配方（以 30 只计）

（1）坯料　面粉 300g，开水 150mL，冷水 30g。

（2）馅料　猪夹心肉泥 300g，料酒 15mL，糖 10g，味精 5g，精盐 5g，葱末 15g，姜末 10g，芝麻油 50g。

（3）辅料　面粉 100g，冷水适量。

（4）饰料　熟蛋皮末 35g，熟火腿末 35g，青菜末 35g，河虾仁 30 只。

2．制作过程

（1）馅料调制　将猪肉泥放入盛器内，加盐、白糖、味精，葱末、姜末，料酒等，搅拌上劲，并分次加入冷水，顺一个方向搅拌再次上劲，即成馅心。

（2）面团调制　中筋面粉倒上案板，扒一个小窝，用开水烫成雪花状，摊开冷却后，再洒淋上冷水，揉和成团，盖上湿布，饧制15～20min。

（3）生坯成型　将面团搓成长圆条，摘成30只面坯，断口朝上，用手揿扁成圆饼状。案板上撒些干面粉（100g），放上面坯再擀成直径为6cm、中间稍厚周边薄（即"金钱底，荷叶边"）的烧卖皮，取馅心放在皮子中间，将皮子边缘拉起，由外向内紧捏，使之成花朵形状，在开口处放上青菜末、熟火腿末、熟蛋皮末，正中放上一只河虾仁。

（4）生坯熟制　取笼屉，垫上湿布，刷上油，依次放上烧卖生坯，置于旺火水锅上，烧开后蒸5min（约八成熟），用竹丝帚洒一些冷水（以防皮上的干面粉生硬发白），转小火继续蒸2min，待皮子透明、手触烧卖底部感到肉馅硬结时，关火出笼。

二十九、糯米烧卖

1. 原料配方（以30只计）

（1）坯料　中筋面粉300g，温水150mL。

（2）馅料　糯米250g，熟猪肉150g，冬笋丁50g，水发香菇丁50g，熟猪油200g，酱油50mL，白糖15g，姜末15g，葱末10g，精盐3g，味精3g，骨头汤50mL。

2. 制作过程

（1）馅心调制　将糯米搓洗干净，放温水中浸泡1h后捞出，上笼锅蒸熟备用。熟猪肉切成小丁。炒锅上火，放入少量熟猪油烧热后，放葱末、姜末入锅炸一下，随后放入熟肉丁煸炒，待肉炒至变色时，放入冬笋丁、水发香菇丁、酱油、白糖，然后放入骨头汤抄拌，盛起加入精盐、味精即成熟馅心。

（2）面团调制　将面粉放在案板上，扒一个小窝，用温水150mL和成温水面团，稍饧制后摘成30只小剂，按扁成剂，用单饺杆或双饺杆擀成中间厚四周薄，边皮呈菊花瓣形状，直径 8cm 的圆形烧卖皮，逐张放好。

（3）生坯成型　左手托起坯皮，右手将馅心加入，然后用单手或者双手将烧卖皮四周向上同中间合拢，包拢成石榴状的生坯，立放于笼内即成糯米烧卖生坯。烧卖口要微张开。

（4）生坯熟制　全部包好后，立即装入笼中，置旺火上，蒸约 10min，见表皮成熟，即可出笼。

三十、翡翠烧卖

1. 原料配方（以 30 只计）

（1）坯料　中筋面粉 300g，开水 100mL，冷水 50mL。

（2）馅料　青菜叶 500g，精盐 2g，熟猪油 50g，白糖 75g，味精 2g。

（3）饰料　熟火腿末 35g。

2. 制作过程

（1）馅心调制　将青菜叶洗净，下开锅焯水，放入冷水中凉透，剁成细蓉状，再用布袋装起，挤干水分，先用精盐将菜泥腌渍一下去涩味，然后放进白糖、味精拌匀，再加入熟猪油拌匀待用。

（2）面团调制　中筋面粉倒上案板，扒一个小窝，用开水烫成雪花状，摊开冷却后，再洒上冷水，揉和成团，饧制 15min。

（3）生坯成型　将面团揉光搓成条，摘成 30 只小剂，逐只按扁后埋进干面粉里，擀成直径 6cm 的呈菊花边状的圆烧卖皮；然后左手把烧卖皮托于手心，右手用馅挑上入馅心然后左手窝起，把皮子四周同时向掌心收拢，使其成为一个下端圆鼓，上端细圆的石榴状生坯，用手在颈项处捏细一些，口部微张开一些，最后在开口处镶上熟火腿末。

（4）生坯熟制　将生坯放入笼中蒸 4～5min 即可出笼，装盘装饰。

中式面点加工工艺与配方

三十一、虾肉烧卖

1. 原料配方（以 30 只计）

（1）坯料　中筋面粉 300g，开水 100mL，冷水 50mL。

（2）馅料　猪肉泥 300g，虾仁 75g，葱末 15g，姜末 10g，黄酒 15mL，酱油 25mL，精盐 5g，白糖 15g，味精 3g，淀粉 10g，冷水 50mL。

（3）饰料　上浆虾仁 50g。

2. 制作过程

（1）馅心调制　将虾仁洗净，沥干水分，切丁；放入猪肉泥中，加上葱末、姜末、黄酒、酱油、精盐搅和入味，搅拌上劲；再分次加入冷水搅拌上劲，最后再加入味精、白糖等，拌和成馅。

（2）面团调制　中筋面粉倒上案板，扒一个小窝，用开水烫成雪花状，摊开冷却后，再洒淋上冷水，揉和成团，饧制 15min。

（3）生坯成型　将面团揉光搓成条，摘成 30 只小剂，逐只按扁后埋进干面粉里，擀成直径 6cm 的呈菊花边状的圆烧卖皮；然后左手把烧卖皮托于手心，右手用馅挑上入馅心，将左手窝起，把皮子四周同时向掌心收拢，使其成为一个下端圆鼓，上端细圆的石榴状生坯，用手在颈项处捏细一些，口部微张开一些，最后在开口处镶上几颗上浆虾仁即成生坯。

（4）生坯熟制　将生坯放入笼中蒸 8min 即可出笼，装盘装饰。

三十二、养汤烧卖

1. 原料配方（以 30 只计）

（1）坯料　面粉 300g，开水 100mL，冷水 50mL。

（2）馅料

① 猪肉馅　猪肉泥 500g，韭黄末 100g，冬笋粒 100g，葱末 15g，姜末 10g，黄酒 15mL，酱油 20mL，白胡椒粉 1g，精盐 5g，

白糖 15g，味精 3g，冷水 100mL。

② 皮冻　鲜猪肉皮 200g，葱结 25g，生姜 15g，黄酒 15mL，精盐 3g，味精 3g，冷水 750mL。

③ 辅料　蟹油 250g。

2. 制作过程

(1) 馅心调制　将鲜猪肉皮去毛污、肥膘，刮洗干净，焯水后加冷水煮沸，改小火加热。将肉皮煮烂捞出，用绞肉机绞碎。然后碎肉皮投入原汤锅内加葱结烧沸，撇去浮沫，取出葱结，加生姜、精盐、味精和黄酒，上小火慢慢熬成黏糊状，盛入盆内冷透成皮冻，再用绞肉机绞碎待用。

将猪肉泥放入盆内，加入黄酒、葱末、姜末、精盐、酱油、冷水搅拌上劲，再加入白糖、白胡椒粉、味精拌匀，放入皮冻粒、蟹油、韭黄末、焯过水的冬笋粒反复拌匀成馅。

(2) 面团调制　取中筋面粉放案板上，中间扒窝用开水快速拌和成雪花面，冷透后再放入冷水揉成表面光滑的面团，饧制 15min。

(3) 生坯成型　将面团搓条并摘成 30 只面剂，撒上干面粉，擀成烧卖皮，把制成的馅心分别包入，稍稍捏拢，然后在颈下稍捏使馅心微露口外，呈石榴形即成生坯。

(4) 生坯熟制　将生坯放入笼内用旺火蒸制 8min 即可。

三十三、猫耳朵

1. 原料配方（以 2 份计）

(1) 坯料　面粉 150g，冷水 75mL。

(2) 调配料　熟鸡脯 35g，熟瘦火腿 35g，干贝 15g，虾仁 35g，水发香菇 15g，笋丁 15g，青菜 35g，葱段 15g，姜片 15g，黄酒 15mL，精盐 5g，味精 2g，淀粉 8g。

(3) 汤料　鸡清汤 1500mL，熟鸡油 15g。

(4) 辅料　色拉油 500mL（约耗 30mL）。

2. 制作方法

（1）配料加工　将虾仁洗净，用淀粉上浆，划油至熟；干贝洗净后放入小碗，加入水及黄酒、葱段、姜片，入笼屉蒸熟，取出后晾凉用手撕碎；熟鸡脯、熟瘦火腿、水发香菇等均匀切成蚕豆大的小薄片。

（2）面团调制　用中筋面粉加冷水调成面团，揉匀揉透，饧制15～20min。

（3）生坯成型　将面团揉光，搓成直径 0.8cm 的长条，切成 1cm 长的丁 220 个，放在面粉里略拌，然后按段直立用大拇指向前推搓卷曲成猫耳朵形状。

（4）生坯熟制　将猫耳朵生坯倒入开锅中煮 2～3min 上浮捞出；炒锅置中火上，加入鸡清汤，待汤沸放入浆虾仁、干贝丝、鸡片、火腿片、水发香菇片、笋丁，汤再沸时，撇去浮沫，将猫耳朵入锅，煮约 30s，待猫耳朵再次浮起时，加入精盐、味精、青菜，随即出锅，盛入碗内，淋上鸡油即成。生坯第一次煮时断生即可；主配料一起煮的时间不宜太长，以免汤色浑浊。

三十四、麻油馓子

1. 原料配方（以 6 把计）

（1）坯料　中筋面粉 300g，精盐 3g，冷水 150mL。

（2）辅料　芝麻油 2L。

2. 制作过程

（1）面团调制　将面粉倒在案板上扒一小窝，加盐、冷水拌匀拌透，待表面揉匀并光滑后盖上湿布饧制 10min，然后搋一次，再饧制后再搋，如此反复三次。然后将面团放置在抹过油的干净案板上，擀成 1cm 厚的长片，切成 6 根条状片，手上沾上芝麻油，将每条面搓成筷子粗的细条，再沾上油，盘绕在盆内饧制 6h 左右（最好隔夜饧制后再成型成熟）。

（2）生坯成型　取面剂条 1 根，将面剂条一头放在左手虎口处，用左手拇指捺住，右手将面条拉成更细的条，边拉边向左手上绕，绕约10圈，将另一头仍然连接在虎口处，粘牢。然后取下，用双手手指套着面圈，轻轻向外拉长（也有用两根长竹筷子穿过面圈拉长），长约30cm，左手不动，右手翻转360°，呈绳花状。

（3）生坯熟制　在锅内放入芝麻油，用旺火烧至200℃时，用长竹筷子穿好两端，下锅炸，炸至成型时，抽掉筷子再炸半分钟呈金黄色捞起沥油，装盘。炸制的火力大小和时间长短受面条的粗细影响。

三十五、春卷

1. 原料配方（以20只计）

（1）坯料　面粉100g，盐1g，冷水85mL。

（2）馅料　五香豆干250g，猪肉150g，卷心菜150g，胡萝卜100g，色拉油750g，酱油15mL，精盐2g，味精3g，湿淀粉25g。

2. 制作过程

（1）馅心调制　将五香豆干洗净切丝；卷心菜撕开叶片，洗净切丝；胡萝卜洗净，去皮切丝，三丝拌匀备用。另将猪肉洗净切丝，放入碗中，加入酱油、湿淀粉拌匀并腌制10min。锅中倒入适量油烧热，放入猪肉丝炒熟，盛出。再用余油把其余馅料炒熟，再加入猪肉丝及精盐、味精炒匀，最后浇入水淀粉勾薄芡即为春卷馅。

（2）面团调制　将面粉放在案板上，扒一个小窝，撒上盐，加上适量冷水揉成絮状，再分次加水，把面揉成筋力十足、具有流坠性的稀面团，然后放入盆中，封上保鲜膜，饧制2～3h；揪一块面团，掂在手上。将圆底锅烧热，保持中小火，将手中的面团迅速在锅底抹一圈形成圆皮，立即拽起，让面团的筋性带走多余的面；当圆皮边缘翘起，就可以捏着翘起的边缘把面皮揭起来了。做好的春卷皮一张张重叠，放成一摞。

（3）生坯成型　把春卷皮摊平，分别包入适量馅卷好叠好，封口处抹上一点冷水黏合。

（4）放入热锅中炸至黄金色，捞出沥油即可。

三十六、海鲜卷

1. 原料配方（以 20 个计）

（1）坯料　面粉 100g，盐 1g，冷水 85mL。

（2）馅料　鲜虾仁 150g，蟹柳 50g，鲜贝 50g，西芹 75g，熟土豆泥 75g，白糖 5g，盐 5g，味精 5g，胡椒粉 1g，沙拉酱 50g，淀粉 10g。

（3）辅料　色拉油 2L（实耗 30mL），面包糠 150g，鸡蛋清 50g。

2. 制作过程

（1）馅心调制　将鲜贝和虾仁分别洗净后挤干水分，上浆划油至熟；蟹柳切成粒；西芹焯水后切成粒；将上述加工好的原料放在一起加入熟土豆泥、盐、味精、胡椒粉、沙拉酱拌匀成馅。

（2）面团调制　将面粉放在案板上，扒一个小窝，撒上盐，加上适量冷水揉成絮状，再分次加水，把面揉成筋力十足、具有流坠性的稀面团，然后放入盆中，封上保鲜膜，饧制 2～3h；揪一块面团，掂在手上。将圆底锅烧热，保持中小火，将手中的面团迅速在锅底抹一圈形成圆皮，立即拽起，让面团的筋性带走多余的面；当圆皮边缘翘起，就可以捏着翘起的边缘把面皮揭起来了。做好的春卷皮一张张重叠，放成一摞。

（3）生坯成型　将馅心放在春卷皮上叠、卷成筒状，按扁后抹上蛋清，滚沾上面包糠即成生坯。

（4）生坯熟制　将炒锅放于火上，倒入色拉油加热至 120℃，把生坯放入漏勺先炸至定型，再逐渐升温，不超过 150℃，将海鲜卷不断翻身，炸成金黄色，沥油装盘。

三十七、文楼汤包

1. 原料配方（以 30 只计）

（1）坯料　中筋面粉 300g，冷水 150mL，精盐 3g，食碱水 3mL。

(2) 馅料　螃蟹 200g，熟猪油 25g，白胡椒粉 2g，葱末 15g，黄酒 15g，精盐 3g，姜末 10g。

(3) 皮冻　鲜猪肉皮 350g，鸡腿 1.5 只，猪后臀肉 150g，猪骨 200g，葱末 15g，姜末 15g，黄酒 25mL，虾籽 3g，精盐 5g，生抽 25mL，白糖 5g。

2. 制作过程

(1) 馅心调制　制作蟹粉：把螃蟹洗净、煮熟，剥完取肉、黄。锅内放入熟猪油投入葱末、姜末煸出香味，倒入蟹肉、黄略炒，加黄酒、精盐和白胡椒粉炒匀后装入碗内备用。

制作皮冻：将鲜猪肉皮、猪骨头洗净，猪后臀肉切成 0.6cm 厚的片，将上述原料一起下锅焯水后。锅内换成冷水，将鸡腿、猪肉皮、猪肉、猪骨等用小火煮 2～3h。猪肉捞起，冷后改切成细丁；鸡腿成熟时起锅拆骨，也切成细丁；烂肉皮起锅，绞碎，越细越好；猪骨捞出。

将肉皮蓉倒回肉汤中烧沸，改小火加热。待汤稠浓时，再放入鸡丁、肉丁烧沸、撇沫，放葱末、姜末、料酒、精盐、生抽、白糖和炒好的蟹粉。汤沸时用汤烫盆（汤仍倒入锅中），再烧沸即可将汤馅均匀地装入盆内，盆底垫空或整盆置于冷水中以利散热。用筷子在盆内不断搅动，使汤不沉淀，馅料不沉底。待汤馅冷却、凝成固体后，用手捏碎待用。

(2) 面团调制　将面粉倒在案板上，扒一个小窝，加入用冷水、精盐、食碱水，将面粉拌成雪花面，再揉成团，盖上湿布，置案板上饧透，边揉边叠，每叠一次在面团接触面沾水少许，如此反复多次至面团由硬回软，搓成粗条，盘成圆形，用湿布盖好饧制 15min。

(3) 生坯成型　将面团揉匀搓条摘成 30 只面剂，每只面剂洒上少许辅面，擀成直径为 16cm、中间厚边皮薄的圆形面皮。左手握皮，右手挑入馅心，将面皮对折叠起，左手虎口夹住，右手前推收口成圆腰形汤包生坯。

（4）生坯成熟　每只小笼放一只，蒸 7min 即熟。装盘时，将盛汤包的盘子用开水烫热，抹干。抓包时右手五指分开，把包子提起，左手拿盘随即插入包底，动作要迅速。每盘放一只。

三十八、小笼汤包

1. 原料配方（以 30 只计）

（1）坯料　中筋面粉 300g，精盐 3g，冷水 150mL。

（2）馅料

① 生肉馅　猪肉泥 350g，葱末 15g，姜末 15g，黄酒 15mL，虾籽 3g，精盐 5g，酱油 15mL，白糖 15g，味精 3g，冷水 100mL。

② 皮冻　鲜猪肉皮 350g，鸡腿 200g，猪骨 300g，葱 15g，姜 15g，黄酒 25mL，虾籽 3g，精盐 5g，味精 3g，冷水 1L。

③ 蟹粉　螃蟹 750g，熟猪油 25g，白胡椒粉 2g，葱末 15g，姜末 10g，黄酒 15mL，精盐 2g。

2. 制作过程

（1）馅心调制

① 制作皮冻　将猪鲜肉皮焯水，铲去毛污和肥膘，反复三遍后，入锅，放入葱、姜、酒、虾籽以及焯过水的鸡腿、猪骨等，大火烧开，小火加热至肉皮一捏即碎，取出熟肉皮及鸡腿、猪骨等，肉皮入绞肉机绞三遍后返回原汤锅中，熟肉和鸡肉切细丁后也一起入锅，再用小火熬至黏稠，放入精盐、味精等调好味，过滤去渣，冷却成皮冻。

② 制作蟹粉　把螃蟹洗净、蒸熟，剥壳取肉、黄。锅内放入熟猪油，投入葱末、姜末煸出香味，倒入蟹肉、黄略炒，加黄酒、精盐和白胡椒粉炒匀后装入碗内。

③ 制作馅心　将猪肉泥加葱末、姜末、黄酒、虾籽、精盐、酱油拌匀，加冷水调上劲，再拌入白糖、味精，加入绞碎的皮冻、蟹油拌成馅。

（2）面团调制　中筋面粉加精盐、冷水调成冷水面团，饧制

$15\sim20\text{min}$。

（3）生坯成型　将面团揉光，搓条，摘成 30 个面剂，擀成直径 10cm 的圆皮，包上皮冻馅，按提褶包的捏法捏成圆形汤包生坯。

（4）生坯熟制　生坯放入笼内硅胶垫上，蒸 6min 即可，轻提装盘。

三十九、南翔小笼

1. 原料配方（以 30 只计）

（1）坯料　中筋面粉 300g，冷水 150mL。

（2）馅料　猪肉泥 300g，葱末 15g，姜末 15g，黄酒 15mL，精盐 5g，生抽 25mL，白糖 10g，芝麻油 5mL，味精 3g，冷水 75mL，肉皮冻粒 100g。

2. 制作过程

（1）馅心调制　将猪肉泥置于馅盆中，加入葱末、姜末、黄酒、精盐、生抽搅匀，再分次加入冷水搅打上劲，最后加入白糖、味精、肉皮冻粒、芝麻油拌匀即成馅。

（2）面团调制　取面粉与冷水和匀，揉成光滑的面团，饧制 $15\sim20\text{min}$。

（3）生坯成型　将面团置于案板上揉匀搓条，下成 30 只小面剂，用手按成中间稍厚的圆形面皮，包入馅心，捏褶成 18 条花纹的包坯即成。

（4）生坯熟制　取直径 23cm 的小笼，刷油后每笼装小笼包 15 只，蒸 10min 即成，装盘。

四十、鲜肉小笼

1. 原料配方（以 30 只计）

（1）坯料　中筋面粉 350g，温水 150mL。

（2）馅料　猪夹心肉（软五花）300g，肉皮冻 120g，葱末

15g，姜末 5g，料酒 15mL，盐 5g，酱油 30mL，白糖 10g，味精 3g，芝麻油 15mL。

2. 制作过程

（1）馅心调制　将猪夹心肉切碎斩成末（或用绞肉机绞碎），加入葱末、姜末、料酒、盐、酱油、白糖、味精、芝麻油等搅拌均匀上劲。再加入绞碎的肉皮冻，一起拌匀制成肉馅。

（2）面团调制　面粉留起 50g 左右做铺面，其余用温水揉和，静置饧 15min。

（3）生坯成型　将面团揉匀，搓成长条，摘剂子 30 个，擀成直径约 6cm、中间厚边缘薄的圆形皮子。小笼包的坯皮要揉得略软一些，以便提捏折褶。也有的用略经发酵的面团（称嫩酵面或子酵面）做坯皮，吃时较松软，但不宜久发否则影响口感。将肉馅置坯皮的中间，沿边将皮子提捏折褶（每只约折 13 褶），中间留一小口，可见到馅心（也有的收口捏拢）。

（4）生坯熟制　包好的包子排放入小笼，上蒸笼用旺火开水（或蒸气）蒸 10min 左右成熟即可。

四十一、虾仁馄饨

1. 原料配方（以 4 份计）

（1）坯皮　中筋面粉 150g，冷水 75mL，盐 2g。

（2）馅料　猪肉泥 150g，虾仁 150g，蘑菇粒 25g，葱末 15g，姜末 15g，料酒 15mL，盐 3g，味精 2g，生抽 10mL，胡椒粉 1g，芝麻油 15mL。

（3）汤料　虾仁 15g，白玉菇片 15g，紫菜 15g，红杭椒 1 个，香菜 15g，鸡蛋液 25g，盐 2g，味极鲜适量，芝麻油 15mL。

2. 制作过程

（1）馅心调制　虾仁抽去泥线从中间横片开；猪肉馅加料酒、葱末、姜末顺着一个方向搅上劲。再依次加入虾仁、蘑菇粒继续搅拌，加入生抽、盐、味精、胡椒粉、芝麻油搅拌均匀。

（2）面团调制　将面粉放在案板上，扒一个小窝，撒上盐和冷水，和匀成面团，盖上湿布饧制 15min。

（3）生坯成型　将饧制好的面团，放入压面机中按照由低到高的顺序反复压制，改刀后成馄饨皮。用压面机压制馄饨时，为防止馄饨皮之间相互粘连，要用玉米淀粉做铺面。左手托皮，右手用馅挑刮入馅心，用手将皮窝起捏紧。

（4）生坯熟制　锅内水开后，下入馄饨，待煮 3 开后捞出。虾仁抽去泥线背部划一刀切成粒。红杭椒切成薄薄的圈，香菜切成末。锅内添水，放入白玉菇片、紫菜烧开。放入虾仁，滴少量的味极鲜，淋入鸡蛋液。放入红杭椒、香菜末，加适量盐调味，滴几滴芝麻油即可。

四十二、王兴记馄饨

1. 原料配方（以 4 份计）

（1）坯料　面粉 250g，碱水 2mL，冷水 110mL。

（2）馅料　猪腿肉 200g，青菜叶 50g，榨菜 15g，葱末 15g，姜末 10g，精盐 3g，黄酒 15mL，白糖 15g，味精 2g，冷水 75mL。

（3）汤料　青蒜末 15g，味精 3g，肉骨汤 1000mL，熟猪油 15g，精盐 5g。

（4）饰料　香干丝 25g，蛋皮丝 25g。

2. 制作过程

（1）馅心调制　把青菜叶洗净，烫过挤去水分，剁碎；将榨菜剁成末后用水浸泡，待用；将猪腿肉洗净，绞成肉末，加葱末、姜末、黄酒、精盐拌匀，加冷水搅拌上劲。加白糖、味精、青菜末、榨菜末拌匀即成馄饨肉馅。

（2）面团调制　把面粉倒在案板上加入碱水、冷水和成雪花面，揉搓成光滑的硬面团，饧制 20min。

（3）生坯成型　将面团揉光，然后用压面机反复压三次（可撒些干淀粉防粘增滑），压成 0.5mm 厚的薄皮，叠层切成下宽 7cm、上宽 10cm 的梯形皮子 60 张。取皮子一张放左手，右手挑馅放在皮子的中央由下向上卷起成筒状，再将两头弯曲用水粘牢包成大馄饨形。

（4）生坯熟制　煮时水要宽，火要大，水沸后下入馄饨。其间点一两次冷水，使汤保持微沸，以防面皮破裂待馄饨全部浮于水面即好。

碗中放入味精、精盐、熟猪油、青蒜末、肉骨汤，捞入馄饨（每碗 15 只），再撒上蛋皮丝、香干丝即成。

四十三、湖州大馄饨

1. 原料配方（以 4 份计）

（1）坯料　中筋面粉 250g，冷水 110mL。

（2）馅料　猪瘦肉（略带肥肉）200g，冬笋衣碎 25g，黄酒 15mL，熟芝麻末 15g，白糖 10g，芝麻油 15mL，味精 3g，盐 5g，冷水 50mL。

（3）汤料　清汤 1000mL，葱末 5g，蛋皮丝 5g。

2. 制作过程

（1）馅心调制　将猪瘦肉剁成粗粒，与冬笋衣碎、黄酒、盐拌匀加水搅上劲，再加入熟芝麻末、白糖、芝麻油、味精拌成肉馅。

（2）面团调制　面粉加冷水和成光滑的面团，饧制 20min。

（3）生坯成型　将面团揉匀揉光用面杖擀成薄片，切成上边 7cm、下边 10cm 的梯形皮 60 张，逐张挑入肉馅，包成凸肚翻角略呈长形的馄饨。

（4）生坯熟制　将清汤烧开，下入生坯，用勺推动馄饨，使之旋转，再沸后稍养，倒入汤碗中，撒葱末、蛋皮丝即成。

另一种熟制方法是煎制法：将馄饨煮至八成熟，捞起摊开晾凉。锅内倒入油烧热下馄饨，煎至馄饨两面微黄，滤去余油，加酱油起锅，配米醋、辣酱碟上桌。

四十四、龙抄手

1. 原料配方（以 4 份计）

（1）坯料　面粉 250g，鸡蛋 1 个，冷水 110mL。

（2）馅料　猪前夹肉 250g，姜汁 100mL，精盐 5g，胡椒粉 3g，鸡蛋 1 个，味精 3g，芝麻油 15mL。

（3）汤料　鲜汤 1000mL，精盐 3g，味精 3g，胡椒粉 3g，熟鸡油 15mL。

2. 制作过程

（1）馅心调制　将猪前夹肉剁成蓉，加精盐、味精、胡椒粉、蛋液、姜汁搅打上劲，加入芝麻油拌匀即成。

（2）面团调制　面粉放案板上扒一个小窝，加冷水、蛋液和匀，揉至光滑，饧制 20min。

（3）生坯成型　将面团擀压成 0.05cm 的薄片，切成 7.5cm 见方的面皮叠齐。取一张面皮，左手托皮，右手用馅挑上馅，先叠捏成三角形后，再将两角交叉黏合在一起捏成型即可。

（4）生坯熟制　将生坯投入开锅中，煮至上浮后装入盛有调味料的热汤碗内即成。

四十五、淮饺

1. 原料配方（以 4 份计）

（1）坯料　面粉 250g，碱水 2mL，冷水 110mL。

（2）馅料　猪肉泥 200g，葱末 15g，姜末 15g，黄酒 15mL，精盐 5g，酱油 15mL，芝麻油 15mL，味精 3g，韭黄末 50g，冷水 75mL。

（3）汤料　骨头汤 400mL，熟猪油 5g，酱油 15mL，味精 2g，芝麻油 10mL，白胡椒粉 2g，青蒜花 15g。

2. 制作过程

（1）馅心调制　将猪肉泥放入盆中加入葱末、姜末、黄酒、酱油、精盐搅匀，再分数次倒入冷水搅上劲，加入芝麻油、味精拌匀，最后拌入韭黄末。根据季节不同还可用冬笋粒、蘑菇粒等代替韭黄末。

（2）面团调制　将面粉放入面盆中，加入碱水、冷水拌成雪花状，揉至光滑成团，饧制 20min。

（3）生坯成型　将面团揉光，用面杖来回擀压，擀至面皮薄而均匀（放在掌上能见掌纹，大概 0.05cm 厚度），切成 7cm 见方的面皮 60 张。左手拿一叠馄饨皮，右手用馅挑将馅心放在皮中心，再用馅挑另一头将方形皮的一角沿皮对角线叠向另一角成三角形，左手将三角捏拢即成生坯。

（4）生坯熟制　把骨头汤烧沸后分装于加入熟猪油、酱油的 4 只碗中。将锅中水烧沸后倒入馄饨生坯，用勺轻轻推动以防粘连，水再沸时点水，再沸时用漏勺捞起装碗，每碗盛 15 只。再加入白胡椒粉、青蒜花、芝麻油即成。

四十六、萝卜丝油墩子

1. 原料配方（以 30 只计）

（1）坯料　面粉 300g，泡打粉 2g，精盐 10g，味精 2g，冷水 450mL。

（2）馅料　白萝卜 350g，河虾 30 只，葱末 15g。

（3）辅料　花生油 750mL（约耗 125mL）。

2. 制作过程

（1）馅心调制　将白萝卜洗净、沥干，用刨子擦成如火柴梗粗的萝卜丝，用盐略腌后，裹于洁净纱布内挤去水分，与葱末一同拌匀。河虾洗净，剪去虾须、触角。

（2）面团调制　面粉倒入面盆内，加精盐、味精，先注入一半的冷水拌匀拌透，再将剩下的冷水分 4～5 次注入，顺一个方向拌上劲，直至用勺舀起向下倾倒时没有粉浆粘在勺子上为止。饧制 1～2h 后，加入泡打粉拌匀即成面浆。

（3）生坯熟制　将花生油倒入锅内，用旺火烧至 160℃，将油墩子模具入锅预热后，滤尽模内剩油。用勺子舀 25g 面浆垫在模子底部，取 20g 萝卜丝放在面浆中央，再加 40g 面浆，用勺子在四周揿一下，使模子填满面浆，萝卜丝正好包在面浆之中，再在居中处放 1 只河虾。

（4）生坯熟制　将模子放入锅内油氽，氽时火不宜太旺，以免外焦里生。待油墩子自行脱模后去模子，继续氽至底部稍向外突出，表面金黄，即可出锅。

四十七、韭香锅贴

1. 原料配方（以 30 只计）

（1）坯料　中筋面粉 300g，开水 100mL，冷水 50mL。

（2）馅料　韭菜 300g，鸡蛋 5 个，粉丝 150g，盐 10g，味精 5g，熟猪油 25g，芝麻油 15mL。

（3）辅料　中筋面粉 15g，冷水 100mL，色拉油 75mL。

2. 制作过程

（1）馅心调制　将韭菜洗净切碎，加入 5g 盐腌制 15min，挤干水分；粉丝用温水泡软剁碎；将鸡蛋液打入碗中，加入 2g 盐搅匀，锅中倒入 20mL 色拉油将蛋液炒熟、剁碎；将韭菜粒、粉丝粒、鸡蛋粒、3g 盐、味精、熟猪油、芝麻油拌匀即成。

（2）面团调制　将面粉倒在案板上，在面粉中间扒一窝，加入开水先调成雪花面，再淋上冷水调成光滑的面团，饧制 20min。

另将面粉 15g，加上 100mL 冷水调匀成粉浆备用。

（3）生坯成型　将面团揉匀揉光，搓成长条，摘成 30 只剂子，用双饺杆擀成直径 9cm 的饺皮。左手托皮，右手用馅挑上馅，放在左手虎口上，右手将皮边捏拢，捏出皱褶，成月牙形。

（4）生坯熟制　在洗净烘干的平底锅中倒入 75mL 色拉油，将生坯放入，略煎后倒入约 40mL 用面粉和水调成的粉浆，中小火加热，将锅贴底部煎成金黄色，锅贴之间形成金黄色的网格即可。

四十八、葱肉锅贴

1. 原料配方（以 30 只计）

（1）坯料　中筋面粉 300g，开水 100mL，冷水 50mL。

（2）馅料　猪前夹心肉 300g，葱末 75g，姜末 15g，黄酒 15mL，盐 5g，酱油 25mL，白糖 15g，味精 3g，冷水 100mL。

（3）辅料　色拉油 100mL。

2. 制作过程

（1）馅心调制　将猪前夹心肉剁成肉泥，加姜末、黄酒、酱油和精盐搅拌入味，然后分两次加入冷水，搅拌至上劲后再放入白糖、味精、葱末拌匀成馅。

（2）面团调制　将面粉放于案板上，中间扒一窝，加开水调成雪花面，再淋冷水和成面团，饧制 20min。

（3）生坯成型　将面团揉匀揉光搓条，摘成 30 只小剂。逐只按扁后用双饺杆擀成直径 9cm 的圆皮。用左手托住圆皮，右手挑入馅心，放在左手虎口上，右手将皮边捏拢，捏出皱褶，成月牙形。

（4）生坯熟制　将平底锅上火，烧热后放入色拉油滑锅，离火，将生坯自外向里排好，盖好锅盖上火稍加热，开盖倒入少量热水，盖严后中小火加热，待水烧干时，再加少许热水，煎 5min，煎至饺子表皮鼓起、光亮，底呈金黄色，香味四溢时出锅装盘。

四十九、牛肉锅贴

1. 原料配方（以 30 只计）

（1）坯料　中筋面粉 300g，精盐 2g，热水 150mL。

（2）馅料　牛肉 350g，酱油 15mL，味精 3g，精盐 5g，胡椒粉 3g，芝麻油 15mL，葱末 15g，姜末 15g，冷水 100mL，花生

油 15mL。

2. 制作过程

（1）馅心调制　将牛肉去筋膜并剁成末，加葱末、姜末，同放入盆中，加酱油、精盐、味精、胡椒粉搅拌均匀，分次加入水搅匀上劲，最后拌入芝麻油成为馅料待用。

（2）面团调制　面粉放案板上，加入精盐和热水（70℃以上），均匀地和好面粉，并摊开晾凉（即烫面和面法），再揉搓至光洁，饧制 15min，即为烫面面团。

（3）生坯成型　将揉搓好的面团搓条摘成 30 块剂子，用擀面杖擀成中间较厚、边缘稍薄的皮子，各包入馅心，捏成褶纹饺。

（4）生坯熟制　把锅贴摆入已抹油并烧热的平底锅里，先煎半分钟后，分 2～3 次淋入热水，加盖煎至水干饺熟，底呈金黄焦色即可。

五十、奶油炸糕

1. 原料配方（以 20 只计）

（1）坯料　中筋面粉 300g，鸡蛋 150g，奶油 25g，香草粉 0.5g，冷水 600mL。

（2）饰料　糖粉 50g。

（3）辅料　花生油 1000mL（耗 30mL）。

2. 制作过程

（1）面团调制　锅中入冷水烧开，倒入面粉搅拌均匀，加入奶油、香草粉，反复搅透拌匀（不能夹有粉粒），倒入面盆内稍晾，加蛋液调匀成团，饧制 15min。

（2）生坯成型　将面团揉成长条，摘成剂子，揉成圆球形，再按扁即成生坯。

（3）生坯熟制　锅内入花生油烧热，至 170℃，放入生坯炸至浅黄色捞出，撒上糖粉即可。

五十一、家常煮饼

1. 原料配方（以 30 只计）

（1）坯料　面粉 1000g，饴糖 350g，小苏打 7.5g，冷水 35mL，蜂蜜 100mL，芝麻油 150mL，红糖 175g。

（2）卤料　蜂蜜 450mL，白糖 3g，饴糖 600g。

（3）饰料　熟芝麻 150g。

（4）辅料　芝麻油 1000mL（耗 30mL）。

2. 制作过程

（1）面团调制　将 750g 面粉上笼蒸熟，晾干、搓碎，再掺入饴糖、蜂蜜、芝麻油、红糖、冷水、小苏打及剩余的生面粉，揉搓成面团，软硬适当，饧制 15min。

（2）生坯成型　将面团搓成长条，逐个手揪面剂，揉成鸽蛋大的圆球。

（3）生坯熟制　锅中入芝麻油烧热，将生坯放入漏勺内入水里蘸一下（防止煮饼脱皮裂缝），再沥干水分，投入锅中，中火炸约 3min，待外皮呈枣红色捞出。

另起锅上火，放入蜂蜜、白糖、饴糖熬制 10min，待能拉出长丝即成蜜汁。将炸好的煮饼放入蜜汁内浸约 2min，捞出，滚沾上熟芝麻即可。

五十二、家常酥烧饼

1. 原料配方（以 30 只计）

（1）坯料　面粉 1000g，精盐 10g，冷水 600mL。

（2）装饰料　芝麻 150g。

2. 制作过程

（1）面团调制　将面粉放在案板上加冷水、精盐和成软面团，饧制 15min。

（2）生坯成型　将面团揉匀搓条，下剂，搓成圆形，逐个蘸水在案板上压扁，擀制成圆形薄饼片，一面刷上水，均匀地沾上芝麻即成饼坯。

（3）生坯熟制　将饼坯平面朝上贴在挂炉上壁，采用锯末火或木炭火烘烤成熟。

五十三、家常葱油饼

1. 原料配方（以 30 只计）

（1）坯料　面粉 800g，盐 8g，糖 10g，开水 400mL，冷水 160mL。

（2）馅料　植物油 120mL，面粉 240g，葱花 15g，五香粉 5g，盐 5g。

2. 制作过程

（1）馅心调制　将植物油加热到 120℃，倒入面粉等材料中搅拌成油酥馅心备用。

（2）面团调制　将面粉放在案板上，扒一个小窝，放入盐和糖，倒入开水用筷子搅拌成雪花状，再洒淋上冷水，揉匀揉光，和成面团，盖保鲜膜饧制 30min。

（3）生坯成型　将饧发好的面团揉匀分成 30 份，取一份擀薄成圆形，在表面涂上油酥卷起，搓成长条，把长条卷成团状，收口处捏紧；用手按扁，擀成圆形的饼。

（4）生坯熟制　将生坯放入涂少许油的电饼铛中，烙熟成金黄色即可。

五十四、薄饼

1. 原料配方（以 18 只计）

（1）坯料　中筋面粉 250g，开水 100mL，冷水 20mL。

（2）辅料　色拉油 50mL。

2. 制作过程

（1）面团调制　将面粉放在案板上扒一个小窝，用开水烫成雪花状，冷却后淋上冷水，揉匀揉透成面团，饧制 15min。

（2）生坯成型　将面团揉匀揉光，搓成长条，摘成 18 只剂子，横截面朝上，按扁后在一只面剂上抹上薄薄的一层油，将另一只剂子合上擀成 10cm 直径的圆皮，即成薄饼生坯。

（3）生坯熟制　将平底锅放小火上，抹油后放入薄饼生坯烙，待一面烙成呈芝麻状的焦斑时，再翻身烙另一面，两面都烙好后即可出锅。

食用时将一张薄饼揭开成为两张，叠成四层扇形，整齐排在盘中上席。一般不单独食用，常在筵席上用来夹食烤鸭片、烤乳猪片等。

五十五、香煎糯饼

1. 原料配方（以 20 块计）

（1）坯料　面粉 450g，鸡蛋 4 个，冷水 600mL，精盐 5g。

（2）馅料　糯米 300g，瘦火腿 75g，虾仁 100g，熟肫肝 50g，水发香菇 50g，西芹 50g，葱末 15g，姜末 15g，精盐 8g，胡椒粉 3g，味精 3g，熟猪油 50g，冷水 200mL。

（3）辅料　花生油 100mL，熟肥膘 1 块（25g）。

2. 制作过程

（1）馅心调制　将糯米用冷水浸泡 6h，上笼蒸制 20min；虾仁洗净后上浆、滑油至熟；瘦火腿煮熟后切成小丁；熟肫肝切小丁；水发香菇切小丁；西芹焯水后切丁。炒锅中放入熟猪油，放入葱末、姜末煸出香味后加入冷水、火腿丁、熟肫肝丁、香菇丁烧开，加入精盐、胡椒粉、味精，倒入熟糯米炒拌，待水分吸干后倒入虾仁、西芹丁、熟猪油拌匀即成馅心。

（2）面团调制　将面粉中加入鸡蛋液、精盐、部分冷水先调成厚糊，再加入余下的水调成稀糊，过滤备用。

（3）全坯成型、熟制　将炒锅洗净烘干，用熟肥膘擦上一层油后倒入面糊，晃锅烙成很薄的圆皮，翻面后放上馅心，包成长方形，接口处抹上面糊。最后锅中加入少量花生油将生坯煎至两面金黄色即可。

五十六、葱香锅饼

1. 原料配方（以 20 块计）

（1）坯料　中筋面粉 150g，鸡蛋 2 个，冷水 250mL。

（2）馅料　熟香肠末 300g，葱末 150g，猪板油丁 100g，味精 3g。

（3）辅料　熟肥膘 1 块（25g），色拉油 1L（实耗 50mL）。

（4）调料　葱油 15mL。

2. 制作过程

（1）馅心调制　将猪板油丁、葱末、熟香肠末、味精拌匀成葱油馅心。

（2）面团调制　将面粉放入盆内，加入蛋液、少量冷水调成厚糊，再分次加入冷水，用竹筷搅成薄面糊过滤备用。

（3）生坯成型　将炒锅洗净烘干，用熟肥膘擦下锅，倒入薄面糊摊成直径 25cm 的圆面皮，离火，将面皮翻身，放入葱油馅心，包起馅心，折叠成长方形，接头处用面糊粘好。

（4）生坯熟制　锅中放进色拉油，加热至 165℃左右，将饼炸至两面呈金黄色浮上油面时，即可出锅，捞起沥去油，放在案板上，用刀切成 20 块长方形块，放进盘内，淋上葱油，即可上桌食用。

五十七、六必居葱油饼

1. 原料配方（以 15 块计）

（1）坯料　面粉 1000g，花生油 200mL，温水 400mL。

（2）馅料　葱末 150g，精盐 10g。

（3）辅料　花生油 1000mL（耗 20mL）。

2. 制作过程

（1）面团调制 将面粉倒入面盆内，加入花生油、温水（春秋季水温为 30～50℃），和匀揉光成水油面团，饧制约 15min。

（2）生坯成型 取水油面 400g 放在抹过油的案板上，揉圆揿扁，用擀面杖擀成直径约 40cm 的圆面皮，均匀地撒上精盐 3g、葱末 50g，横卷成长条，再直卷成团形。另取水油面 250g 揉圆揿扁，擀成直径 20cm 的圆面皮，将葱面团包入中心，成馒头形，揿扁再擀成直径 40cm 的油饼坯。剩余的面团也如法制作。

（3）生坯熟制 将平底锅置火上，放花生油，烧至 150℃，将油饼坯平放在锅内。中间戳一小洞，用两根长竹片按着油饼转动。煎至两面金黄，中间起层，取出沥油，用刀改成八块三角形饼，装盘即成。

五十八、泡泡油糕

1. 原料配方（以 20 块计）

（1）坯料 面粉 1200g，熟猪油 300g，冷水 1100mL。

（2）馅料 白糖 350g，黄桂酱 50g，玫瑰酱 30g，核桃仁 50g，熟面粉 25g。

（3）辅料 花生油 2L（约耗 300mL）。

2. 制作过程

（1）馅心调制 将白糖、黄桂酱、玫瑰酱、熟面粉、核桃仁拌匀成黄桂玫瑰白糖馅。

（2）面团调制 将冷水 800mL 入锅内烧开，加入熟猪油煮化后，倒入面粉，改用小火将油面拌匀，摊放在案板上晾凉，分次加入剩余的冷水，将面团反复搓匀搓透，饧制 15min。

（3）生坯成型 将烫好的面团揉匀揪成剂子，按成皮，包入黄桂玫瑰白糖馅，收口，按成扁圆形即为糕坯。

（4）生坯熟制 将平底锅内加入花生油烧至 135℃，下入糕坯，炸至糕坯上面慢慢冒气泡时，将油糕推至锅边，炸 4～5min

即可。

五十九、姜丝排叉

1. 原料配方（以 10 只计）

面粉 200g，姜丝 25g，鸡蛋 1 个，黑芝麻 5g，盐 2g，白糖 10g，冷水 50mL，食用油 750mL。

2. 制作过程

（1）面团调制　取面盆一个，将面粉、鸡蛋、白糖、姜丝、盐、冷水搅拌均匀。加入黑芝麻后将面粉揉上劲，制成面团备用。

（2）生坯成型　将和了姜丝的面皮擀薄（2mm）备用。用刀将面片切成长 15cm、宽 7cm 左右的菱形条。将面片的一端从划开的地方穿出来后把整个面片扭成花形备用。

（3）生坯熟制　油炸炉中放油，烧至 180℃时，放入处理好的面片，炸成金黄色。捞出控油后即可食用。

六十、南乳排叉

1. 原料配方（以 60 个计）

（1）坯料　中筋面粉 300g，南味腐乳 1 块，盐 2g，白胡椒粉 1g，白芝麻 25g，芝麻油 15mL，开水 175mL。

（2）辅料　色拉油 1L，玉米淀粉 50g。

2. 制作过程

（1）面团调制　将面粉放在案板上扒一个窝，倒入开水调成雪花面，加入南味腐乳、盐、白胡椒粉、白芝麻调成面团，饧制 20min。

（2）生坯成型　将面团揉光，用长面杖擀成长方形薄皮，刷上一层麻油，对叠。案板上撒上淀粉，再将面皮擀薄，改刀成条，切成段，在每段上顺长划三刀，将一头沿中间划缝穿过，拉直成排叉生坯。

（3）生坯熟制　将生坯放入 150℃的锅中炸至呈棕黄色酥脆，

沥油装盘。

六十一、清油盘丝饼

1. 原料配方（以 30 只计）

（1）坯料　面粉 500g，食碱 1g，冷水 250mL，盐 2g。

（2）馅料　白糖 75g，青红丝 10g，花生油 150mL。

2. 制作过程

（1）面团调制　面粉过筛倒入案板上开窝，中间倒入盐、食碱和冷水，从内向外逐渐将面粉调制成面团，揉匀揉透，饧制。

（2）馅心调制　将青红丝、白糖、花生油混合均匀，待用。

（3）生坯成型　将饧好的面团搓成条，搓长后对折，一手捏着两头交接，一手拉着弯折处再将其拉长，再拖上面粉，如此反复，如同拉面，直至把面抻至极细，细如银丝，达千余根，再盘成圆饼形，即成生坯。

（4）生坯熟制　将生坯放入花生油中半煎半烙使之变熟，提起中间把饼拉散，散放盘中，撒上青红丝、白糖即成。

六十二、勺子馍

1. 原料配方（以 30 只计）

面粉 500g，冷水 270mL，盐 5g，葱花 10g。

2. 制作过程

（1）面团调制　先将面粉加冷水，调制成面浆，即糊状。不能太稠也不能太稀，用筷子能搅拌即可。将少许葱花放入面浆中一块搅拌均匀。

（2）生坯成型　制作勺子馍需要特制的"平底勺"。将调好的葱花面浆倒入平底勺中，然后将平底勺放入热油中炸煮。此过程反复制作，每次平底勺只炸一个勺子馍。

（3）生坯熟制　油炸至平底勺里的葱花面浆发黄，并自然与平底勺脱落。再放到锅中自然炸 1～2min，闻到油炸香味即可食用。

六十三、油酥火烧

1. 原料配方（以 30 只计）

精白面粉 500g，冷水 250mL，熟猪油 50g，芝麻油 35mL，葱 15g，盐 3g。

2. 制作过程

（1）馅心调制　葱切成葱花加入熟猪油、芝麻油制成脂油葱花馅。

（2）面团调制　面粉过筛倒在案板上开窝，加入冷水揉制成团后，洒上少量的水于面团上，双手紧握拳，用手面向面团不停地压，压后饧制。

（3）生坯成型　经过"饧"一定时间，即可搓条。将面搓成 10cm 长、食指粗细的一个个面剂。在面剂上刷少量的油，以防表面皴干，再将搓好的条码放整齐，盖上湿布。逐个将面剂压成面片，在面片的一端放上脂油葱花，再撒盐少许，然后顺着放馅的一端往另一端，卷成元宵大的团状。

（4）生坯熟制　将生坯压扁，入煎锅烙成两面稍黄，再放入烤箱内烘烤至熟即可。

六十四、油旋

1. 原料配方（以 30 只计）

面粉 500g，熟猪油 200g，精盐 5g，葱花 100g，花生油 100mL，冷水 150mL。

2. 制作过程

（1）馅心调制　将熟猪油化开，葱花装碟备用。

（2）面团调制　将面粉过筛倒在案板上，中间开窝加入适量冷水、少许精盐，用手将精盐搅化，从窝内向窝外逐步将面粉与水拌和，先拌成雪花状，看水分量的多少，决定是否还要淋水，再揉搓成团，反复抻揉至光滑后成团，放入撒有干面粉的木板上，表面盖

中式面点加工工艺与配方

上湿毛巾，饧 2h 左右。

（3）生坯成型　将饧好后的面团搓条、下剂，擀成圆形皮坯，在面坯上先刷一层油，再均匀撒上一层精盐，然后撒上一层葱花，略按，使葱花与面粘紧，用刀以圆心为中心点向一边划开一刀（其实就是圆的一条半径），再用双手以着圆心将皮坯卷起，成长圆锥形，卷好后按着卷纹再稍扭一下，使层与层之间接触较紧，再将圆锥形按扁，用擀面杖擀薄即可。

（4）生坯熟制　将生坯放入烤箱里烤，温度为 190℃，烘至深黄色即熟，或定型后放在煎锅上淋花生油烙制 10min 至金黄色成熟即可。取出后趁热将有旋纹一面的中间用手指压出窝，即成多层的油旋。

六十五、担担面

1. 原料配方（以 10 份计）

（1）坯料　面粉 500g，鸡蛋 2 个，冷水 200mL。

（2）调配料　猪前夹肉 300g，熟猪油 35g，料酒 15mL，甜面酱 20g，酱油 75mL，精盐 2g，红油辣椒 35g，芽菜 50g，葱末 30g，味精 5g，香醋 15mL，鲜汤 750mL。

2. 制作过程

（1）浇头制作　将猪前夹肉洗净，切成米粒状。炒锅上火，下入熟猪油烧热，将肉粒煸炒，待肉粒松散后加入料酒、甜面酱、酱油、精盐炒至酥香即可。

（2）面条制作　将面粉过筛，放入盆中，加入冷水、蛋液拌和均匀，揉和成光滑的面团，饧制 15min 后，擀成薄片，切成宽 0.3cm 的面条。

（3）汤料调味　将芽菜洗净切末，与酱油、红油辣椒、葱末、味精、香醋、鲜汤一起分装于碗中即可。

（4）生坯熟制　将面条入开锅中煮熟，分装于已调味的面碗中，浇上浇头即可。

六十六、雪花龙须面

1. 原料配方（以 12 份计）

（1）坯料　中筋面粉 500g，精盐 5g，食碱水 10mL，温水 310mL。

（2）辅料　色拉油 1500mL。

（3）饰料　绵白糖 100g。

2. 制作过程

（1）面团调制　将精盐用水化开，再把面粉过筛后放入盆内，倒入盐水，分次加入温水（水温约 35℃）和成雪花面，用食碱水把面掇匀，放在盆里用干净毛巾盖好，饧制 25min。

（2）生坯成型　取出和好的面，放在案板上拉成长条面坯，然后抓握住面的两端，上下抖动，并向两头抻拉，将面条沿顺时针方向缠绕；然后再抓握住面的两端，上下抖动，并向两头抻拉；将面条沿反时针方向缠绕，经过多次抻拉、缠绕，等顺筋并粗细均匀了，蘸上食碱水再略溜几下，开始出条；把已溜好条的面坯对折，抓住两端均匀用力，上下抖动向外抻拉，将条逐渐拉长，再把面条对折，抓住两端再次抻拉，直至所需的粗细。把面抻到 11 扣，细度刚好合适。

（3）生坯成熟　把抻好的细面丝放在小漏勺中，下入 140℃的锅迅速拨散，炸成金黄色的圆饼形，沥油装盘，撒上绵白糖即可。

六十七、刀削面

1. 原料配方（以 10 份计）

（1）坯料　中筋面粉 400g，冷水 180mL，盐 3g。

（2）汤料　番茄 2 个，雪菜 500g，熟猪油 50g，葱末 15g，姜末 10g，精盐 5g，味精 3g，冷水 2000mL。

2. 制作过程

（1）面条制作　将面粉放在盆内，加水和盐，再揉匀揉光，揉成后大、前头小的圆柱形，饧制 25min；左手托住和好的面块，右手持削面刀。从面块的里端开刀，第二刀接前部分刀口上端削出，逐刀上削，削成扁三棱形、宽厚相等的面条。

（2）面条熟制　直接削入开锅煮熟备用。

（3）汤料制作　将番茄切小块，雪菜切末；锅上火烧热，放入熟猪油加热，将葱末、姜末炸香，再放入雪菜炒匀，加入冷水 2000mL 烧开，放入番茄块煮开，加入精盐和味精调味，即成番茄雪菜卤。最后将汤料分装到碗中，将煮熟的面条放入即可。

六十八、虾爆鳝面

1. 原料配方（以 20 份计）

（1）坯料　面条 1000g。

（2）汤料　虾仁 450g，去骨鳝片 750g，葱末 15g，姜末 10g，料酒 25mL，熟猪油 50g，酱油 75mL，白糖 50g，味精 5g，芝麻油 15mL，精盐 10g，湿淀粉 15g，肉清汤 4000mL。

（3）辅料　花生油 1500mL（约耗 150mL）。

2. 制作过程

（1）汤料加工　将虾仁洗净，加入湿淀粉、蛋清、味精、精盐、料酒浆好，然后放在开水锅中氽 10s 左右，用漏勺捞起，分为 20 份；去骨鳝片切成 8cm 长的段，沥干。炒锅置旺火上，下入花生油烧至 180℃，将鳝片入锅炸约 3min，倒入漏勺，沥干油，分为 20 份。

炒锅内放入熟猪油，将葱末、姜末入锅略煸后，将爆过的鳝片上锅煸炒，加精盐、酱油、料酒、白糖、肉清汤，烧 1min 左右至汤汁还剩一半时，加入味精，盛入碗内。

（2）生坯熟制　将面条投入开锅中，旺火烧至面条浮出水面，捞出，在凉水中漂净碱质，做成 20 个面结。

炒锅置旺火上，逐份炒制。每碗加入适量肉清汤、酱油，滗入爆鳝片原汁，待汤沸时，将1个面结下锅，撇净浮沫，放入少许熟猪油，待汤渐浓时，将面盛入碗内，盖上爆鳝片，放上虾仁，再淋上芝麻油即成。加工过程中要遵循传统的"素油爆，荤油炒，麻油浇"。

六十九、牛肉拉面

1. 原料配方（以 10 碗计）

（1）坯料　中筋面粉 450g，精盐 5g，食碱水 10mL，清油适量，温水 300mL。

（2）汤料　熟酱牛肉 100g，牛肉汤 2000mL，白胡椒粉 5g，青蒜花 50g，味精 10g。

2. 制作过程

（1）面团调制　将精盐用水化开，再把面粉放入盆内，倒入盐水分次加入温水（水温为 35℃）和成雪花面，用食碱水把面擦匀，放在盆里用干净湿布盖好，饧制 25min。

（2）生坯成型　取出和好的面，放在案板上拉成长条面坯，然后抓握住面的两端，上下抖动，并向两头抻拉，将面条沿顺时针方向缠绕；然后再抓握住面的两端，上下抖动，并向两头抻拉，将面条沿反时针方向缠绕，经过多次抻拉、缠绕，待面条顺筋并粗细均匀了，沾上食碱水再略溜几下，开始出条。

将溜好的面条放在案板上，洒上清油（以防止面条粘连），然后随食客的爱好，拉出大小粗细不同的面条，喜食圆面条的，可以选择粗、二细、三细、细、毛细 5 种款式；喜食扁面的，可以选择大宽、宽、韭叶 3 种款式；想吃出个棱角分明的，拉面师傅会为你拉一碗特别的"荞麦楞"。拉面是一手绝活，手握两端，两臂均匀用力加速向外抻拉，然后两头对折，两头同时放在一只手的指缝内（一般用左手），另一只手的中指朝下勾住另一端，手心上翻，使面条形成绞索状，同时两手往两边抻拉。面条拉长后，再把右手勾住的一端套在左手指上，右手继续勾住另一端捯拉。捯拉时速度要快，用力要均匀，如此反复，每次对折称为一扣。一般二细均为 7 扣，细的则为 9 扣，毛细面可以达 11 扣，条细如丝，且不断裂。

（3）生坯熟制　把面拉好后，两手捏去面头，顺势把面条投入开锅中，再开锅后面条翻起第一滚时，用长竹筷把面条翻 4～5 次，立即用大漏勺捞出（整个煮面时间 1min），把捞出的面条放入冷水盆里，然后再用漏勺捞出放开锅里过一下，分别盛入碗内，加汤料。

七十、枫镇大面

1. 原料配方（以 2 碗计）

（1）坯料　生面条 250g。

（2）汤料　鳝鱼 150g，猪肋条肉 100g，粗盐 5g，葱 15g，姜 15g，黄酒 15mL，茴香 3g，花椒 2g，味精 3g，冷水 800mL。

（3）调料　鲜酒酿 10mL，凉开水 25mL，葱末 5g，熟猪油 15g。

2. 制作过程

（1）汤料制作　锅内加冷水 200mL、粗盐（1g），用旺火烧沸，迅速倒鳝鱼，盖上锅盖，烧至鳝鱼张口，捞入凉水中。每条鳝鱼划出脊背一条、腹部一条，鳝鱼骨洗净备用。

将猪肋条肉焯水洗净，切成厚片，放入锅内，加上鳝鱼骨、鳝鱼、葱姜，把花椒、茴香装入布袋扎紧口放入，烧沸加入黄酒，上盖密封，用小火焖煮 4h 将肉取出，从汤中捞出料袋及葱、姜，澄清汤汁，放入味精调味。

另将鲜酒酿放入钵中，加入凉开水，放置发酵。当米粒浮起时再加入葱末拌匀，平均盛入碗中，同时每碗加入熟猪油和 250mL 汤料。

（2）生坯熟制　将生面条放入开锅中，用旺火煮熟，分装于汤碗内，加上肉块、鳝鱼即成。

七十一、刀鱼卤面

1. 原料配方（以 2 碗计）

（1）主料　生面条 250g。

（2）羹料　刀鱼 300g，春笋片 50g，熟猪油 15g，葱末 15g，姜末 10g，精盐 5g，绵白糖 5g，湿淀粉 10g，水发香菇片 35g，酱油 15mL，黄酒 15mL。

（3）汤料　熟猪油 10g，黄酒 15mL，味精 3g，香葱结 15g，生姜 15g，精盐 5g，酱油 15mL，绵白糖 5g，白胡椒粉 1g，湿淀粉 10g。

2. 制作过程

（1）鱼羹制作　把经过初加工的刀鱼洗净，取下两面鱼肉，平放于砧板上，用刀背略捶后，剥去鱼皮（鱼头、鱼骨、鱼皮留用）炒锅置旺火上，舀入熟猪油，烧至 180℃，放入葱末、姜末略炸，然后将鱼肉、水发香菇片、春笋片、黄酒、酱油、精盐、绵白糖依次加入，炒 3min，用湿淀粉勾芡，制成"刀鱼羹"，盛入盘内备用。

（2）汤料制作　将锅刷净置火上，舀入 8g 熟猪油，烧至 150℃，放入鱼头、鱼骨和鱼皮，煸炒至色黄时，加入黄酒、冷水、香葱结、生姜（先用刀拍松），烧 10min，至汤呈乳白色时，用汤筛滤去鱼渣，再放入精盐、酱油、绵白糖和味精，用湿淀粉勾薄芡，最后加入余下的熟猪油，撒上白胡椒粉即成汤料，舀入碗内。

（3）生坯熟制　将面条放入开锅内煮熟，捞入温水中略浸，再捞起沥去水，盛入汤料碗内，随同刀鱼羹同时上桌，也可将鱼羹直接盖在卤面上即可。

七十二、蒸拌冷面

1. 原料配方（以 2 碗计）

（1）坯料　面条 250g。

（2）汤料　熟花生油 10mL，米醋 15mL，芝麻油 15mL，酱油 15mL，辣油 5mL，芝麻酱或花生酱 15g，绿豆芽 50g，嫩姜丝 10g，白糖 5g，味精 3g。

2. 制作过程

（1）生坯熟制　将面条上笼蒸 5min，冷却后放入沸锅里煮 3min，沥干水分，倒入盘内，一面用竹筷不断挑散冷却，一面将熟花生油慢慢浇在上面，不使面粘在一起，然后将面条放在竹匾里摊开。

（2）汤料调味　将芝麻酱或花生酱用冷开水调稀。嫩姜丝放在冷开水中稍泡。将绿豆芽择去根须，放在开水中烫熟，然后漂在冷水中以保持脆性。酱油烧开后加味精、白糖、冷开水调和。

将冷面抖松装在盆内，上面放姜丝、绿豆芽，浇上稀芝麻酱或花生酱、芝麻油、米醋、调和酱油，喜吃辣者可稍加辣油即可。

七十三、开洋葱油面

1. 原料配方（以 2 碗计）

（1）坯料　细面条 250g。

（2）汤料　开洋 15g，香葱 35g，花生油 15mL，酱油 15mL，白糖 3g，黄酒 5mL，味精 3g，冷水 50mL。

2. 制作过程

（1）汤料制作　将开洋用黄酒浸泡，香葱切成小段；炒锅内放入花生油，用旺火烧至 150℃时，放葱段煎 1min，葱稍黄时加开洋煸一下，见葱段已焦黄时再加酱油、白糖、黄酒、冷水，炒至水渐干时出锅。

（2）生坯熟制　面条开水下锅煮制，再沸后点水、稍养、捞出，装在盛有味精、酱油的碗里，再将葱油倒入面里，吃时将面拌匀即可。

七十四、阳春面

1. 原料配方（以 2 碗计）

（1）坯料　面条 300g。

（3）汤料　高汤 500mL，酱油 15mL，精盐 5g，葱花 15g，味精 3g，芝麻油 15mL。

（2）饰料　熟蛋皮丝 50g，豌豆苗 25g。

2. 制作过程

（1）生坯熟制　面条开水下锅煮制，再沸后点水、稍养、捞出，盛入碗里。豌豆苗用开水烫过冲凉备用。

（2）汤料制作　将高汤上锅烧开，加入酱油、精盐、味精，撇净浮沫倒入面条碗中，加入芝麻油、葱花、豌豆苗，撒上熟蛋皮丝即可。

七十五、五彩面

1. 原料配方（以 5 碗计）

（1）坯料　面粉 550g，紫甘蓝 50g，胡萝卜 50g，南瓜 50g，油菜 50g，冷水 200mL。

（2）调料　芝麻酱 75g，蒜泥 15g，生抽 25mL，盐 3g，醋 5mL，芝麻油 15mL，凉开水 50mL。

2. 制作过程

（1）面团调制　面粉留 50g 铺面，其余分为 5 份；紫甘蓝、胡萝卜、南瓜、油菜等分别用搅拌机榨成汁。分别加适量水，调制成 5 种色彩的面团，各自盖上湿布饧制 25min。

（2）生坯熟制　将 5 种面团，分别揉匀揉光，然后各自用擀面杖擀平擀薄，铺撒面粉防粘，叠起，用刀切成粗细均匀五种色彩的的面条。

（3）生坯熟制　面条开水下锅煮制，再沸后点水、稍养、捞出，盛入碗里。同时取一个干净碗。加入芝麻酱，先用芝麻油顺一个方向轻轻搅成细滑的状态，再调入蒜泥、生抽、醋、盐，继续顺一个方向搅拌边搅拌边加入凉开水，调成可以拌面的稀汁。分成 5 份调味汁拌制即可。

七十六、蝴蝶面

1. 原料配方（以 4 碗计）

（1）坯料　面粉 400g，冷水 180mL。

（2）汤料　猪瘦肉 150g，熟冬笋 50g，水发冬菇 50g，熟火腿 25g，油菜 200g，虾米 15g，酱油 15mL，味精 3g，精盐 5g，肉汤 1000mL。

（3）辅料　熟猪油 1000mL（实耗 30mL）。

2. 制作过程

（1）面团调制　将面粉放在案板上扒一个小窝与冷水揉和成团，揉匀揉光，盖上湿布饧制 25min。

（2）生坯成型　将面团揉光，擀成 0.1cm 厚的面片，先切成 3cm 宽的长条，再切成菱形面片。

（3）生坯熟制　将猪肉洗净，切成薄片；熟冬笋、水发冬菇、熟火腿分别切成薄片；油菜择洗干净，切成 3cm 长的段。

将熟猪油烧至 175℃，下入面片炸至成熟，捞起备用；炒锅上火烧热，下入少许熟猪油，烧热后下入肉片、冬菇片、冬笋片、火腿片、虾米、油菜煸炒，再加入肉汤烧沸，倒入面片，加酱油、精盐焖制 5min，最后下入味精，淋入熟猪油，翻炒均匀后，起锅装盘即可。

七十七、拨鱼面

1. 原料配方（以 4 碗计）

（1）坯料　面粉 500g，绿豆粉 30g，冷水 350mL。

（2）辅料　猪肉（肥瘦）150g，冬笋 75g，鸡蛋 50g，黄花菜（干）50g，水发木耳 15g。

（3）调料　精盐 5g，味精 2g，酱油 35mL，料酒 10mL，湿淀粉 50g，熟猪油 50g，鲜汤 2000mL。

2. 制作过程

（1）面团调制　面粉加水、绿豆粉调制成软面团，饧制 25min。

（2）汤料制作　将用冷水煮熟的猪肉切成小薄片；冬笋去壳，洗净，也切成薄片；黄花菜放入碗内，加入温水泡软，择去硬头和梗，洗净，切成约 3cm 的长段；水发木耳洗净，切成小片；鸡蛋磕入碗内打散，备用。

将锅放在火上，倒入熟猪油、鲜汤烧沸，放入白煮肉片、冬笋片、黄花菜段、木耳片，烧沸撇去浮沫，滚烧约 3min，加入酱油、料酒、精盐、味精，放入淀粉勾芡，倒入蛋液搅匀，蛋液凝结成片状时，即成卤汁。

（3）生坯成型与熟制　与熟制锅中入水烧沸将面团放入碗内，左手执碗，倾斜在锅的侧上端，右手执一根特制的三棱形竹筷，在锅内开水中蘸一下，紧贴在面团表面，顺碗沿由里向外将面拨落入开锅内，熟后捞入碗中，浇上汤料即成。

七十八、东台鱼汤面

1. 原料配方（以 4 碗计）

（1）坯料　刀切面 500g，盐 3g，冷水 200mL。

（2）汤料　活鲫鱼 500g，白酱油 75g，虾籽 5g，鳝鱼骨 100g，白胡椒粉 3g，生姜 10g，绍酒 15mL，葱 10g，青蒜花 15g。

（3）辅料　熟猪油 1000g（耗 35g）。

2. 制作过程

（1）汤料　将活鲫鱼宰杀洗净，入猪油锅中炸酥。另将鳝鱼骨洗净放入锅内煸透。

锅中放水 1800mL，投入炸好的鲫鱼和煸透的鳝鱼骨烧沸，待汤色转白后加入熟猪油，大火烧透，然后用淘罗过清鱼渣，成为第一份白汤。

将熬过的全部鱼骨倒入铁锅内，先用文火烘干，然后放入熟猪油 200g，用大火把鱼骨煸透，加入开水 1400mL，烧沸后再加熟猪油 150g，大火烧沸，过清鱼渣，成为第二份白汤。

用熬制第二份白汤的方法和用料，将开水 10000mL 熬成第三份白汤。然后将三份白汤混合下锅，放入虾籽、绍酒、生姜、葱烧透，用细筛过滤。

（2）面团调制　将面粉放在案板上，扒一个小窝，加盐加水揉成面团，揉匀揉光，饧制 25min。

（3）生坯成型　将揉光的面团擀成薄片，撒上铺面，刀切成面条。

（4）生坯熟制　在碗内放熟猪油 5g、白酱油和青蒜花，舀入沸滚的鱼汤。同时，将面条入开锅中下熟，捞入鱼汤碗内即成。

七十九、岐山臊子面

1. 原料配方（以 4 碗计）

（1）坯料　面粉 500g，碱水 5mL，冷水 200mL。

（2）汤料　猪肉 350g，鸡蛋 1 个，水发木耳 35g，水发黄花 35g，豆腐 100g，青蒜 50g，湿淀粉 15g，精盐 5g，酱油 15mL，姜末 15g，葱末 15g，辣椒油 20mL，红醋 250mL，细辣椒面 30g，五香粉 10g，味精 5g，花生油 300mL，肉汤 1500mL。

2. 制作过程

（1）面团调制　面粉放案板上加碱水、冷水揉成面团，盖上湿布饧 25min 左右。

（2）生坯成型　将面团揉匀揉光，用面杖擀成 1.6mm 厚的薄片，切成 3.3mm 宽的细条。

（3）汤料制作　将水发木耳洗净切成小片，水发黄花洗净切成段，豆腐切成丁，青蒜洗净切成段，猪肉切成 3.3mm 厚、2cm 见方的片，鸡蛋在碗里打散备用。

将炒锅内入 150mL 花生油，旺火烧热，加入肉片煸炒至七成熟，依次加入酱油、五香粉、葱末、姜末、精盐、红醋、细辣椒面调味，即成臊子。

锅内入 150mL 花生油烧热，下入豆腐、黄花、木耳稍炒，作为底菜。将蛋液摊成皮切成象眼块，和切成段的青蒜一起作为"漂菜"。锅内入肉汤烧开，加入余下的精盐、红醋、味精、辣椒油，用湿淀粉勾薄芡，即成酸汤。

（4）生坯熟制　锅内入水烧开，下入切好的细面煮熟，浸入凉开水中划散，分装入放有底菜的碗中，放上肉臊子，浇上酸汤，最后放上"漂菜"即可。

八十、兰州牛肉拉面

1. 原料配方（以 4 碗计）

（1）坯料　面粉 1000g，冷水 560mL，精盐 15g，蓬灰水 10mL，花生油 20mL。

（2）汤料　牛肉 200g，牛肝 100g，牛骨头 500g，冷水 2000mL，胡萝卜 50g，精盐 25g，花椒 10g，草果 20g，生姜 30g，味精 15g，胡椒粉 5g。

（3）调料　香菜 10g，青蒜 15g，辣椒油 10mL。

2. 制作过程

（1）汤料制作　将牛肉、牛骨头洗净，放入冷水中浸泡 4h 捞出，放入温锅内，用大火烧沸，撇去浮沫，加花椒、草果、生姜、精盐，用大火煮约 5h 后将牛肉捞出，晾凉后切成肉末。牛肝也按上面做法煮汤待用。胡萝卜切片。

将煮肉和骨头的汤静置，撇去浮油，再加入泡肉的血水，用大火烧沸，撇去浮沫，加牛肝汤、少量冷水后再次烧沸，再撇去浮沫，加精盐、味精、胡椒粉和胡萝卜片，即成汤料。

（2）面团调制　面粉放案板上，加精盐、冷水揉成面团，加入蓬灰水揉匀、揉透，稍饧。

（3）生坯成型　将面团置于抹过油的案板上，搓成条后溜条数次，然后按要求抻拉成粗细均匀的面条。

兰州牛肉拉面的面条可以分为多种不同形状，拉面师会根据顾客的不同需求制作。按面条形状分，可将牛肉面分为圆形、扁形、棱形三大类。

圆形面，指面条的横截面呈圆形。圆形面按照由细到粗，可分为"毛细""细面""三细""二细"和"二柱子"等几种，其中"毛细"条直径 0.5～1mm，"细面"条直径 1～2mm，"三细"条直径 2～2.5mm，"二细"条直径 2.5～3mm，"二柱子"条直径 5～7mm。

扁形面，指面条的横截面呈扁平状。扁形面按照由窄到宽，可分为"韭叶""薄宽""宽面""大宽"和"皮带宽"等几种，其中"韭叶"宽约 5mm（意为与韭菜叶一样宽），"皮带宽"宽 30～40mm（意为和皮带一样宽）。

棱形面，指面条的横截面呈三角形、四边形等独特形状。常见的棱形面有"荞麦棱子（三棱子）""四棱子"等。

另有比较独特的空心面，也可归为圆形面的类型。

以上各类面条，最受欢迎的当属"细面""二细""三细""韭叶"等形状。过于细的面，容易在汤里吸水泡软，过于粗或过于宽的面则不易煮熟，或煮熟后较硬。

（4）生坯熟制　将面条下锅煮熟后捞入碗内，浇上肉汤。撒上肉末、香菜、青蒜，淋上辣椒油即成。

注：蓬灰水，即用蓬灰溶解的水。蓬灰主产于西北，系戈壁荒原上所产的一种碱蓬草，干后放入坑中，用火烧之，析出一种液体凝结于坑底，即为蓬灰，呈不规则块状，灰色或灰绿色，与碱的用途相同。西北人多用以制作面食，如制抻面、饼子等。除中和酸味外，还具较浓的碱香。

八十一、武汉热干面

1. 原料配方（以 4 碗计）

（1）坯料　面粉 500g，碱水 10mL，冷水 225mL。

（2）调料　叉烧肉 50g，虾米 15g，大头菜 25g，芝麻酱 50g，芝麻油 100mL，味精 5g，辣椒粉 15g，葱末 25g。

2. 制作过程

（1）调料制作　将芝麻酱放入钵内，加少许芝麻油调匀；辣椒粉入钵，淋入烧热的芝麻油拌匀成辣椒油；将大头菜、叉烧肉、虾米分别切成小米粒状备用。

（2）面团调制　将面粉倒入面盆内，加碱水、冷水，和匀上劲，揉成面团，饧制 25min。

（3）生坯成型　将面团揉匀揉光，擀成约 0.4cm 厚的薄面片，切成细面条。

（4）生坯熟制　将大锅置旺火上，下入冷水烧沸，将面条抖散下入锅内，煮约 3min，至八成熟时捞出沥干，置案板上，用电扇吹凉，再刷上芝麻油，抖开拌匀，凉至根根松散。

将煮好的面条放入漏勺中，入开锅内烫至滚热。捞起，沥干，倒入碗内，撒上虾米、叉烧肉、大头菜丁，浇上芝麻酱，加入芝麻油、辣椒油、味精，撒上葱末，拌匀即成。

八十二、肉丝两黄面

1. 原料配方（以 2 碗计）

（1）坯料　细面条 400g，精盐 4g，花生油 20mL。

（2）浇头　猪精肉丝 200g，笋丝 50g，冬菇丝 25g，酱油 15mL，细盐 5g，味精 2g，鲜汤 300mL，湿淀粉 15mL。

（3）辅料　熟猪油 100g（实耗 30g）。

2. 制作过程

（1）生坯熟制　锅放水烧沸后将面条下锅，用竹筷拨散煮至面浮起即用漏勺捞出，用冷水冲凉，放点精盐、花生油拌匀，盘成圆饼形；锅烧热，放熟猪油，烧至 150℃热时，放圆饼入锅煎至两面呈金黄色倒出。

（2）浇头制作　将原锅内留余油 25g，烧热后放入上好浆的肉丝煸炒一下，再放笋丝、冬菇丝同炒，加鲜汤、精盐、酱油，烧沸后加味精，用湿淀粉勾薄芡，淋上少许熟猪油，拌和出锅，浇在煎好的面上即成。

第二节　发酵面团类

一、刺猬包

1. 原料配方（以 20 只计）

（1）坯料　中筋面粉 300g，冷水 160mL，酵母 3g，泡打粉 4g，白糖 3g。

（2）馅料　红小豆 500g，白糖 250g，熟猪油 50g。

（3）饰料　黑芝麻 5g。

2. 制作过程

（1）馅心调制　红小豆洗净浸泡一夜，然后放高压锅内加水煮烂，取出后晾凉，用网筛擦制过滤，然后用纱布过滤去水分，成为干豆沙；取一个干净锅，放入熟猪油烧热，放入白糖炒化，再放入干豆沙炒匀，形成细沙馅。细沙馅在制作时要熬硬一点，便于生坯的成型操作。为了增加细沙馅的口味，可以加上桂花酱调味。

（2）面团调制　中筋面粉放案板上扒一小窝，加酵母、冷水、泡打粉、白糖等调成发酵面团，饧制 20min。

（3）生坯成型　将发好的面团揉匀揉光，搓成长条，摘成 20 只面剂，用手掌按扁，擀成直径 4cm、中间厚、周边薄的圆皮。包上硬细沙馅心，收口捏拢向下放。将坯子先搓成一头尖、一头粗的形状，尖头做刺猬头，圆头做尾部。用小剪刀在尖部横着剪一下，做嘴巴；在其上方剪出两只耳朵，将两耳捏扁竖起，再在两耳前嵌上两粒黑芝麻便成为刺猬眼睛。然后再用小剪刀在后尾部自上向下剪出 1 根小尾巴，也把它略竖起；放入刷过油的笼内饧发 10min。再用左手托住包子，右手持小剪刀，从刺猬的身上从头部到尾部、从左边到右边依次剪出长刺来，放入笼内再饧发 5min。

（4）生坯熟制　将装有生坯的蒸笼放在蒸锅上，蒸 6min，待皮子不粘手、有光泽、按一下能弹回即可出笼。

二、葫芦包

1. 原料配方（以 20 只计）

（1）坯料　中筋面粉 300g，冷水 160mL，酵母 3g，泡打粉 4g，白糖 3g。

（2）馅料　红小豆 500g，白糖 250g，熟猪油 50g。

（3）饰料　黄色素 0.001g。

2. 制作过程

（1）馅心调制　红小豆洗净浸泡一夜，然后放高压锅内加水煮烂，取出后晾凉，用网筛擦制过滤，然后用纱布过滤去水分，成为干豆沙；取一个干净锅，放入熟猪油烧热，放入白糖炒化，再放入干豆沙炒匀，制成细沙馅。

（2）面团调制　中筋面粉放案板上扒一小窝，加酵母、冷水、泡打粉、白糖等调成发酵面团，饧制 20min。

（3）生坯成型　将发好的面团揉匀揉光，搓成长条，摘成 20 只 20g 面剂和 20 只 15g 的面剂，分别用手掌按扁，20g 面剂的皮子包上 10g 的馅心，搓成圆球形；15g 面剂的皮子包上 5g 的馅心，搓成圆锥形。逐个将小圆锥的底部沾上蛋清，安在大圆球形面团的上面，成为葫芦状。

（4）生坯熟制　粘牢后平放在笼内，再饧发 6min。上旺火开水锅蒸熟，出笼后喷上黄色素液即可。

三、钳花包

1. 原料配方（以 30 只计）

（1）坯料　中筋面粉 300g，冷水 160mL，酵母 3g，泡打粉 4g，白糖 3g。

（2）馅料　猪肉泥 350g，葱末 15g，姜末 15g，黄酒 15mL，

虾籽 3g，精盐 5g，酱油 15mL，白糖 15g，味精 3g，冷水 100mL。

2. 制作过程

（1）馅心调制　将猪肉泥加葱末、姜末、黄酒、虾籽、精盐、酱油拌匀，分次加冷水拌匀，再拌入白糖、味精搅拌上劲成馅。

（2）面团调制　中筋面粉放案板上扒一小窝，加酵母、冷水、泡打粉、白糖等调成发酵面团，饧制 20min。

（3）生坯成型　将面团揉光，搓条、摘成 30 个面剂，擀成直径 8cm 的圆皮，左手托手，右手上馅，包成球状，收口朝下。用钳子在四周钳出花纹，花纹要深一些。

（4）生坯熟制　生坯放入笼内硅胶垫上，蒸 10min 即可，轻提装盘。

四、寿桃包

1. 原料配方（以 30 只计）

（1）坯料　中筋面粉 300g，酵母 4g，泡打粉 4g，白糖 4g，温水 160mL。

（2）馅料　大红枣 750g，冷水 400mL，熟猪油 50g。

（3）饰料　红色素 0.1g（实耗 0.005g），绿色素 0.1g（实耗 0.005g），冷水适量。

2. 制作过程

（1）馅心调制　将大红枣洗净，切开去核留枣肉；将枣肉倒入锅中，加枣肉一半分量的水开火煮；煮的过程中用打蛋器不断搅拌，使枣肉均匀和水融合在一起；煮至枣肉成泥糊状，水分收干一些时关火，晾凉；将晾凉的枣肉用滤网过筛出细腻的枣泥；将过滤出的枣泥放入炒锅中，小火慢慢加热，同时不断翻炒，一直炒至枣泥中的水分收干，枣泥馅变硬即可，关火后仍要不停翻炒一会，使热气尽快散去，即成硬枣泥馅。

（2）面团调制　将面粉倒在案板上与泡打粉拌匀，中间扒一窝，放入酵母、白糖，再放入温水调成面团，揉匀揉透。用干净的湿布盖好饧制 15min。

（3）生坯成型　将发好的面团揉匀揉光，取 40g 面团做叶柄用。其余面团搓成长条，摘成 30 只面剂，用手掌按扁，擀成直径 7cm、中间厚、周边薄的圆皮。

每只剂子包入 10g 枣泥馅心，捏紧收口向下放，上端搓出一个桃尖略向一边倾斜，再用刀背在桃身至桃尖处压出一道凹槽，然后用面团制成两片叶子和叶柄装上即成生坯，放入刷过油的蒸笼中，饧制 20min。

（4）生坯熟制　将装有生坯的蒸笼放在蒸锅上，蒸 8min，待皮子不粘手、有光泽、按一下能弹回即可出笼。分别将红色素、绿色素溶于少量冷水中，搅拌均匀，再用牙刷沾上色素溶液，将桃尖染成淡红色，桃叶染成淡绿色即可，装盘。

五、核桃包

1. 原料配方（以 30 只计）

（1）坯料　中筋面粉 300g，冷水 160mL，酵母 3g，泡打粉 4g，白糖 3g。

（2）馅料　猪肉泥 350g，葱末 15g，姜末 15g，黄酒 15mL，虾籽 3g，精盐 5g，酱油 15mL，白糖 15g，味精 3g，冷水 100mL。

2. 制作过程

（1）馅心调制　将猪肉泥加葱末、姜末、黄酒、虾籽、精盐、酱油拌匀，分次加冷水拌匀，再拌入白糖、味精搅拌上劲成馅。

（2）面团调制　中筋面粉放案板上扒一小窝，加酵母、冷水、泡打粉、白糖等调成发酵面团，饧制 20min。

（3）生坯成型　将发好的面团揉匀揉光，搓成长条，摘成 30 个面剂，用手掌按扁，擀成直径 6cm、中间厚、周边薄的圆皮。包入馅心收口朝下，用花钳夹上核桃的颗粒花纹和凸起圆边，放入刷过油的笼中饧发 20min。

（4）生坯熟制　将装有生坯的蒸笼放在蒸锅上蒸 8min，待皮子不粘手、有光泽、按一下能弹回即可出笼。

六、茄子包

1. 原料配方（以 20 只计）

（1）坯料　中筋面粉 250g，紫薯泥 50g，酵母 4g，泡打粉 4g，白糖 13g，温水 125mL。

（2）馅料　茄子 200g，虾米 15g，猪肉泥 350g，葱末 15g，姜末 15g，黄酒 15mL，虾籽 3g，精盐 5g，酱油 15mL，白糖 15g，味精 3g，冷水 100mL。

2. 制作过程

（1）馅心调制　将茄子洗净切丁，虾米热水涨发后切碎；然后将猪肉泥加葱末、姜末、黄酒、虾籽、精盐、酱油拌匀，分次加冷水拌匀，再拌入白糖、味精搅拌上劲，最后拌入茄丁和虾米碎成馅。

（2）面团调制　将面粉倒在案板上与泡打粉拌匀，中间扒一塘，放入酵母、白糖，再放入温水调成面团，加上紫薯泥揉匀揉透。用干净的湿布盖好饧发 15min。

（3）生坯成型　将发好的面团揉匀揉光，搓成长条，摘成 20 只面剂，用手掌按扁，擀成直径 6cm、中间厚、周边薄的圆皮。左手托皮，右手上馅时放在皮子的一边，包拢成茄子的形状，另取一小剂子搓长，在中间切开，用刀背压扁，做成茄子蒂。给茄子粘上蒂，即成做好的茄子。如此逐只做好。

（4）生坯熟制　生坯放入刷过油的笼中饧发 20min，将装有生坯的蒸笼放在蒸锅上蒸 8min 即可。

七、秋叶包

1. 原料配方（以 20 只计）

（1）坯料　中筋面粉 300g，酵母 4g，泡打粉 5g，白糖 6g，温水 150mL。

（2）馅料 红小豆 500g，白糖 250g，熟猪油 50g。

2. 制作过程

（1）馅心调制 红小豆洗净浸泡一夜，然后放高压锅内加水煮烂，取出后晾凉，用网筛擦制过滤，然后用纱布过滤去水分，成为干豆沙；取一个干净锅，放入熟猪油烧热，放入白糖炒化，再放入干豆沙炒匀，形成细沙馅。为增加红豆沙的风味可以放入适量桂花酱。

（2）面团调制 将面粉倒在案板上与泡打粉拌匀，中间扒一窝，放入酵母、白糖，再放入温水调成面团，揉匀揉透。用干净的湿布盖好饧发 15min。

（3）生坯成型 将发好的面团揉匀揉光，搓成长条，摘成 20 只面剂，用手掌按扁，擀成直径 6cm、中间厚、周边薄的圆皮。将硬豆沙馅搓成一头粗一头细，放入圆皮中，放在左手虎口上，右手用拇指、食指将皮子两面交叉捏进，每捏一个褶都有向上拎、向前倾的动作，使纹路呈 "人" 字形。将两边一直捏到叶尖，形成中间一条叶脉，两边有均匀的 "人" 字形纹路即成生坯。

（4）生坯熟制 放入刷过油的生坯排放入笼中饧发 20min；将装有生坯的蒸笼放在蒸锅上蒸 8min，待皮子不粘手、有光泽、按一下能弹回即可出笼。

八、柿子包

1. 原料配方（以 20 只计）

（1）坯料 中筋面粉 300g，冷水 160mL，酵母 3g，泡打粉 4g，白糖 3g。

（2）馅料 红小豆 500g，白糖 250g，熟猪油 50g。

（3）饰料 可可粉 5g，黄色素 0.001g。

2. 制作过程

（1）馅心调制 红小豆洗净浸泡一夜，然后放高压锅内加水煮烂，取出后晾凉，用网筛擦制过滤，然后用纱布过滤去水分，成为干豆沙；取一个干净锅，放入熟猪油烧热，放入白糖炒化，再放入干豆沙炒匀，形成细沙馅。

（2）面团调制　中筋面粉放案板上扒一小窝，加酵母、冷水、泡打粉、白糖等调成发酵面团，饧制 20min。

（3）生坯成型　将发好的面团揉匀揉光，搓成长条，摘成 20 只面剂，用手掌按扁，擀成直径 6cm、中间厚、周边薄的圆皮。包入馅心包成圆球，收口朝下，中间用拇指按下呈扁圆形。将用可可粉加酵面调制的面团分成 20 份，每份按扁成小圆皮，四边略卷起盖在柿子生坯上，中心用骨针戳一小洞，安上一根棕色的柿子梗，即做成了生坯；然后放入刷过油的笼中饧发 20min。

（4）生坯熟制　将装有生坯的蒸笼放在蒸锅上蒸 8min，待皮子不粘手、有光泽、按一下能弹回即可出笼。

（5）装盘装饰　将黄色素用水化开呈溶液，用干净牙刷和筷子各一根，沾上溶液，弹在柿子包子上面，染成金黄色即成。

九、佛手包

1. 原料配方（以 20 只计）

（1）坯料　中筋面粉 300g，冷水 160mL，酵母 3g，泡打粉 4g，白糖 3g。

（2）馅料　红小豆 500g，白糖 250g，熟猪油 50g。

（3）饰料　可可粉 5g，绿色素 0.001g。

2. 制作过程

（1）馅心调制　红小豆洗净浸泡一夜，然后放高压锅内加水煮烂，取出后晾凉，用网筛擦制过滤，然后用纱布过滤去水分，成为干豆沙；取一个干净锅，放入熟猪油烧热，放入白糖炒熔，再放入干豆沙炒匀，形成细沙馅。

（2）面团调制　中筋面粉放案板上扒一小窝，加酵母、冷水、泡打粉、白糖等调成发酵面团，饧制 20min。

（3）生坯成型　将发好的面团揉匀揉光，取 30g 染成淡绿色，做成佛手的叶、柄。其余面团搓成长条，摘成 20 只面剂，用手掌按扁，擀成直径 6cm、中间厚、周边薄的圆皮。包进细沙馅心，收口捏紧向下，制成椭圆形生坯。再在有馅的 2/3 处按扁成铲刀状，用快刀在此切出 10 根条（坯子小可少些），成 10 根"手指"。中间 8 根手指头不切断，然后，在中间 8 只指头的反面涂上蛋清，将向反面弯曲，贴在反面的手掌处粘牢，手掌弓起，拇指和小指落地撑起，在中腰处用手稍捏细，然后在后部按上叶、柄即成生坯。

（4）生坯熟制　将装有生坯的蒸笼放在蒸锅上，蒸 6min，待皮子不粘手、有光泽、按一下能弹回即可出笼。

十、素菜包

1. 原料配方（以 30 只计）

（1）坯料　中筋面粉 300g，酵母 4g，泡打粉 4g，白糖 4g，温水 160mL。

（2）馅料　腐竹 75g，香菇 25g，青菜 750g，蚝油 15g，味精 3g，盐 3g，芝麻油 25mL，葱末 15g，姜末 10g。

2. 制作过程

（1）馅心调制　青菜浸洗干净；小香菇用热水泡软洗净，去蒂；腐竹用冷水浸泡软后，冲洗干净；将青菜切成丝，放少许盐拌匀，略挤干水分；香菇和腐竹也分别切成丝，加入姜末、葱末、蚝油、盐、芝麻油、味精混合拌匀成为馅料。

（2）面团调制　将面粉倒在案板上与泡打粉拌匀，中间扒一窝塘，放入酵母、白糖，再放入温水调成面团，揉匀揉透。用干净的湿布盖好饧制 15min。

（3）生坯成型　将发好的面团揉匀揉光，搓成长条，摘成 30 只面剂，用手掌按扁，擀成直径 8cm、中间厚、周边薄的圆皮。每只包入馅心捏紧收口即成生坯，放入刷过油的蒸笼中，饧发 20min。

（4）生坯制熟　将装有生坯的蒸笼放在蒸锅上，蒸 10min，待皮子不粘手、有光泽、按一下能弹回即可出笼。

十一、猪油开花包

1. 原料配方（以 30 只计）

（1）坯料　面粉 500g，酵母 4g，泡打粉 25g，白糖 200g，熟猪油 75g，牛奶 300mL。

（2）馅料　猪板油 250g，白糖 250g。

2. 制作过程

（1）馅心调制　将猪板油剥去外层薄膜，切成绿豆大小的丁，放入容器内加白糖 125g 拌匀，浸渍 2～3 天。

（2）面团调制　面粉倒在案板上，扒一个窝塘，加白糖 5g、酵母、牛奶拌匀，反复揉匀揉透成酵面，饧制 25min。发足后，加入剩余白糖、熟猪油和泡打粉，加入少许干面粉揉匀。

（3）生坯成型　酵面搓成条，轻轻揉匀，摘成面剂，按扁，包入糖板油丁，捏拢收口（收口处朝下）即成生坯。

（4）生坯熟制　每只生坯底下垫一张小油纸，整齐地摆入笼内，上锅蒸约 15min 即成。

十二、蟹黄汤包

1. 原料配方（以 30 只计）

（1）坯料　中筋面粉 300g，冷水 160mL，酵母 3g，泡打粉 2g，白糖 3g。

（2）馅料

① 皮冻　鲜猪肉皮 350g，鸡腿 200g，猪骨 300g，葱 15g，生姜 15g，黄酒 25mL，虾籽 3g，精盐 5g，味精 3g，冷水 1L。

② 蟹油　螃蟹 550g，熟猪油 25g，白胡椒粉 2g，葱末 15g，姜末 10g，黄酒 15mL，精盐 2g。

③ 生肉馅　猪肉泥 350g，葱末 15g，姜末 15g，黄酒 15mL，虾籽 3g，精盐 5g，酱油 15mL，白糖 15g，味精 3g，冷水 100mL。

2. 制作过程

（1）馅心调制

① 制作皮冻　将鲜猪肉皮焯水，铲去毛污和肥膘，反复三遍后，入水锅，放入葱、生姜、黄酒、虾籽以及焯过水的鸡腿、猪骨等，大火烧开，小火加热至肉皮一捏即碎，取出熟肉皮及鸡腿、猪骨等，肉皮入绞肉机绞三遍后返回原汤锅中，鸡腿肉切细丁后也一起入锅，再用小火熬至黏稠，放入精盐、味精等调好味，过滤去渣，冷却成皮冻。

② 制作蟹粉　把螃蟹洗净、蒸熟，剥壳取蟹肉、蟹黄。锅内放入熟猪油，投入葱末、姜末煸出香味，倒入蟹肉、蟹黄略炒，加黄酒、精盐和白胡椒粉炒匀后装入碗内。

③ 制作馅心　将猪肉泥加葱末、姜末、黄酒、虾籽、精盐、酱油拌匀，加冷水调上劲，再拌入白糖、味精，加入绞碎的皮冻、蟹粉拌成馅。

（2）面团调制　中筋面粉放案板上扒一小窝，加酵母、冷水、泡打粉、白糖等调成发酵面团，饧制 20min。

（3）生坯成型　将面团揉光、搓条、摘成 30 个面剂，擀成直径 10cm 的圆皮，包上皮冻馅，按提褶包的捏法捏成圆形汤包生坯。

（4）生坯熟制　生坯放入笼内硅胶垫上，蒸 10min 即可，轻提装盘。

十三、墨鱼包

1. 原料配方（以 30 只计）

（1）坯料　中筋面粉 300g，冷水 160mL，酵母 3g，泡打粉 4g，白糖 3g。

（2）馅料　墨鱼 1 只，五花肉 300g，韭菜 50g，葱末 15g，姜末 15g，花椒粉 1g，料酒 15mL，盐 3g，味精 2g，生抽 10mL，芝麻油 15mL。

2. 制作过程

（1）馅心调制　将墨鱼的墨囊保留它用，把墨鱼内脏清理干净，外皮撕掉，墨鱼爪和墨鱼身分开，墨鱼爪剁成泥增加馅心黏性，墨鱼身切 0.5cm 见方的小粒。

将五花肉剁泥，加入料酒、盐、味精、生抽、芝麻油，加入葱末、姜末，充分混合，再将处理好的墨鱼泥和墨鱼粒加入，以花椒水去腥提鲜，顺一个方向搅打使其上劲。最后将洗净的韭菜切碎，加入肉馅里，搅拌均匀即可。

（2）面团调制　将面粉倒在案板上与泡打粉拌匀，中间扒一窝塘，放入酵母、白糖，再放入冷水调成面团，揉匀揉透。用干净的湿布盖好饧发 15min。

（3）生坯成型　将发好的面团揉匀揉光，搓成长条，摘成 30只面剂，用手掌按扁，擀成直径 8cm、中间厚、周边薄的圆皮。每只包入馅心捏紧收口即成生坯，放入刷过油的蒸笼中，饧发 20min。

（4）生坯制熟　将装有生坯的蒸笼放在蒸锅上，蒸 10min，待皮子不粘手、有光泽、按一下能弹回即可出笼。

十四、三丁包

1. 原料配方（以 20 只计）

（1）坯料　中筋面粉 300g，酵母 5g，泡打粉 5g，白糖 5g，温水 160mL。

（2）馅料　猪肋条肉 250g，光鸡 150g，鲜笋 150g，葱结 1个，姜块 2个，葱末 15g，姜末 15g，黄酒 25mL，虾籽 5g，白糖 15g，熟猪油 50g，盐 3g，酱油 15mL，湿淀粉 15g。

2. 制作过程

（1）馅心调制　将猪肋条肉、光鸡洗净焯水，放入水锅内，加入葱结、姜块、黄酒将肉煨至七成熟，改刀成 0.7cm 见方的肉丁和 0.8cm 见方的鸡丁；将鲜笋焯水改刀成 0.5cm 见方的笋丁。三丁中，鸡丁大于肉丁，肉丁大于笋丁。

炒锅上火，放入熟猪油、葱末、姜末煸香，放入三丁煸炒，再放入黄酒、虾籽、盐、酱油、白糖，加入适量熬煮猪肋条肉和鸡的汤，用大火煮沸，中小火煮至上色、入味、收汤，用湿淀粉勾芡后装入盆中，晾凉备用。

（2）面团调制　将面粉倒在案板上扒一窝与泡打粉拌匀，放入酵母、白糖，再放入温水调成面团，揉匀揉透。用干净的湿布盖好饧发 15min。

（3）生坯成型　将发好的面团揉匀揉透，搓成长条，摘成 20 只面剂，用手掌按扁，擀成直径 8cm、中间厚、周边薄的圆皮。包捏时左手掌托住皮子，掌心略凹，用馅挑上馅，馅心在皮子正中。左手将包皮平托于胸前，右手拇指和食指捏，自右向左依次捏出 32 个皱褶，同时用右手的中指紧顶住拇指的边缘，让起过褶皱以后的包皮边缘从中间通过，夹出一道包子的"嘴边"。每次捏褶子时，拇指与食指略微向外拉一拉，以使包子最后形成"颈项"，最后收口成"鲫鱼嘴"即成生坯。

（4）生坯熟制　放入刷过油的蒸笼中，饧发 20min。将装有生坯的蒸笼放在蒸锅上，蒸 8min，待皮子不粘手、有光泽、按一下能弹回即可出笼装盘。

十五、五丁包

1. 原料配方（以 20 只计）

（1）坯料　中筋面粉 300g，酵母 5g，泡打粉 5g，白糖 5g，温水 160mL。

（2）馅料　猪肋条肉 220g，光鸡 150g，鲜笋 150g，水发海参 150g，大虾仁 150g，葱结 1 个，姜块 2 个，葱末 15g，姜末 15g，黄酒 25mL，虾籽 5g，白糖 15g，熟猪油 50g，盐 5g，酱油 25mL，湿淀粉 15g。

2. 制作过程

（1）馅心调制　将猪肋条肉、光鸡洗净焯水，放入水锅内，加入葱结、姜块、黄酒将肉煨至七成熟，改刀成 0.7cm 见方的肉丁和 0.8cm 见方的鸡丁；将鲜笋焯水改刀成 0.5cm 见方的笋丁，海参切成 1cm 的丁，大虾仁切 0.9cm 的丁。

炒锅上火，放入熟猪油、葱末、姜末煸香，放入五丁煸炒，再放入黄酒、虾籽、盐、酱油、白糖，加进适量熬煮猪肋条肉和鸡的汤，用大火煮沸，中小火煮至上色、入味、收汤，用湿淀粉勾芡后装入盆中，晾凉备用。

（2）面团调制　将面粉倒在案板上扒一窝塘与泡打粉拌匀，放入酵母、白糖，再放入温水调成面团，揉匀揉透。用干净的湿布盖好饧发 15min。

（3）生坯成型　将发好的面团揉匀揉透，搓成长条，摘成 20 只面剂，用手掌按扁，擀成直径 8cm、中间厚、周边薄的圆皮。包捏时左手掌托住皮子，掌心略凹，用馅挑上馅，馅心在皮子正中。左手将包皮平托于胸前，右手拇指和食指捏，自右向左依次捏出 32 个皱褶，同时用右手的中指紧顶住拇指的边缘，让起过褶皱以后的包皮边缘从中间通过，夹出一道包子的"嘴边"。每次捏褶子时，拇指与食指略微向外拉一拉，以使包子最后形成"颈项"，最后收口成"鲫鱼嘴"即成生坯。

（4）生坯熟制　放入刷过油的蒸笼中，饧发 20min。将装有生坯的蒸笼放在蒸锅上，蒸 8min，待皮子不粘手、有光泽、按一下能弹回即可出笼装盘。

十六、蟹黄包子

1. 原料配方（以 20 只计）

（1）坯料　中筋面粉 300g，酵母 5g，泡打粉 5g，白糖 5g，温水 160mL。

（2）馅料

① 生肉馅　猪前夹心肉 350g，葱末 15g，姜末 10g，黄酒 15mL，虾籽 3g，酱油 15mL，精盐 5g，白糖 15g，味精 3g，芝麻

油 15mL，冷水 140mL。

② 蟹油　螃蟹 500g，熟猪油 35g，姜末 10g，葱末 15g，黄酒 15mL，胡椒粉 1g，精盐 2g。

2. 制作过程

（1）馅心调制　将螃蟹洗净、蒸熟后剥出蟹黄、蟹肉。炒锅上火，放入熟猪油、姜葱末略煸，再放入蟹肉、蟹黄，加少许黄酒、精盐充分熬透，待蟹黄蟹肉收缩时，撒上少许胡椒粉即成蟹油，盛出晾凉备用。

将猪前夹心肉绞成肉蓉，放入姜末、葱末、黄酒、虾籽、酱油、精盐搅拌均匀，分两次放入冷水，顺一个方向搅拌上劲，放入白糖、味精、芝麻油搅匀，即成生肉馅。在生肉馅中拌入蟹油即成蟹黄馅。

（2）面团调制　将面粉倒在案板上与泡打粉拌匀，中间扒一窝塘，放入酵母、白糖，再放入温水调成面团，揉匀揉透。用干净的湿布盖好饧发 15min。

（3）生坯成型　将发好的面团揉匀揉透，搓成长条，摘成 20 只面剂，用手掌按扁，擀成直径 8cm、中间厚、周边薄的圆皮。包捏时左手掌托住皮子，掌心略凹，用馅挑上馅，馅心在皮子正中。左手将包皮平托于胸前，右手拇指和食指捏，自右向左依次捏出 32 个皱褶，同时用右手的中指紧顶住拇指的边缘，让起过褶皱以后的包皮边缘从中间通过，夹出一道包子的“嘴边”。每次捏褶子时，拇指与食指略微向外拉一拉，以使包子最后形成“颈项”，最后收口成“鲫鱼嘴”即成生坯，放入刷过油的蒸笼中，饧发 20min。

（4）生坯熟制　将装有生坯的蒸笼放在蒸锅上，蒸 8min，待皮子不粘手、有光泽、按一下能弹回即可出笼装盘。

十七、干菜包子

1. 原料配方（以 20 只计）

（1）坯料　中筋面粉 300g，酵母 5g，泡打粉 5g，白糖 5g，温

水 160mL。

（2）馅料　猪前夹心肉 350g，梅干菜 250g，鲜冬笋 100g，葱末 15g，姜末 10g，虾籽 3g，黄酒 15mL，酱油 25mL，精盐 5g，白糖 15g，熟猪油 100g，味精 3g，湿淀粉 15g，肉汤 300mL。

2. 制作过程

（1）馅心调制　将猪前夹心肉洗净、焯水，入水锅煮至七成熟捞起晾凉，切成 0.3cm 见方的肉丁；将鲜冬笋焯水后也切成 0.5cm 见方的笋丁；梅干菜用热水泡发、洗净、切碎，挤干备用。

炒锅上火，放入熟猪油烧热，放入葱末、姜末、肉丁、笋丁煸炒，加黄酒、虾籽、酱油、精盐、白糖、少许肉汤，烧沸入味，再倒入梅干菜略焖入味后，加入味精提鲜，最后用湿淀粉勾芡，使汤汁浓稠，冷却即成馅心。

（2）面团调制　将面粉倒在案板上与泡打粉拌匀，中间扒一窝塘，放入酵母、白糖，再放入温水调成面团，揉匀揉透。用干净的湿布盖好饧发 15min。

（3）生坯成型　将发好的面团揉匀揉光，搓成长条，摘成 20 只面剂，用手掌按扁，擀成直径 8cm、中间厚、周边薄的圆皮。上入馅心，包捏时提褶，形成荸荠鼓、鲫鱼嘴形、32 道纹折的生坯，放入刷过油的蒸笼中，饧发 20min。

（4）生坯熟制　将装有生坯的蒸笼放在蒸锅上，蒸 8min，待皮子不粘手、有光泽、按一下能弹回即可出笼装盘。

十八、野鸭菜包

1. 原料配方（以 20 只计）

（1）坯料　中筋面粉 300g，酵母 5g，泡打粉 5g，白糖 5g，温水 160mL。

（2）馅料　熟野鸭肉 250g，猪肋条肉 250g，鲜冬笋 150g，青菜 500g，熟猪油 50g，虾籽 3g，葱末 15g，姜末 15g，黄酒 15mL，酱油 15mL，精盐 5g，白糖 15g，胡椒粉 1g，芝麻油 15mL，肉汤 300mL。

2. 制作过程

（1）馅心调制　将猪肉洗净、焯水，入开水锅煮至七成熟捞起晾凉，猪肉去皮切成 0.3cm 见方的丁；熟野鸭肉切成 0.5cm 见方的丁，将焯水后的鲜冬笋也切成 0.3cm 的丁待用。

炒锅上火，放入熟猪油、葱末、姜末略煸，放入肉丁、野鸭丁煸炒，加黄酒、虾籽、酱油、精盐、白糖等调味，加入肉汤烧开，再倒入冬笋丁，煮至卤汁稠浓、笋丁呈牙黄色时即淋入芝麻油起锅，撒上胡椒粉，冷却待用。将青菜洗净、焯水，捞起置于冷水中浸凉后沥干水分，剁成细末，挤去水分。将青菜末倒入冷却了的野鸭肉馅内，再用芝麻油拌匀，即成馅心。

（2）面团调制　将面粉倒在案板上与泡打粉拌匀，中间扒一窝塘，放入酵母、白糖，再放入温水调成面团，揉匀揉透。用干净的湿布盖好饧发 15min。

（3）生坯成型　将发好的面团揉匀揉透，搓成长条，摘成 20只面剂，用手掌按扁，擀成直径 8cm、中间厚、周边薄的圆皮。上入馅心，包捏时提褶，形成荸荠鼓、鲫鱼嘴、32 道纹折的生坯，放入刷过油的蒸笼中，饧发 20min。

（4）生坯熟制　将装有生坯的蒸笼放在蒸锅上，蒸 8min，待皮子不粘手、有光泽、按一下能弹回即可出笼装盘。

十九、生煎包子

1. 原料配方（以 20 只计）

（1）坯料　中筋面粉 300g，酵母 5g，泡打粉 5g，白糖 5g，温水 160mL。

（2）馅料　猪夹心肉 350g，皮冻 120g，葱末 15g，姜末 10g，黄酒 15mL，虾籽 3g，酱油 25mL，精盐 3g，白糖 15g，味精 3g，芝麻油 15mL，冷水 100mL。

（3）饰料　熟脱壳白芝麻 15g，葱末 15g，芝麻油 15mL。

（4）辅料　色拉油 50mL。

2. 制作过程

（1）馅心调制　将猪前夹心肉绞成肉蓉，放入葱末、姜末、黄酒、虾籽、酱油、精盐搅拌均匀，分两次放入冷水，顺一个方向搅拌上劲，再放入皮冻、白糖、味精、芝麻油拌匀即成生肉馅。

（2）面团调制　将面粉倒在案板上与泡打粉拌匀，中间扒一窝塘，放入酵母、白糖，再放入温水调成面团，揉匀揉透。用干净的湿布盖好饧发 15min。

（3）生坯成型　将发好的面团揉匀揉透，搓成长条，摘成 20只面剂，用手掌按扁，擀成直径 8cm、中间厚、周边薄的圆皮。上入馅心，提褶包捏成荸荠鼓、鲫鱼嘴、32 道纹折的生坯。放入洗净烘干倒入色拉油的平底锅中，饧发 20min。

（4）生坯熟制　将平底锅置于灶上，中火加热，放入少量冷水，盖上锅盖，改用小火煎至锅内水干、香味散出、鲫鱼嘴汪卤，即成开锅。见底部金黄，就撒上葱末、熟脱壳白芝麻，淋上芝麻油，盖上锅盖略焖即开盖，用平铲铲出装盘。

二十、紫菜菌菇包

1. 原料配方（以 20 只计）

（1）坯料　中筋面粉 300g，酵母 5g，泡打粉 5g，白糖 5g，温水 160mL。

（2）馅料　杏鲍菇 250g，紫菜 100g，胡萝卜 150g，蟹粉 50g，葱末 5g，姜末 5g，精盐 3g，味精 2g，淀粉 15g，肉汤 100mL，色拉油 50mL。

2. 制作过程

（1）馅心调制　将杏鲍菇切粒；胡萝卜切粒；紫菜泡开、洗净、切碎待用。锅中加入色拉油，将葱末、姜末煸出香味，倒入杏鲍菇丁煸炒，在加入胡萝卜丁略煸，倒入肉汤，加入精盐、味精，勾芡后拌入紫菜末及蟹粉即成馅，晾凉备用。

（2）面团调制　将面粉倒在案板上与泡打粉拌匀，中间扒一窝塘，放入酵母、白糖，再放入温水调成面团，揉匀揉透。用干净的湿布盖好饧发 15min。

（3）生坯成型　将发好的面团揉匀揉光，搓成长条，摘成 20 只面剂，用手掌按扁，擀成直径 8cm、中间厚、周边薄的圆皮。上入馅心，提褶包捏，自右向左依次捏出 32 个皱褶，将口捏拢即成生坯，放入刷过油的蒸笼中，饧发 20min。

（4）生坯熟制　将装有生坯的蒸笼放在蒸锅上，蒸 8min，待皮子不粘手、有光泽、按一下能弹回即可出笼装盘。

二十一、爽脆净素包

1. 原料配方（以 20 只计）

（1）坯料　中筋面粉 300g，酵母 5g，泡打粉 5g，白糖 5g，温水 160mL。

（2）馅料　荸荠 100g，药芹 75g，山药 50g，胡萝卜 50g，芦笋 50g，榨菜 50g，鲜蘑菇 100g，葱末 5g，姜末 5g，精盐 5g，味精 3g，白糖 5g，色拉油 50mL，芝麻油 15mL，淀粉 15g。

2. 制作过程

（1）馅心调制　将荸荠洗净、去皮、切碎；药芹、芦笋焯水后挤干、切粒；胡萝卜切粒；榨菜洗净后切粒、浸泡；鲜蘑菇洗净、切丁待用。炒锅上火，放入色拉油后倒入葱末、姜末略煸，再放入蘑菇丁煸透，加入荸荠末、药芹粒、芦笋粒、胡萝卜粒、榨菜粒烩制，加精盐、白糖、味精调味后勾芡晾凉成馅。

（2）面团调制　将面粉倒在案板上与泡打粉拌匀，中间扒一窝，放入酵母、白糖，再放入温水调成面团，揉匀揉透。用干净的湿布盖好饧发 15min。

（3）生坯成型　将发好的面团揉匀揉光，搓成长条摘成 20 只面剂，用手掌按扁，擀成直径 8cm、中间厚、周边薄的圆皮。上入馅心，提皱褶包捏成生坯，放入刷过油的蒸笼中，饧发 20min。

（4）生坯熟制　将装有生坯的蒸笼放在蒸锅上，蒸 8min，待皮子不粘手、有光泽、按一下能弹回即可出笼装盘。

二十二、莲蓉包

1. 原料配方（以 50 只计）

（1）坯料

① 水油面　面粉 500g，面肥 150g，白糖 100g，食用碱 3g，发酵粉 5g，冷水适量。

② 干油酥　面粉 500g，熟猪油 250g。

（2）馅料　莲蓉馅 750g。

2. 制作过程

（1）面团调制　将面粉 500g，加面肥、冷水和成面团，静置发酵，至半发酵时，加食用碱、发酵粉、白糖揉匀，静置饧 15min，再反复揉面，饧 2～3 次，至面团光滑柔软。另将面粉 500g，加熟猪油搓匀成酥心面团。

（2）生坯成型　取 1 小块面团，包入酥面 1 小份，擀成长形，卷成筒状，静置 5～6min，再如法复擀 1 次成扁圆形面皮，包入莲蓉馅心，于顶端划一个"十"字形。

（3）生坯熟制　蒸锅预热，将莲蓉包生坯入笼用旺火蒸至熟透即可。

二十三、蚝油叉烧包

1. 原料配方（以 30 只计）

（1）坯料　面肥 300g，面粉 50g，澄粉 25g，白糖 75g，熟猪油 125g，臭粉 8g，碱水 8mL，冷水 25mL。

（2）馅料　叉烧肉 250g，熟猪油 25g，葱段 15g，面粉 30g，冷水 100mL，酱油 15mL，白糖 25g，精盐 3g，蚝油 25mL。

2. 制作过程

（1）馅心调制　将熟猪油放入锅内烧热加入葱段炸至金黄色捞

出，然后将面粉倒入锅内搅匀，待炒至淡黄色时加入冷水、酱油、白糖、精盐搅匀，炒至光滑成面捞荬。将叉烧肉切成指甲片后加入面捞荬，再加入蚝油拌匀成馅。

（2）面团调制　将面粉、澄粉、臭粉和匀过筛，放入面盆内加白糖、熟猪油、碱水、冷水和匀，再加入面肥揉至光滑。

（3）生坯成型　将面团搓条下剂，擀成圆皮，上入馅心，包成包子形，包底垫上一小块油纸，排放入笼内。

（4）生坯熟制　用大火蒸 15min，取出即成。

二十四、奶黄包

1. 原料配方（以 30 只计）

（1）坯料　中筋面粉 300g，酵母 5g，泡打粉 5g，白糖 5g，温水 160mL。

（2）馅料　糖粉 150g，澄粉 50g，吉士粉 50g，黄油 50g，蛋黄 1 个，三花淡奶 250mL。

2. 制作过程

（1）馅心调制　将黄油熔化，分次加入糖粉搅匀，再加入蛋黄搅拌均匀，放入三花淡奶搅匀，最后筛入澄粉和吉士粉再搅匀，放入蒸锅，隔水蒸 25min 左右，蒸的过程中，每隔 8min 就搅拌一次（保持大火蒸），出笼后稍冷却后揉成一团，再按需要分成 30 小份。

（2）面团调制　将面粉倒在案板上与泡打粉拌匀，中间扒一窝塘，放入酵母、白糖，再放入温水调成面团，揉匀揉透。用干净的湿布盖好饧发 15min。

（3）生坯成型　将发好的面团揉匀揉光，搓成长条摘成 30 只面剂，用手掌按扁，擀成直径 8cm、中间厚、周边薄的圆皮。上入馅心捏成圆球形生坯，放入刷了油的蒸笼中，饧发 20min。

（4）生坯熟制　将装有生坯的蒸笼放在蒸锅上，蒸 8min，待皮子不粘手、有光泽、按一下能弹回即可出笼装盘。

二十五、蟹粉小笼

1. 原料配方（以 30 只计）

（1）坯料　中筋面粉 300g，酵母 5g，泡打粉 5g，白糖 5g，温水 160mL。

（2）馅料　猪肉 300g，葱末 15g，姜末 10g，黄酒 15mL，精盐 5g，白糖 15g，酱油 15mL，味精 3g，冷水 100mL，胡椒粉 1g，蟹粉 80g，皮冻 150g。

2. 制作过程

（1）馅心调制　将猪肉洗净，绞成肉泥，加葱末、姜末、黄酒、精盐、酱油搅匀，分次倒入冷水顺一个方向搅打上劲，再加入白糖、味精、胡椒粉拌匀成生肉馅。加入蟹粉、皮冻搅拌成馅心。馅心调好后最好冷藏一下再用，便于后期成型。

（2）面团调制　将面粉倒在案板上与泡打粉拌匀，中间扒一窝塘，放入酵母、白糖，再放入温水调成面团，揉匀揉透。用干净的湿布盖好饧发 15min。

（3）生坯成型　将酵面揉光、搓成条，摘成 30 个，用手掌按扁擀成圆形的皮子，放上馅心，用手将皮子沿边捏褶收拢，中间留一个小口，放入刷过油的蒸笼中，饧发 20min。

（4）生坯熟制　将装有生坯的蒸笼上锅蒸 8min 左右即成出笼，装盘。

二十六、狗不理包子

1. 原料配方（以 30 只计）

（1）坯料　面粉 300g，面肥 200g，碱水 5mL，温水 150mL。

（2）馅料　猪肉 300g，生姜 15g，酱油 25g，冷水 300mL，盐 5g，葱末 15g，姜末 15g，芝麻油 25mL，味精 3g。

2. 制作过程

（1）馅心调制　猪肉洗净剁成肉末，放入盆内，加入酱油、盐、料酒、葱末、姜末、味精、芝麻油等顺时针搅动。搅拌上劲，再分次倒入冷水（或是骨头汤），边倒边顺时针搅动，搅至有黏性即成馅料。馅心也可以做成肉皮馅、三鲜馅等。

（2）面团调制　面粉放盆内，加面肥、温水和成面团，兑入碱水，揉匀揣透，稍饧。盖上湿布使其饧制15min。

（3）生坯成型　将面团搓成长条，下剂，逐个按扁，擀成直径约8cm的薄圆皮，左手托皮，右手拨入馅，捏褶15～16个。

（4）生坯熟制　将制好的包子生坯入笼，旺火蒸7min。

二十七、如意卷

1. 原料配方（以20只计）

（1）坯料　中筋面粉300g，酵母5g，泡打粉5g，白糖5g，温水160mL。

（2）辅料　熟猪油50g。

2. 制作过程

（1）面团调制　将面粉倒在案板上与泡打粉拌匀，中间扒一窝塘，放入酵母、白糖，再放入温水调成面团，揉匀揉透。用干净的湿布盖好饧发15min。

（2）生坯成型　饧好的面团搓揉成长圆条，按扁，擀成约20cm长、0.5cm厚、12cm宽的长方形面皮，刷一层熟猪油，由长方形的窄边向中间对卷成两个圆筒后，在合拢处抹冷水少许，翻面，搓成直径3cm的圆条，用刀切成20个面段，立放在案板上。

（3）生坯熟制　笼内抹少许油，然后把20个面段立放在笼内，蒸约15min至熟即成。

二十八、菊花卷

1. 原料配方（以20只计）

（1）坯料　中筋面粉300g，酵母5g，泡打粉5g，白糖5g，温水160mL。

（2）馅料　瘦火腿 35g，葱末 25g，色拉油 30mL，味精 1g。

2. 制作过程

（1）馅心调制　将瘦火腿煮熟切成细末，加葱末、味精一起拌匀成馅心。

（2）面团调制　将面粉倒在案板上与泡打粉拌匀，中间扒一窝，放入酵母、白糖，再放入温水调成面团，揉匀揉透。用干净的湿布盖好饧发 15min。

（3）生坯成型　将酵面揉光，用面杖擀成 0.3cm 厚的长方形薄片，一半均匀地涂上色拉油，撒上馅心，卷成圆筒；再将另一半翻过来，均匀地涂上色拉油，撒上馅心，卷成圆筒。将双筒沿截面切成 20 个坯子取细头筷子一双，沿两只圆盘的对称轴向里夹紧，夹成 4 只椭圆形小圆角，再用快刀将 4 只小圆角一分为二，切至圆心，用骨针拨开卷层层次，即成菊花卷生坯，放入刷过油的笼内饧发 15min。

（4）生坯熟制　将装有生坯的蒸笼放在蒸锅上，蒸 7min，待皮子不粘手、有光泽、按一下能弹回即可出笼。

二十九、蝴蝶卷

1. 原料配方（以 20 只计）

中筋面粉 300g，酵母 5g，泡打粉 5g，白糖 5g，温水 160mL。

2. 制作过程

（1）面团调制　将面粉倒在案板上与泡打粉拌匀，中间扒一窝塘，放入酵母、白糖，再放入温水调成面团，揉匀揉透。用干净的湿布盖好饧发 15min。

（2）生坯成型　将面团揉匀揉透，摘成面剂，这个将面剂揉成均匀的长条从两端分别向中间卷，卷到中间相连处用筷子夹一下，蝴蝶形状就出来了。把前端的弯曲部分切开，然后静置 15min。

（3）生坯熟制　放入蒸锅里大火蒸 6min，蝴蝶卷就成型。

三十、四喜卷

1. 原料配方（以 20 只计）

（1）坯料　中筋面粉 300g，酵母 5g，泡打粉 5g，白糖 5g，温水 160mL。

（2）馅料　瘦火腿 35g，葱末 25g，色拉油 30mL，味精 1g。

2. 制作过程

（1）馅心调制　将瘦火腿煮熟切成细末，加葱末、味精一起拌匀成馅心。

（2）面团调制　将面粉倒在案板上与泡打粉拌匀，中间扒一窝塘，放入酵母、白糖，再放入温水调成面团，揉匀揉透。用干净的湿布盖好饧发 15min。

（3）生坯成型　将酵面揉光，用擀成 0.3cm 厚的长方形薄片，均匀地涂上色拉油，撒上馅心，将皮子从两边由外向里对卷，用快刀切成 20 段。在每段的反面，再用快刀切一下，注意不要到底，使底层的坯皮相连，将两边向下翻出放平，刀切面朝上，即成四喜卷子生坯，放入刷过油的笼内饧发 15min。

（4）生坯熟制　将装有生坯的蒸笼放在蒸锅上，蒸 6min，待皮子不粘手、有光泽、按一下能弹回即可出笼。

三十一、鸡丝卷

1. 原料配方（以 20 只计）

（1）坯料　中筋面粉 300g，酵母 5g，泡打粉 5g，白糖 5g，温水 160mL。

（2）馅料　瘦火腿 35g，葱末 25g，色拉油 30mL，味精 1g。

2. 制作过程

（1）馅心调制　将瘦火腿煮熟切成细末，加葱末、味精一起拌匀成馅心。

（2）面团调制　将面粉倒在案板上与泡打粉拌匀，中间扒一窝塘，放入酵母、白糖，再放入温水调成面团，揉匀揉透。用干净的湿布盖好饧发 15min。

（3）生坯成型　将酵面揉光，用面杖擀成 0.3cm 厚的长方形薄片，均匀地涂上色拉油，撒上馅心。用快刀将薄片切成 10cm 宽的长条 4 条，然后两层一叠，切成细丝；理齐分成十等份。取一等份，用手稍稍理直拉长，用刀切齐两头，再切成两段约 6cm 长的段子，共切成 20 段，成鸡丝卷生坯，放入刷过油的笼内饧发 20min。

（4）生坯熟制　将装有生坯的蒸笼放在蒸锅上，蒸 7min，待皮子不粘手、有光泽、按一下能弹回即可出笼。

三十二、寿字卷

1. 原料配方（以 20 只计）

（1）坯料　中筋面粉 300g，酵母 5g，泡打粉 5g，白糖 5g，温水 160mL。

（2）饰料　红樱桃 10g。

2. 制作过程

（1）面团调制　将面粉倒在案板上与泡打粉拌匀，中间扒一窝塘，放入酵母、白糖，再放入温水调成面团，揉匀揉透。用干净的湿布盖好饧发 15min。

（2）生坯成型　将酵面揉光，搓成长条，摘成 20 只面剂。将每只面剂搓揉光滑，再搓成细长条，如竹筷子粗细，执其一端，由内向外盘成圆盘状，用刀把圆盘形面坯对半切开，将两面坯弧形对弧形放置，用筷子在两腰处夹拢，最后用手将两端细面拨松，即成寿字卷生坯。

（3）生坯熟制　放入刷过油的笼内饧发 20min。将装有生坯的蒸笼放在蒸锅上，蒸 7min。待皮子不粘手、有光泽、按一下能弹回即可出笼，每只中间点缀上一粒红樱桃颗粒，装盘。

三十三、银丝卷

1. 原料配方（以 20 只计）

（1）坯料　中筋面粉 300g，酵母 5g，泡打粉 5g，白糖 5g，温水 160mL。

（2）辅料　花生油 50mL。

2. 制作过程

（1）面团调制　将面粉倒在案板上与泡打粉拌匀，中间扒一窝塘，放入酵母、白糖，再放入温水调成面团，揉匀揉透。用干净的湿布盖好饧发 15min。

（2）生坯成型　将和好的 60％面团用拉面的方法，反复溜条至均匀，绕搭 9 扣，出成面丝，横搭于案板上刷上油，切成 6cm 长的段备用。将剩余的 40％面团，揉和均匀，搓成条，下剂，擀成椭圆形面皮，面皮内放入一绺面丝，将皮边翻折于面丝之上，两头包紧，呈长圆形，稍饧。

（3）生坯熟制　生坯放入刷上油的蒸笼上，蒸 7min 即可。

三十四、猪爪卷

1. 原料配方（以 20 只计）

（1）坯料　中筋面粉 300g，酵母 5g，泡打粉 5g，白糖 5g，温水 160mL。

（2）辅料　芝麻油 50mL，白糖 50g，红绿丝 50g。

2. 制作过程

（1）面团调制　将面粉倒在案板上与泡打粉拌匀，中间扒一窝塘，放入酵母、白糖，再放入温水调成面团，揉匀揉透。用干净的湿布盖好饧发 15min。

（2）生坯成型　将酵面揉匀揉透，搓成长条，擀成长方形薄片，涂上芝麻油，撒上白糖和红绿丝。然后从两边向中线折叠成两层，再在上面涂上芝麻油，撒上红绿丝，以中线为中心对叠起来，成四层的长方形长条，用刀切成 6cm 长 20 段。从每段的中线这一边的 1/3 处向斜上方的一个对角处切一刀，切去一个小斜角不要，将余下的段子竖起，中线部分朝上，用手按平，刀切的口子朝上向两边分开成 2 只角，用两指将腰部捏拢，即成生坯。

（3）生坯熟制　生坯放入刷上油的蒸笼上，蒸 7min 即可。

三十五、脑髓卷

1. 原料配方（以 20 只计）

（1）坯料　中筋面粉 500g，泡打粉 5g，干酵母 3g，白糖 25g，奶粉 15g，温水 250mL。

（2）馅料　肥膘肉 500g，白糖 500g，精盐 5g，曲酒 15mL。

2. 制作过程

（1）馅心调制　将肥膘肉绞成泥，加精盐、曲酒拌和腌制 30min，再加入白糖拌匀、擦透，即成肥膘糖油馅，入冰箱冻制即成馅。

（2）面团调制　将面粉与泡打粉混合，放在案板上开窝，加入干酵母、白糖、奶粉、温水拌匀，调制成团，饧置 15min 左右，揉匀揉透。

（3）生坯成型　面坯搓成长条，用擀面杖推擀成长方形薄皮坯。用抹刀挑起馅，均匀地涂抹在面坯表面，从一边向另一边折叠（折叠单位为 3cm 左右），叠好后略擀，使面坯与馅心彼此粘住，用抹刀从一头向另一头切一刀，压一刀，使每个成品长短一致，并且中间都有一条压印，然后装入盘内。

（4）生坯熟制　生坯上笼屉饧发 20min 左右，用旺火足汽蒸 10min。

三十六、腊肠卷

1. 原料配方（以 20 只计）

（1）坯料　中筋面粉 300g，酵母 5g，泡打粉 5g，白糖 5g，温

水 160mL。

（2）馅料 8cm长小腊肠 20 根。

2. 制作过程

（1）面团调制 将面粉倒在案板上与泡打粉拌匀，中间扒一窝，放入酵母、白糖，再放入温水调成面团，揉匀揉透。用干净的湿布盖好饧发 15min。

（2）生坯成型 将酵面揉匀揉透，搓成长条，摘成 20 个面剂；逐只搓成细长条，环绕在小腊肠上面成型即可。

（3）生坯熟制 将做好的腊肠卷放上刷上油的蒸笼内，蒸制 8min 即可。

三十七、糯米卷

1. 原料配方（以 20 只计）

（1）坯料 中筋面粉 300g，酵母 5g，泡打粉 5g，白糖 5g，温水 160mL。

（2）馅料 糯米 300g，虾米 15g，腊肉 75g，熟花生仁 50g，葱花 15g，姜末 10g，黄酒 15mL，酱油 30mL，白糖 15g，熟猪油 100g，味精 3g。

2. 制作过程

（1）馅心调制 将糯米洗净后用冷水浸泡 5～6h，上笼蒸制成熟；虾米用温水泡开切粒；腊肉煮熟切粒；熟花生仁切碎。炒锅中放入熟猪油，加入葱花、姜末略煸，放入腊肉丁、虾米粒煸炒，再放入黄酒，加入适量的水、酱油、白糖，烧开后倒入熟糯米拌匀，吸干卤汁后拌入熟花生仁末和味精。

（2）面团调制 将面粉倒在案板上与泡打粉拌匀，中间扒一窝塘，放入酵母、白糖，再放入温水调成面团，揉匀揉透。用干净的湿布盖好饧发 15min。

（3）生坯成型 将发好的面团揉匀揉光，搓成长条，摘成 10 个面剂，逐个将面剂擀成 0.3cm 厚的长方形面皮，沿着长边放上馅心，压紧压实后卷起面坯（收口向下）呈筒状，切成段放入刷过油的笼内饧制 20min。

（4）生坯熟制　将蒸笼上蒸锅蒸制 6min 即可，改刀 20 块，装盘。

三十八、黄油卷

1. 原料配方（以 20 只计）

（1）坯料　面粉 300g，鸡蛋 1 个，奶粉 5g，酵母 5g，泡打粉 5g，白糖 5g，黄油 15g，吉士粉 5g，温水 160mL。

（2）馅料　黄油 50g。

2. 制作过程

（1）面团调制　将放在案板上的面粉、泡打粉拌匀，中间扒一窝塘，加入酵母、白糖、融化的黄油、奶粉、吉士粉、鸡蛋、温水调匀后与面粉揉成光滑的面团，饧发 15min。

（2）生坯成型　将面团揉光，下剂 20 个，逐个将面剂擀成 0.3cm 厚的长方形薄皮，刷上化开的黄油，卷成筒状，沿截面切成面剂，用两手拉捏成猪脑卷形，放入刷过油的笼中饧发 15min。

（3）生坯熟制　将装有生坯的蒸笼上蒸锅蒸 7min 即可。

三十九、无锡小笼馒头

1. 原料配方（以 30 只计）

（1）坯料　中筋面粉 300g，温水 120mL，面肥 200g，食碱水 6mL。

（2）馅料　净猪腿肉 300g，葱末 15g，姜末 10g，虾籽 3g，黄酒 15mL，精盐 5g，酱油 25mL，白糖 15g，味精 3g，冷水 120mL，皮冻 120g。

2. 制作过程

（1）馅心调制　将猪腿肉绞成肉泥，放入姜末、葱末、黄酒、虾籽、酱油、精盐搅拌均匀，分两次放入冷水，顺一个方向搅拌上劲放入白糖、味精搅匀，再拌入皮冻拌匀即成生肉馅。

（2）面团调制　将面粉倒在案板上用温水和成雪花面，加入撕碎的面肥和成光滑的面团，稍饧，兑好食碱水，揉至光滑软韧的嫩酵面。

（3）生坯成型　将面团揉光，搓成长条，摘成大小相等的剂子40个，案板上撒些铺面，用擀面杖将面剂擀成边缘薄、中间厚、直径约6cm的圆皮，放入馅心，捏成有15～20个褶纹的馒头生坯，放入刷过油的笼内稍饧。

（4）生坯熟制　将装有生坯的蒸笼放在蒸锅上，蒸约6min成熟即可出笼，装盘。

四十、奶香刀切馒头

1. 原料配方（以 15 只计）

面粉300g，奶粉15g，酵母5g，泡打粉5g，白糖5g，猪油15g，温水160mL。

2. 制作过程

（1）面团调制　先把一半面粉放入容器中，加入酵母、白糖、奶粉和温水，然后搅拌均匀，放到湿热的地方发酵。发酵至面糊表面有气泡并且开始破裂，整体开始塌陷。加入另一半面粉揉成粉团，再加入15g猪油继续揉面。揉至面团表面光滑，放到湿热地方二次发酵。发酵至表层有气泡时即可。

（2）生坯成型　案板上撒一层面粉。将发好的面团置于案上。揉成圆条状，用刀切成大小基本均匀的馒头生坯。

（3）生坯熟制　将馒头生坯放入刷了油的蒸笼中蒸制10min。

四十一、高桩馒头

1. 原料配方（以 15 只计）

中筋面粉350g，温水120mL，面肥200g，食碱水5mL，白糖25g。

2. 制作过程

（1）面团调制　将面粉 300g 倒在案板上，中间扒一小窝，放进面肥，再放入温水调成面团，揉匀揉透，饧发 1h。将面团兑好碱揉透，放入白糖揉匀，再将面粉 50g 加入酵面中揉透。

（2）生坯成型　搓成长条，摘成 15 只面剂，将每只面剂带粉反复搓揉，搓成上大下略小的硬实的长圆柱体，即成高桩馒头生坯。

（3）生坯熟制　放入过油的笼内饧发 30min。将装有生坯的蒸笼放在蒸锅上，蒸 12min，待皮子不粘手、有光泽、按一下能弹回即可出笼装盘。

四十二、侯口馒首

1. 原料配方（以 30 只计）

（1）坯料　中筋面粉 350g，温水 120mL，面肥 200g，食碱水 5mL。

（2）馅料　猪肉泥 350g，酱油 25mL，黄酒 15mL，葱末 15g，姜末 15g，白糖 10g，味精 5g，芝麻油 15mL。

2. 制作过程

（1）馅心调制　将猪肉泥盛入盆内，加入黄酒、酱油、味精、葱末、姜末调匀成肉馅。

（2）面团调制　将面粉倒入盆内，加 40℃的温水拌成雪花面，放入面肥，揉匀揉透直至光滑，中间挖一小孔，盖上干净的湿布让其发酵 30min 后加入食碱水，稍饧。

（3）生坯成型　将面团揉光，搓成条，摘成 30 个剂子，每个按扁成直径 6cm、中间厚、边缘薄的圆形皮子。左手拿皮子，右手拿馅挑，将肉馅均匀地拨入皮子中间，然后用左手四指托住皮子，拇指轻轻按住肉馅，右手拇指及食指提起皮子边缘朝逆时针方向旋转捏褶（收口处留出小孔，略露肉馅），将生坯放入刷过油的笼屉内。

（4）生坯熟制　将装有生坯的蒸笼上蒸锅，蒸 6min 即成，出笼装盘。

四十三、生煎馒头

1. 原料配方（以 30 只计）

（1）坯料　中筋面粉 450g，开水 100mL，温水 125mL，酵母 6g。

（2）馅料　猪肉泥 350g，葱末 15g，姜末 10g，黄酒 15mL，酱油 15mL，盐 3g，白糖 15g，味精 3g，胡椒粉 1g，冷水 120mL。

（3）辅料　花生油 25mL，冷水 50mL。

（4）饰料　脱壳白芝麻或葱花 25g。

2. 制作过程

（1）馅心调制　将猪肉泥放入盆中，加入葱末、姜末、黄酒、酱油、盐搅匀，分 3 次倒入冷水顺一个方向搅打上劲，再加入白糖、味精、胡椒粉拌匀成馅。

（2）面团调制　将面粉倒入面盆中，加入开水，搅拌成雪花面。把用少量温水溶解的酵母倒入雪花面中，再加余下的温水拌匀揉透，盖上湿布，饧发 20min。

（3）生坯成型　将面团揉光、搓成条，摘成 30 个面剂。逐个将剂子按扁略擀，放上馅心 15g，捏出均匀的皱褶，收口，在收口处粘上芝麻或葱花，即成生煎馒头坯子，饧发 20min。

（4）生坯熟制　取平锅一只，烧热后放入花生油，再将生煎馒头坯子排列在平锅里，盖上锅盖煎。两分钟后揭开锅盖，沿四周浇入少量冷水，仍盖上锅盖，并不时转动平锅，使其受热均匀。煎 5~6min，见锅边热气直冒、香气四溢时，揭开锅盖，用铲子将馒头铲起，底部呈金黄色，即可出锅装盘。

四十四、鸡油马拉糕

1. 原料配方（以 20 只计）

面粉 100g，面肥 500g，绵白糖 350g，蛋液 350g，熟鸡油

100g，吉士粉 25g，泡打粉 4g，碱水 7mL。

2. 制作过程

（1）面团调制　将面肥放入面盆中加绵白糖擦匀，逐次加入蛋液搅打均匀，再加入面粉、吉士粉、碱水、泡打粉、熟鸡油搅拌均匀即成。

（2）生坯成型　取一不锈钢方盆刷上油，垫入油纸，将调好的软面团倒入方盆中稍饧发。

（3）生坯熟制　用旺火蒸制 25min 即成。待糕体冷却后按所需分量切成菱形块即可。

四十五、花糕

1. 原料配方（以 10 只计）

面粉 200g，玉米面 30g，白糖 20g，泡打粉 5g，小苏打 3g，酵母 3g，葡萄干 50g，红枣 10 颗，温水适量。

2. 制作过程

（1）面糊调制　将面粉、玉米面、白糖、泡打粉混合均匀，酵母融于温水中，将所有原料混合成稍有流动性的面糊，盖上保鲜膜放在温暖处发酵 1h 至两倍大，表面有明显气泡生成。

（2）生坯成型　将小苏打溶于适量温水里，倒入发好的面糊中，搅拌均匀，倒入铺好油纸的模具中，覆盖，二次发酵 1h 至两倍大，表面撒上葡萄干或红枣等。

（3）生坯熟制　开水上屉，大火 15min 蒸制即可。

四十六、油炸糖糕

1. 原料配方（以 50 只计）

（1）坯料　面粉 1000g，鲜酵母 3g，白糖 500g，温水 500mL。

（2）辅料　色拉油 1500mL。

2. 制作过程

（1）面团调制　将面粉 950g 倒在案板上，鲜酵母加温水

500mL 搅匀后倒入面粉中，搓匀揉透，盖上干净的湿布静置发酵。用面粉 50g、白糖、色拉油 100mL 调和成糖油面。

（2）生坯成型　待醅面发起后搓成直径 5cm 的圆形长条擀扁，擀成长 10cm，宽 3cm 的皮子（要擀得中间薄，两边厚）。将糖油面搓成长条，擀扁放在面皮中间，包拢后切成 25g 一只的坯子。

（3）生坯熟制　炒锅内放生油，烧至油 180℃时，将坯子放入油锅炸至层金黄色，浮出油面后捞出即成。

四十七、梅花糕

1. 原料配方（以 200 只计）

面粉 3100g，面肥 150g，食碱 15g，小苏打 25g，赤豆沙 900g，白糖 1200g，咸桂花 10g，干玫瑰花 5g，花生油 100mL，冷水适量。

2. 制作过程

（1）制老酵浆　在制糕前一天，取面肥 150g、面粉 1100g，加水 1250mL 在容器内搅成稀浆，加盖发酵。待酵浆发至用勺舀时能顺溜倒下，并无干粉僵块、无韧劲，即成老酵浆 2500g。

（2）馅心调制　干玫瑰花的花瓣、花心掰开，花瓣捻成球形。咸桂花 5g、白糖 100g 加水 300mL 浸泡成桂花糖水。花生油 50g 掺水 50mL 调和成水油。食碱用冷水 35mL 溶成碱水，备用。

将赤豆沙、花生油 50g、白糖 900g 和玫瑰花心、咸桂花 5g 拌匀制成湿豆沙馅心。

（3）面糊调制　老酵浆加碱水 15mL、小苏打、白糖 10g、桂花糖水 100mL 搅拌，再加水 1.9L 搅成稀浆。然后放入全部面粉轻轻搅拌，至光洁发松、无干粉及僵块时即成新酵浆。

（4）生坯成型　新酵浆装于特制的壶内，壶需敞口以便于下浆。每壶约装 1125g。豆沙分为 200 份左右。

在炉上放铁板将酵浆倒入糕模，先倒三分之一，并竖转糕模，使粘浆均匀。然后将豆沙放入每个糕模内，另取白糖 50g 分撒在豆沙上。再用其余的酵浆覆盖在每个糕模的豆沙上，浆上撒些玫瑰花瓣，并从糕模下抽出温热的铁板盖在糕模上。

（5）生坯熟制　关闭炉门，小火焖 2～3min 后，糕已半熟，仍将铁板放回炉面，打开炉门加热，再在糕面撒上白糖 50g、桂花糖水 50mL。然后再一次抽出铁板盖在糕模上，关闭炉门，烘 3～5min 即可。

四十八、海棠糕

1. 原料配方（以 80 只计）

（1）坯料　面粉 1000g，面肥 150g，食碱 10g，花生油 25mL，冷水适量。

（2）馅料　煮熟赤豆 750g，白糖 850g，花生油 500mL，净猪板油 100g。

（3）饰料　红丝、绿丝各 100g。

2. 制作过程

（1）辅料加工　将食碱配成浓度 50% 的碱液备用；花生油 25g 加水 50mL 调和成水油备用。

（2）馅心调制　将猪板油去膜后切成 80 粒小丁，加白糖 100g 腌渍 2～3 天制成糖板油丁。另将煮熟赤豆和白糖各 750g、花生油 500mL 炒拌均匀制成湿豆沙馅心。

（3）面团调制　将面粉倒入面盆内，用冷水拌和成浆状，掺入面肥，加适量碱水搅匀。至面浆无酸性、色不黄为佳。

（4）生坯成型　将海棠糕模工具放在特制的炉上烧热，刷上少许水油，将面浆注入模型深度一半左右。在每个模型内放入豆沙 20g，再将面浆注入，盖住豆沙直至模型表面，上面加糖板油丁 1 粒，四周撒些红丝、绿丝。

（5）生坯熟制　烘 5min 成熟。倒出后在成品上面浇上热糖汁即可食用。

四十九、干层油糕

1. 原料配方（以 36 只计）

（1）坯料　中筋面粉 700g，酵母 7g，泡打粉 5g，白糖 15g，温水 200mL，冷水 250mL。

（2）馅料　糖猪板油丁 75g，白糖 200g，熟猪油 50g。

（3）饰料　红绿丝 15g。

2. 制作过程

（1）面团调制　将面粉（450g）倒在案板上与泡打粉拌匀，中间扒一窝，放入酵母、白糖，再放入温水调成面团，揉匀揉透。用干净的湿布盖好饧发 30min。把其余的面粉置案板上，中间扒一小窝。将发好的酵面摘成若干小面团，散放于面粉上。将冷水倒入面粉中，揉匀揉透后，摔打上劲。置于案板上，盖上湿布，饧发 15min。

（2）面团成型　在案板上撒上少许干面粉，将饧好的面团滚上粉，擀成 1.5m 长、30cm 宽的长方形面皮；将熟猪油融化，均匀地涂在面皮上，再撒上白糖，抹均匀后再将糖板油丁均匀地铺在上面，从左向右将面皮卷起成筒状，卷紧，两头要一样齐。用将圆筒压扁，再擀成长方形厚皮。将两头擀薄后向里叠成方角，再将两边向中间叠起，然后对折，叠成 4 层的正方形糕坯，用力压成 30cm 见方生坯，放入刷过油的大笼内饧发 25min。

（3）生坯熟制　将装有生坯的蒸笼放在蒸锅上，大火足汽蒸 30min，将红绿丝均匀撒在糕面上，续蒸 5min，当糕面膨松、触之不粘手时即可下笼，晾凉。

（4）生坯成型　取出糕体，用快刀修齐四边，开成 6 根宽条，切成 36 块菱形块。食时上笼蒸透装盘。

五十、黄金大饼

1. 原料配方（以 20 只计）

（1）坯料　中筋面粉 300g，酵母 5g，泡打粉 5g，白糖 10g，温水 160mL。

（2）馅料　豆沙馅 250g。

（3）饰料　脱壳白芝麻 75g。

（4）辅料　色拉油 2L。

2. 制作过程

（1）面团调制　将面粉倒在案板上与泡打粉拌匀，中间扒一窝塘，放入酵母、白糖，再放入温水调成面团，揉匀揉透。用干净的湿布盖好饧发 15min。

（2）生坯成型　将发好的面团揉匀揉光，搓成长条，摘成 4 只面剂，用手掌按扁，擀成直径 12cm、中间厚、周边薄的圆皮。包入豆沙馅封好口，收口向下按扁（馅心在皮子正中）成中心略厚、周边略薄的直径 15cm 的圆饼形，正面抹上水，粘上脱壳白芝麻即成生坯，放入刷过油的蒸笼中，饧发 20min。

（3）生坯熟制　将装有生坯的蒸笼放在蒸锅上，蒸 9min，待皮子不粘手、有光泽、按一下能弹回即可出笼；晾凉后，放入150℃的油锅中炸，不断翻面，炸成金黄色捞出、沥油，改刀切块装盘。

五十一、吉士饼

1. 原料配方（以 20 只计）

（1）坯料　中筋面粉 300g，绵白糖 10g，酵母 4g，泡打粉 5g，吉士粉 50g，温水 160mL。

（2）馅料　莲子 150g，白糖 100g，熟猪油 50g。

2. 制作过程

（1）馅心调制　将莲子煮烂后去掉莲心，用细筛擦成泥，与白糖、熟猪油一起用小火熬成稠厚的馅心，备用。

（2）面团调制　将面粉、泡打粉放在案板拌匀，中间扒一窝塘，放入白糖、酵母、吉士粉、温水调成团，揉匀揉透，饧制 15min。

（3）生坯成型　将面团揉光、搓条、下成 20 只剂子，逐个将剂子按扁后包上馅心，收口向下放置，再按扁成圆饼形，饧发 20min。

（4）生坯熟制　将平底锅洗净烘干，放入生坯，小火干烙，烙一会后，翻一次身，再烙，再翻，如此重复几遍，直至两面金黄，边上不粘手即可。

五十二、椒盐麻饼

1. 原料配方（以 20 只计）

（1）坯料　中筋粉 250g，干发酵 3g，温水 120mL，白芝麻 200g。

（2）馅料　面粉 100g，盐 6g，白糖 10g，芝麻酱 30g，椒盐 5g，芝麻油 10mL，冷水 10mL。

2. 制作过程

（1）馅心调制　将所有馅料材料混合拌匀备用。

（2）面团调制　将干酵母用少量温水融化，和入面粉中，加温水揉成三光面团，发酵至体积两倍大。

（3）生坯成型　将发好的面团平均分割成 8 份，滚圆松弛 10min。取一个剂子擀成椭圆形，把椒盐馅料涂抹在上面。卷起后把两头捏在一起，团成圆形，压扁擀开成圆形或椭圆形。

（4）生坯熟制　饼面刷水，粘上白芝麻，烤箱 200℃预热后，中层烤约 15min 至饼面金黄色。

五十三、牛舌饼

1. 原料配方（以 100 只计）

面粉 2500g，面肥 500g，食碱 15g，芝麻酱 50g，精盐 50g，色拉油 50mL，花椒粉 2g，冷水适量。

2. 制作过程

（1）面团调制　盆内加面粉、面肥、冷水、食碱和成半发面团，略饧。

（2）生坯成型　将面团揉匀后摘成约100g一个的面剂，逐个擀成长面片，抹上色拉油、精盐和少量芝麻酱、花椒粉，卷成筒状，两头捏紧，封好边，再擀成长圆形，即成牛舌饼生坯。

（3）生坯熟制　饼铛上火，将牛舌饼坯放入，待两面烙至微黄，再放入铛下的火道中烤熟。

五十四、咸饼

1. 原料配方（以20只计）

低筋面粉300g，盐3g，水150mL，小苏打2g，酵母3g，黄油25g，鸡蛋50g，芝麻25g。

2. 制作过程

（1）面团调制　将面粉和小苏打粉过筛，扒一窝塘，放入盐，加入酵母和水，黄油隔水融化后稍置冷却后加入，揉成光滑面团，稍饧制。

（2）生坯成型　将面团擀成0.2cm的薄片，用模具压出造型，放在烤盘上，用叉子刺洞，表面刷上蛋液，撒上少许盐和芝麻，静置5～10min。

（3）生坯熟制　放入预热过的烤箱，以185～190℃的温度，烤10～12min至上色，出炉放凉即可。

五十五、桂花饼

1. 原料配方（以20只计）

面粉620g，酥油120g，核桃仁60g，酵母15g，白砂糖180g，桂花10g，食碱水10mL，芝麻油50mL，花生油100mL，温水适量。

2. 制作过程

（1）面团调制　将500g面粉放入盆内，放入酵母、温水，和成较硬的面团，饧发备用。然后将饧发好的酵面放在案板上，放入食碱水，中和酸味，揉匀揉透。

（2）馅心调制　将120g面粉干炒成熟面粉放入盆内，加入白砂糖、桂花、芝麻油、核桃仁拌匀，即成馅料。

（3）生坯成型　将面团擀成长方形薄片，抹一层酥油，卷成卷，搓成长条，分成大小均匀的面剂，将面剂按扁后，包入馅料，收口按扁，放入烘盘。

（4）生坯熟制　将烘盘上的饼刷一层花生油，放入烘炉，用中火烤，炉温200～220℃，烤约8min，至饼面呈金黄色即可。

五十六、红糖大饼

1. 原料配方（以50只计）

面粉1000g，熟面粉300g，面肥150g，热水300mL，食碱水10mL，红糖400g，菜籽油350mL。

2. 制作过程

（1）面团调制　将面粉加入面肥、热水揉制成较软的面团，在30℃左右的温度中盖上湿布发酵大约2h，加入食碱水揉匀。

（2）生坯成型　将面团分成小剂压成皮子，包入红糖与熟面粉混合而成的红糖馅，擀成圆饼。

（3）生坯熟制　在平底锅中放入菜籽油烧至150℃，将饼坯放入锅中煎至金黄色翻面，洒一点冷水煎到水干，饼坯底黄，即为成品。

五十七、喜饼

1. 原料配方（以20只计）

面粉500g，鸡蛋300g，花生油100mL，白糖150g，酵母3g，冷水适量。

2. 制作过程

（1）面团调制　将鸡蛋、花生油、白糖搅匀。加面粉、酵母和冷水用筷子搅拌均匀。揉成光滑的面团放置温暖处饧发。

（2）生坯成型　将面团发至两倍大小取出，反复揉匀至没有气泡。分割成小面团揉成光滑面团。擀成 1cm 厚的薄饼置于温暖处再次饧发。

（3）生坯熟制　饼坯发至两倍厚，取出置于温热的平底锅内用小火烙制。至双面金黄后，竖起把饼边滚烙成金黄色即可。

五十八、锅饼

1. 原料配方（以 1 只计）

面粉 2000g，面肥 1000g，食碱 10g，精盐 15g，豆油 25mL，温水 800mL。

2. 制作过程

（1）面团调制　将面粉、面肥加适量温水和成面团，再加适量食碱和匀成面坯。

（2）生坯成型　将面团擀成圆饼，在正面做成各种各样的花纹。

（3）生坯熟制　圆饼正面朝下放入热平底锅内，淋入少许豆油，慢火烙成淡黄色，将饼翻转，用略旺的火烙成淡黄色，再用铁丝圈把饼垫起来，盖上锅盖，用慢火烘熟即成。

五十九、荷叶夹子

1. 原料配方（以 20 只计）

（1）坯料　中筋面粉 300g，酵母 5g，泡打粉 5g，白糖 5g，温水 160mL。

（2）辅料　芝麻油 50mL。

2. 制作过程

（1）面团调制　将面粉倒在案板上与泡打粉拌匀，中间扒一窝，放入酵母、白糖，再放入温水调成面团，揉匀揉透。用干净的湿布盖好饧发 15min。

（2）生坯成型　将发酵面团揉匀，搓成条，摘成剂子，逐只将剂子按扁，用擀面杖擀成直径 8cm 的圆皮，抹上芝麻油，对折成半圆形；用干净的细齿木梳在表面斜压出齿印若干道，然后用左手的拇指和食指捏住半圆皮的圆心处，用右手拿木梳的顶端顶住弧的中间，向圆心处挤压于 1/2 处取出，复用木梳在 90°弧的中心向圆心处再挤压一次，即成生坯。生坯整体造型褶皱如荷叶。

（3）生坯熟制　生坯放入刷上油的蒸笼上，蒸 7min 即可。

六十、桃夹子

1. 原料配方（以 20 只计）

（1）坯料　中筋面粉 300g，酵母 5g，泡打粉 5g，白糖 5g，温水 160mL。

（2）辅料　芝麻油 50mL，苋菜红色素溶液 10mL。

2. 制作过程

（1）面团调制　将面粉倒在案板上与泡打粉拌匀，中间扒一窝，放入酵母、白糖，再放入温水调成面团，揉匀揉透。用干净的湿布盖好饧发 15min。

（2）生坯成型　将发酵面揉匀，搓成条，摘成剂子，逐只将剂子按扁，用擀面杖擀成直径 8cm 的圆皮，抹上芝麻油，对折成半圆形；用干净木梳在上面刻上条痕，再用快刀在半圆的弧部斜切两刀，成 2片叶子，用手将底部两只角捏拢捏紧，桃尖捏尖后即成生坯。

（3）生坯熟制　生坯放入刷上油的蒸笼上，蒸 7min，用干净牙刷沾上色素溶液刷上红色渲染。

六十一、蝴蝶夹子

1. 原料配方（以 20 只计）

（1）坯料　中筋面粉 300g，酵母 5g，泡打粉 5g，白糖 5g，温水 160mL。

（2）辅料　芝麻油 50mL，黑芝麻 40 粒。

2. 制作过程

（1）面团调制　将面粉倒在案板上与泡打粉拌匀，中间扒一窝，放入酵母、白糖，再放入温水调成面团，揉匀揉透。用干净的湿布盖好饧发 15min。

（2）生坯成型　将发酵面揉匀，搓成条，摘成剂子，逐只将剂子按扁，用擀面杖擀成直径 8cm 的圆皮，抹上芝麻油，对折成半圆形；用干净木梳在上面刻上几排梳子印。左手的拇指和食指捏住半圆皮的圆心处，右手用木梳背在圆弧中间顶一下，再在两边相等距离的地方各顶一下，形成蝴蝶形。在圆弧中间用刀开 2 个小缺，成蝴蝶尾，在蝴蝶头部装上 2 粒黑芝麻做眼睛。

（3）生坯熟制　生坯放入刷上油的蒸笼上，蒸 7min。

六十二、蛤蜊夹子

1. 原料配方（以 20 只计）

（1）坯料　中筋面粉 300g，酵母 5g，泡打粉 5g，白糖 5g，温水 160mL。

（2）辅料　芝麻油 50g。

2. 制作过程

（1）面团调制　将面粉倒在案板上与泡打粉拌匀，中间扒一窝，放入酵母、白糖，再放入温水调成面团，揉匀揉透。用干净的湿布盖好饧发 15min。

（2）生坯成型　将发酵面揉匀，搓成条，摘成剂子，逐只将剂子按扁，用擀面杖擀成直径 8cm 的圆皮，抹上芝麻油，对折成半圆形；再在半圆形的半边涂上麻油，再对折起来，成扇形，最后用干净的木梳刻上几排梳齿印，形似蛤蜊花纹即成生坯。

（3）生坯熟制　生坯放入刷上油的蒸笼上，蒸 7min。

六十三、扇面夹子

1. 原料配方（以 20 只计）

（1）坯料　中筋面粉 300g，酵母 5g，泡打粉 5g，白糖 5g，温

水 160mL。

(2) 辅料　芝麻油 50mL，黑芝麻 20 粒。

2. 制作过程

(1) 面团调制　将面粉倒在案板上与泡打粉拌匀，中间扒一窝，放入酵母、白糖，再放入温水调成面团，揉匀揉透。用干净的湿布盖好饧发 15min。

(2) 生坯成型　将发酵面揉匀，搓成条，摘成剂子，逐只将剂子按扁，用擀面杖擀成直径 8cm 的圆皮，抹上麻油，对折成半圆形；再在半圆形的半边涂上芝麻油，再对折起来，成扇形，最后在扇腰 1/3 处用弯成弧形的铜片在上面刻印出一道弧线，在弧线的中心安上 1 颗黑芝麻，做成扇把。另外，在扇面上部再用刀背在小弧线与弧边之间压出几道直线，形似扇骨，即成扇面生坯。

(3) 生坯熟制　生坯放入刷上油的蒸笼上，蒸 7min。

六十四、虾肉生煎饺

1. 原料配方（以 20 只计）

(1) 坯料　中筋面粉 300g，酵母 5g，泡打粉 5g，白糖 5g，温水 160mL。

(2) 馅料　龙虾肉 200g，鲜虾仁 200g，马蹄肉 150g，皮冻 15g，葱末 15g，姜末 10g，黄酒 25mL，盐 5g，味精 3g，胡椒粉 2g，芝麻油 15mL。

(3) 饰料　脱壳白芝麻 100g。

(4) 辅料　色拉油 50mL。

2. 制作过程

(1) 馅心调制　将龙虾肉、鲜虾仁、马蹄粒切碎，拌入葱末、姜末、黄酒、盐、胡椒粉、味精、芝麻油成虾肉馅；将皮冻捏碎与虾肉馅拌匀，即成虾肉生煎饺馅。

(2) 面团调制　将面粉倒在案板上与泡打粉拌匀，中间扒一窝，放入酵母、白糖，再放入温水调成面团，揉匀揉透。用干净的湿布盖好饧发 15min。

（3）生坯成型　将发酵面揉匀，搓成条，摘成剂子，逐只将剂子按扁，用擀面杖擀成直径 8cm 的圆皮，包上馅心，捏成蒸饺形状，底部粘上脱壳白芝麻，稍饧。

（4）生坯熟制　将平底锅洗净烘干，淋入色拉油，放入生坯煎制，分两次加入开水，煎至底部金黄，上部色白，不粘手即可。

六十五、牛羊肉泡馍

1. 原料配方（以 2 份计）

（1）坯料　面粉 500g，面肥 100g，碱水 10mL，冷水 225mL。

（2）汤料　羊肉（牛肉）500g，羊骨架（或牛骨架）500g，桂皮 5g，草果 5g，花椒 10g，小茴香 20g，干姜 3g，良姜 15g，精盐 5g，八角 5g。

（3）调配料　水发粉丝 300g，青蒜 250g，料酒 15mL，味精 3g，熟羊油 50g。

2. 制作过程

（1）面团调制　将面粉放入盆中，加入面肥、碱水、冷水揉成面团，盖上湿布饧 10min。

（2）生坯成型　将酵面揉匀揉光，下成 20 个剂子，揉匀收圆，擀成直径约 7cm 的圆饼坯。

（3）生坯熟制　将生坯放入平底锅中，切记不放油。干烙约 10min 成饦饦馍。可用烤箱代替，220℃ 20min 即可。

（4）汤料调配

① 原料处理　将羊肉切成约 25g 重的块，洗净，入冷水中浸漂 2h，将肉上污垢刮洗干净，再入冷水中浸漂 1h，待肉色发亮即可。将羊骨架入冷水中浸泡 1h，换水再泡 1h，冲洗干净，砸成 20cm 左右长的段。

② 煮肉　大铁锅内加水烧开，放入骨头，旺火熬煮 30min 后撇去浮沫。将桂皮、草果、花椒、小茴香、干姜、良姜、八角装入布袋内，扎紧袋口放入锅内，旺火烧 2h 后，将肉皮面向下摆放在骨头上，煮 3～4h 后加入精盐，盖上盖，改用小火，炖约 12h 即可。

③ 配菜　揭开锅盖，撇去浮油，将肉皮面向下捞起，翻扣在砧板上。

（5）煮馍　煮馍方法有四种（所用辅料、调料相同）。

① 单走　所谓"单走"，馍与汤分端上桌，把馍（饼）掰到汤中吃，食后单喝一碗鲜汤，曰"各是各味"。

② 干泡　亦称干拔。要求煮成的馍，碗内无汁。其煮法是炒锅内加入原汤汁及开水各 500mL 烧开加入 3g 精盐，倒入肉块煮约 1min，再倒入馍块、25g 水发粉丝及少许青蒜段略加搅动，将汤陆续撇出约 250mL，然后加入料酒、味精各少许，用旺火煮 1min，淋入 5g 熟羊油颠翻几下，再淋入 5g 熟羊油颠翻几下，如此 2～3 次，盛入碗内即成，要求肉块在上，馍块在下。

③ 口汤　要求煮成的馍吃完后仅留一大口浓汤。其煮法与干泡相同，只要求汤汁比干泡多一些，盛在碗里时，馍块周围的汤汁似有似无。

④ 水围城　这种煮法适用于较大的馍块。其煮法是先放入汤和开水各 750g，汤开后下入馍和肉，盛入碗里时，馍块在中间、汤汁在周围。另外，还有碗里不泡馍，光要肉和汤的叫做"单做"。

六十六、石子馍

1. 原料配方（以 20 只计）

（1）坯料　面粉 350g，面肥 200g，食碱水 10mL，温水 120mL，熟猪油 50g，精盐 7.5g，鲜花椒叶 10g。

（2）辅料　菜籽油 50mL。

2. 制作过程

（1）面团调制　将面粉放入盆中，加温水和匀，加入面肥揉匀，再加入精盐、食碱水、熟猪油和鲜花椒叶拌匀，揉匀揉透成团，稍饧。

（2）生坯成型　将面团揉匀揉光，搓条下剂，分别擀成直径12cm、厚约7mm的圆形饼坯。

（3）生坯熟制　锅中加入洗净的小青石子、菜籽油拌匀加热，当温度达到140℃时，将烧热的石子舀出一半，将另一半石子摊平，放入饼坯，盖上舀出的热石子，将馍夹在中间烤烙3～5min，翻面再烙10min成熟即可。

六十七、糖火烧

1. 原料配方（以 20 只计）

（1）坯料　面粉 500g，酵母粉 5g，温水 350mL。

（2）馅料　红糖 500g，芝麻酱 500g。

2. 制作过程

（1）面团调制　将面粉放入和面机内，加上酵母粉，倒入温水和成面团，饧 30min。

（2）馅心调制　将红糖与芝麻酱一起拌匀。

（3）生坯成型　将面团擀成长方形，均匀涂上麻酱红糖卷起；然后将卷好的卷略压扁，从两边向中间折叠。擀成长方形薄片，一切两半；取切好的一片，从两边 1/4 处向中间折叠两次，再擀成片，卷成卷。揪成一个个小剂，两边收口向下捏紧成圆形，稍压扁成型。

（4）生坯熟制　烤箱预热 180℃，烤约 15min。

六十八、糖江脐

1. 原料配方（以 50 只计）

面粉 1000g，花生油 80mL，白砂糖 250g，面肥 40g，碱水

40mL，糖桂花 5g，温水 340mL。

2. 制作过程

（1）面团调制　将白砂糖 100g、花生油放入和面机内，加温水 160mL 搅和均匀，再把面肥分成小块和面粉一起放入略搅拌后，再逐次加入温水 180mL，充分搅匀拌透饧制。

待发酵的面团体积膨胀为原体积 2 倍，面团剖面有气孔并有酸味时即可，然后兑碱。把碱水分次加入发酵面团中并在和面机内充分搅拌，同时加入糖桂花。碱水投放量须视面团发酵程度和气温而定。一般搅碱后面团剖面应有均匀圆孔，拍之响声清脆为好。

（2）生坯成型　将面团分成 50 只等份的圆形面团。然后以圆心为交点各相距 120°切三刀，使球状面团分成六角，每角相隔 60°再用左手指轻顶圆心处，使其凸起，放入烤盘。刀切深度一般以切开面团高度 2/3 为宜。在烤制前必须让成型后的面团在温湿条件下存放半小时以上，再在面上洒一些凉水方可入炉烤制。

（3）生坯熟制　炉温在 180℃左右，烤盘放进炉后关好炉门，将在炉火中烧好的糖碗（即用铸铁制成小方形铁碗）2 只放入约 150g 砂糖，在烤制过程中红色糖烟就熏于糖江脐的表面。烘焖时间约为 8min。

六十九、白面锅盔

1. 原料配方（以 30 只计）

面粉 1000g，面肥 150g，冷水 300mL，小苏打 3g。

2. 制作过程

（1）面团调制　把 4/5 的面粉加冷水、面肥揉成面团后稍作静置，待其发酵。另用开水把 1/5 的面粉烫熟后加入静置好的面团中，加入小苏打揉匀，搓条、分块，捏成圆形按扁。

（2）生坯成型　用擀面杖擀成直径约 12cm、厚 1cm 的圆薄饼。

（3）生坯熟制　置于饼锅上烙制，待其表面起黄点，发白时翻面烙制，起黄点后放入烤炉中烤制成熟即可。如果在其边缘开一小口，成为粘连的两圆片，在其中加入卤肉，浇上卤汁，即叫"卤肉锅盔"。

七十、幸福双

1. 原料配方（以 10 只计）

（1）坯料　中筋面粉 350g，温水 125mL，面肥 200g，食碱水 6mL。

（2）馅料　猪板油 50g，蜜枣 25g，蜜饯红瓜 25g，金橘脯 25g，青梅 25g，核桃仁 25g，松子仁 15g，葡萄干 25g，糖桂花 5g，白糖 120g，赤小豆 100g，熟猪油 25g。

（3）辅料　色拉油 150mL。

2. 制作过程

（1）馅心调制　将赤小豆择洗、煮制、洗沙、压干后，再加白糖（70g）、熟猪油炒制成豆沙馅；另将猪板油去膜，切成 0.3cm 的小丁，加 25g 白糖拌匀成糖板油丁；将蜜枣去核、核桃仁焐熟后与蜜饯红瓜、金橘脯、青梅一同切成 0.3cm 见方的丁，再与焐熟的松子仁、葡萄干、糖桂花，最后加入 25g 白糖拌匀即成百果馅。

（2）面团调制　将面粉放入盆中，加入温水拌匀，加入酵面揉成光滑的面团，饧发 1h 后，加入食碱水充分揉匀，略饧。

（3）生坯成型　将面团揉光搓条，分成 10 个面剂，每个重 60g，擀成直径约 7cm、中间稍厚的圆形面皮，包入豆沙、糖板油丁、百果馅，先收口成球形，然后放入长 8cm、宽 6cm、厚 4cm 的模具内压平整即成幸福双生坯。

（4）生坯熟制　放入垫上湿笼布的笼内饧发 15min。将装有生坯的蒸笼上蒸锅，蒸 9min 即成，出笼装盘。

第三节 油酥面团类

一、火腿萝卜丝酥饼

1. 原料配方（以 30 只计）

（1）坯料

① 干油酥　面粉 300g，熟猪油 150g。

② 水油面　面粉 300g，熟猪油 45g，温水 135mL。

（2）馅料　白萝卜 500g，熟火腿末 50g，猪板油蓉 60g，白糖 15g，精盐 7g，味精 3g，熟白芝麻 15g，葱末 25g，芝麻油 15mL。

（3）辅料　色拉油 3L（约耗 100mL），蛋清 25mL，脱壳白芝麻 75g。

2. 制作过程

（1）馅心调制　将白萝卜洗净、去皮，切成细丝，加精盐腌渍 30min，用洁净纱布去水分。另将熟火腿末、猪板油蓉、芝麻油、葱末、白糖、熟白芝麻、味精一起放入盆中，倒入萝卜丝拌匀，分成 30 份馅心，搓捏成球形待用。

（2）面团调制

① 干油酥调制　将面粉放在案板上，加入熟猪油，拌匀擦成干油酥。

② 水油面调制　将面粉放在案板上，扒一个窝，加上温水、熟猪油揉擦成水油面。

（3）生坯成型　将水油面搓成球形，用手按成中间厚周边薄的皮，包入干油酥，收口向上，擀成长方形面皮，叠成三折，再擀成 1mm 厚的长方形面皮，将一长边修齐，卷起成直径 4.5cm 的圆柱体。用刀沿截面横切成 2.5cm 长的圆段 15 段。用刀把每一段沿圆心对半剖开，共成 30 个半圆柱体，将半圆柱体的面坯切面朝上，顺纹路擀成长方形皮，包进馅心，酥皮对叠收口涂上蛋清，粘上芝麻，有纹的一面朝上呈蚕茧形生坯。

（4）生坯熟制　将油锅放入色拉油，加热至 90℃，下入生坯（收口向下），稍静置后逐渐升温至 150℃，炸至制品上浮、色泽微黄、层次清晰、体积膨大即可出锅，沥油装盘。

二、黄桥烧饼

1. 原料配方（以 15 只计）

（1）坯料

① 葱油酥　面粉 150g，熟猪油 75g，葱末 35g，精盐 5g。

② 烫酵面　面粉 300g，热水（80℃）120mL，面肥 50g，碱水 6mL。

（2）馅料　瘦火腿 150g，猪板油 120g，葱 50g，味精 3g。

（3）辅料　饴糖水 25mL，冷水 15mL。

（4）饰料　脱壳白芝麻 100g。

2. 制作过程

（1）馅心调制　将瘦火腿煮熟切细丁；猪板油去膜切成细丁；把葱洗净切成细末。将加工好的火腿丁、猪板油丁与葱末拌成馅。

（2）面团调制

① 葱油酥调制　将面粉放在案板上，加入熟猪油擦成油酥面，再加入葱末、精盐拌和均匀，搓成 15 个馅剂。

② 烫酵面调制　将面粉放在案板上，扒一个窝，加上热水烫制，用馅挑搅拌成雪花状，待晾凉后，拌入面肥揉匀揉透，饧制 1h 后，揉入碱水，稍饧。

（3）生坯成型　将面团揉匀，搓条并摘成 15 个面剂；逐个将面剂包上葱油酥，收口向上，擀成 20cm 长、7cm 宽的面皮，左右对折再擀成 25cm 长的面皮，然后由前向后卷成圆柱体，用手掌从坯子侧面按扁，擀成直径 6cm 的圆形面皮，放在左手掌心，放上馅心，口朝下，擀成椭圆形、中间低、两头高的小饼，表面刷上饴糖水，粘上芝麻即成生坯。

（4）生坯熟制　将生坯装入烤盘，送进面火 200℃、底火为 220℃的烤箱中烤约 10min，表面呈金黄色即可出炉装盘。

三、枣泥酥饼

1. 原料配方（以 20 只计）

（1）坯料

① 干油酥　面粉 150g，熟猪油 75g。

② 水油面　面粉 150g，熟猪油 35g，温水 75mL。

（2）馅料　红枣 200g，白糖 100g，熟猪油 50g。

（3）饰料　脱壳白芝麻 75g。

（4）辅料　色拉油 2L（实耗 30mL），蛋清适量。

2. 制作过程

（1）馅心调制　将红枣洗净，放在锅中加水煮制酥烂，晾凉后用筛子搓擦去皮核成枣泥；另将锅上火，放入熟猪油、白糖熬成糖浆，再加入枣泥用小火熬稠，即成枣泥馅。

（2）面团调制

① 干油酥调制　将面粉放在案板上，加入熟猪油，拌匀擦成干油酥。

② 水油面调制　将面粉放在案板上，扒一个窝，加上温水、熟猪油揉擦成水油面。

（3）生坯成型　将水油面按成中间厚、周边薄的皮，包入干油酥，收口捏紧向上，按扁，擀成长方形面皮，横折叠 3 层，再擀成长方形，顺长边切齐，由外向里卷起，卷成 3cm 直径的圆柱体，卷紧后搓成长条，切成 15 只剂子。逐个将剂子侧按，擀成圆皮，周边抹上蛋清，包入馅心，然后将收口捏紧朝下放，按扁成约 1cm 厚的圆形饼坯，在其圆边上粘上脱壳白芝麻，即成生坯。生坯表面不能露出酥层。

（4）生坯熟制　将油锅放入油，加热至 90℃，下入生坯（收口向下），静置后逐渐升温 150℃，不断翻面，呈金黄色捞出，装盘。也可用面火 200℃、底火为 220℃的烤箱中烤约 10min，烤制成熟。

四、眉毛酥

1. 原料配方（以 20 只计）

（1）坯料

① 干油酥　低筋面粉 150g，熟猪油 75g。

② 水油面　中筋面粉 150g，温水 75mL，熟猪油 35g。

（2）馅料　熟火腿末 150g，猪板油蓉 75g，葱末 50g，芝麻油 25mL，味精 3g。

（3）辅料　鸡蛋 1 个，色拉油 2L（实耗 50mL）。

2. 制作过程

（1）馅心调制　将熟火腿末、猪板油蓉、葱末、芝麻油、味精等拌和均匀成馅。

（2）面团调制

① 干油酥调制　将低筋面粉放在案板上，加入熟猪油，拌匀擦成干油酥。

② 水油面调制　将中筋面粉放在案板上，扒一个窝，加上温水、熟猪油揉擦成水油面。

（3）生坯成型　将水油面按成中间厚周边薄的皮，包入干油酥，开口向上，擀成长方形面皮，叠成三折，再擀成 1mm 厚的长方形面皮，将一长边修齐，卷起成 4.5cm 直径的圆柱体。用刀沿截面横切成 1cm 厚的圆坯 20 个。

逐个将每一片截面（有纹路的面）朝上擀成椭圆形薄皮，一面抹上蛋清，放上馅心，顺长对折成半圆形，将一头折进去一小部分，另一头捏尖，将边沿对齐，捏紧捏薄。从粗头至尖头，在弧形部位绞出绳状花边。就形成了一头圆、一头尖的生坯，形似人的眉毛，故取名"眉毛酥"。

（4）生坯熟制　将油锅加温至 90℃，下入生坯，稍静置后逐渐升温至 150℃，待酥层清晰后将生坯炸呈淡黄即时出锅，沥油装盘。

五、兰花酥

1. 原料配方（以 20 只计）

（1）饰料　草莓果酱 100g。

（2）坯料

① 干油酥　低筋面粉 150g，熟猪油 75g。

② 水油面　中筋面粉 150g，青菜汁 75mL，熟猪油 35g。

（3）辅料　鸡蛋 1 个，熟猪油 1kg（耗 50g）。

2. 制作过程

（1）面团调制

① 干油酥调制　将低筋面粉放在案板上，加入熟猪油，拌匀擦成干油酥。

② 水油面调制　将中筋面粉放在案板上，扒一个窝，加上青菜汁、熟猪油揉擦成水油面。

（2）生坯成型　用 50g 水油面包入 30g 油酥面，擀成厚薄均匀的长方形坯皮，折叠成三层，再擀制两次，最后擀成长方形坯皮，用刀切去四周，露出酥层，再切成 6cm 见方的小块，共 4 块（其他面团如法重复做完）。用刀将酥皮三个角沿对角线从顶端向交叉点切进 2/3，将切开角的对角线用鸡蛋液粘牢，即成兰花酥生坯。

（3）生坯熟制　锅置火上，放入熟猪油，待油温 90～120℃时，放入生坯，用微火浸炸透，至生坯浮出油面，层次清晰，即可用漏勺捞出，用餐纸吸取油分，装入盘中，将草莓果酱用裱花袋挤出花蕊，点缀于中心位置即成。

六、荷花酥

1. 原料配方（以 15 只计）

（1）馅料　硬豆沙馅 100g。

（2）坯料

① 干油酥　低筋面粉 150g，熟猪油 75g。

② 水油面　中筋面粉 150g，温水 75mL，熟猪油 35g。

（3）辅料　鸡蛋 1 个，熟猪油 1kg（耗 50g）。

2. 制作过程

（1）面团调制

① 干油酥调制　将低筋面粉放在案板上，加入熟猪油，拌匀擦成干油酥。

② 水油面调制　将中筋面粉放在案板上，扒一个窝，加上温水、熟猪油揉擦成水油面。

（2）生坯成型　将水油面按成中间厚周边薄的皮，包入干油酥，收口向上，擀成长方形面皮，叠成三折。如此重复再叠一次三层、一次对折，擀成 0.8cm 厚的长方形面皮，用 5cm 直径的圆模子将酥皮刻成圆形酥皮 15 张，将酥皮边缘按薄，四周涂上蛋清，中间放上馅心，将四周向中心拢起，收口成球形，收口处抹上蛋清向下放置，用美工刀将球形表面平均划成六瓣（深至馅心），用两手掌跟将面坯下部略搓紧，使其酥层略外露即成生坯。

（3）生坯熟制　将油锅加温至 90℃，下入生坯，稍静置后逐渐升温至 120℃，将生坯炸成花瓣展开、酥层清晰、色呈白色即可出锅。

七、苹果酥

1. 原料配方（以 15 只计）

（1）馅料　硬莲蓉馅 100g。

（2）坯料

① 干油酥　低筋面粉 150g，熟猪油 75g。

② 水油面　中筋面粉 150g，温水 75mL，熟猪油 35g。

（3）辅料　熟猪油 1kg（耗 50g），苋菜红色素溶液 5mL，菠菜汁 15mL，可可粉 5g。

2. 制作过程

（1）面团调制

① 干油酥调制　将低筋面粉放在案板上，加入熟猪油，拌匀擦成干油酥。

② 水油面调制　将中筋面粉放在案板上，扒一个窝，加上温水、熟猪油揉擦成水油面。

（2）生坯成型　将水油面和干油酥分别下剂 15 个，水油面中包入干油酥用开小酥的方法开酥，包入馅心，捏成苹果坯。再把剩余的面团用菠菜汁揉成叶绿色的面团，做成苹果叶子；另用剩余的面团加可可粉搓成团，做成苹果蒂，装饰在苹果坯上。

（3）生坯熟制　将油锅加温至 90℃，下入生坯，稍静置后逐渐升温至 120℃，将生坯炸至酥层清晰、色呈白色即可出锅。或者可以放入烤盘入炉用中火烤熟即成。用牙刷沾少许苋菜红色素溶液刷在苹果坯的一面即成。

八、生梨酥

1. 原料配方（以 20 只计）

（1）坯料

① 水油面　面粉 150g，蛋液 50mL，黄油 25g，白糖 15g，温水 35mL。

② 干油酥　面粉 150g，黄油 100g。

（2）馅料　生梨 150g，白糖 120g，黄油 30g，熟米粉 50g。

（3）饰料　可可粉 10g，脱壳白芝麻 50g。

（4）辅料　蛋清 25mL，色拉油 2L（实耗 50mL）。

2. 制作过程

（1）馅心调制　将生梨去皮核切成小粒，略挤水分，与白糖、黄油、熟米粉拌匀成馅。

（2）面团调制

① 水油面调制　将面粉放在案板上扒一窝，加入蛋液、白糖、黄油、温水调成硬度适中的水油面，饧制 5min。

② 干油酥调制　将面粉放案板上与黄油拌在一起，用手掌心擦成干油酥，按压成方形块，放入冰箱冻成一定硬度。

（3）生坯成型　将水油面擀成与干油酥一样宽、双倍长的面皮，再将干油酥放在蛋面皮的一端，将另一半面皮盖子其上，将上下蛋面皮的边撮后封好口，再用面杖将酥皮敲软，擀成长方形薄皮，由两头向中间横相叠成四层。如此做法再叠一次四层，稍擀薄，掸去余粉，按十字形改成四块，互相排叠在一起，擀平整后入冰箱冻硬。

酥皮冻硬后取出，用刀沿截面斜批成薄片，沿着纹路擀开，切成长方形，涂上蛋清，包上馅心，卷成直酥呈长圆柱形，靠近馅心的一头用蛋清封牢，粘上脱壳白芝麻；将另一头捏细，装入由可可粉与边角料揉匀搓成的棕色梨梗，用蛋清封好口，成生梨酥生坯。

（4）生坯熟制　将油锅加温至 90℃，下入生坯，稍静置后逐渐升温至 120℃，将生坯炸至酥层清晰、色呈白色即可出锅。或者可以放入烤盘入炉用中火烤熟即成。

九、鲍鱼酥

1. 原料配方（以 20 只计）

（1）坯料

① 水油面　面粉 150g，蛋液 50mL，黄油 25g，白糖 15g，温水 35mL。

② 干油酥　面粉 150g，黄油 100g。

（2）馅料　水发鲍鱼 75g，叉烧肉 25g，水发香菇 15g，胡萝卜 25g，芦笋 25g，蚝油 15mL，盐 3g，黄酒 15mL，鲍汁 50mL，高汤 100mL，湿淀粉 15g。

（3）辅料　蛋清 15mL，色拉油 2L（实耗 75mL）。

2. 制作过程

（1）馅心调制　将水发的鲍鱼、叉烧肉、水发香菇、胡萝卜、焯过水的芦笋切成细粒，一起放入锅中煸炒，加入鲍汁、盐、黄酒、高汤略煨，收汤后加入湿淀粉勾芡成馅心。

（2）面团调制

① 水油面调制　将面粉放在案板上扒一窝，加入蛋液、白糖、黄油、温水调成硬度适中的水油面，饧制 5min。

② 干油酥调制　将面粉放案板上与黄油拌在一起，用手掌心擦成干油酥，按压成方形块，放入冰箱冻成一定硬度。

（3）生坯成型　将水油面擀成与干油酥一样宽、双倍长的面皮，再将干油酥放在蛋面皮的一端，将另一半面皮盖子其上，将上下蛋面皮的边捏拢后封好口，再用擀面杖将酥皮敲软，擀成长方形薄皮，由两头向中间横相叠成四层。如此做法再叠一次四层，稍擀薄，按十字形改成四块，互相排叠在一起，擀平整后入冰箱冻硬。

酥皮冻硬后取出，用刀沿截面斜批成薄片，沿着纹路擀开，用圆形模具刻成圆皮，取两块抹上蛋清，在一块上放上馅心，另一张皮盖上，绞出绳状花边即成鲍鱼生坯。

（4）生坯熟制　将油锅加温至 90℃，下入生坯，稍静置后逐渐升温至 120℃，将生坯炸至酥层清晰、色呈白色即可出锅。或者可以放入烤盘入炉用中火烤熟即成。

十、鸿运酥

1. 原料配方（以 20 只计）

（1）坯料

① 水油面　面粉 150g，熟猪油 35g，南乳汁 75mL。

② 干油酥　面粉 150g，熟猪油 75g。

（2）馅料　腰果 150g，板油 75g，葱末 35g，红方腐乳 1 块，白糖 35g。

（3）辅料　鸡蛋 1 个，脱壳白芝麻 75g。

2. 制作过程

（1）馅心调制　将腰果焐油并切碎，把板油去膜切细丁，与红方腐乳、葱花、白糖拌匀成馅料，冷藏稍微冻硬。

（2）面团调制

① 干油酥调制　将面粉放在案板上，加入熟猪油，拌匀擦成干油酥。

② 水油面调制　将面粉放在案板上，扒一个窝，加上南乳汁、熟猪油揉擦成水油面。

（3）生坯成型　将水油面按成中间厚周边薄的皮，包入干油酥，收口向上，擀成长方形面皮，一次三折，再擀成长方形面皮，再一次三折后擀成 0.6cm 厚的长方形面皮，改刀成 20 个小方块酥皮。

将每块酥皮四周涂上蛋清，中间放上馅心，将四周向中心拢起，收口成球形，按扁后收口一面抹上蛋清，粘上芝麻向下放置，放入烤盘。

（4）生坯熟制　将烤箱面火调至 180℃，底火调至 200℃，把生坯放入烤箱烘烤 15min 呈棕红色即可。

十一、三角酥

1. 原料配方（以 15 只计）

（1）坯料

① 水油面　面粉 150g，蛋液 50mL，黄油 25g，白糖 15g，温水 35mL。

② 干油酥　面粉 150g，黄油 100g。

（2）馅料　干贝 50g，冬瓜 300g，葱段 10g，姜片 10g，黄酒

15mL，盐 3g，味精 2g，色拉油 25mL。

（3）饰料　脱壳白芝麻 50g。

（4）辅料　蛋清 25mL，色拉油 2L（实耗 50mL）

2. 制作过程

（1）馅心调制　将干贝加部分葱段和姜片、黄酒上笼蒸熟，冷却后撕成丝；冬瓜去皮瓤，切片蒸熟，捣成泥；锅中加入色拉油，放入余下的葱段和姜片煸出香味后取出，倒入冬瓜泥、盐翻炒至不粘锅，放入干贝丝、味精拌匀成馅，晾凉后稍冻硬。

（2）面团调制

① 水油面调制　将面粉放在案板上扒一窝，加入蛋液、白糖、黄油、温水调成硬度适中的水油面，饧制 5min。

② 干油酥调制　将面粉放案板上与黄油拌在一起，用手掌心擦成干油酥，按压成方形块，放入冰箱冻成一定硬度。

（3）生坯熟制　将水油面擀成与干油酥一样宽、双倍长的面皮，再将干油酥放在蛋面皮的一端，将另一半面皮盖子其上，将上下蛋面皮的边捏拢后封好口，再用面杖将酥皮敲软，擀成长方形薄皮，由两头向中间横相叠成四层。如此做法再叠一次四层，稍擀薄，按十字形改成四块，互相排叠在一起，擀平整后入冰箱冻硬。

酥皮冻硬后取出，用刀沿截面斜批成薄片，沿着纹路擀开，用圆套模刻成圆皮，涂上蛋清，中间放入馅心，折成三角形封好口，封口处抹上蛋清粘上白芝麻即成生坯。

（4）生坯熟制　将油锅加温至 90℃，下入生坯，稍静置后逐渐升温至 120℃，将生坯炸至酥层清晰、色呈白色即可出锅。或者可以放入烤盘入炉用中火烤熟即成。

十二、核桃酥

1. 原料配方（以 15 只计）

（1）馅料　硬果仁馅 100g。

（2）坯料

① 干油酥　低筋面粉 150g，熟猪油 75g。

② 水油面　中筋面粉 150g，温水 75mL，熟猪油 35g，可可粉 5g。

（3）辅料　鸡蛋 1 个，熟猪油 1kg（耗 50g）。

2. 制作过程

（1）面团调制

① 干油酥调制　将低筋面粉放在案板上，加入熟猪油，拌匀擦成干油酥。

② 水油面调制　将中筋面粉放在案板上，扒一个窝，加上温水、熟猪油、可可粉揉擦成棕色的水油面。

（2）生坯成型　将水油面按成中间厚周边薄的皮，包入干油酥，收口向上，擀成长方形面皮，叠成三折。如此重复再叠一次三层，擀成 0.8cm 厚的长方形面皮，将一长边用刀切齐，由外向里卷成长圆筒状。再用美工刀将长圆筒切成 15 段。逐个将每段的刀切面向两侧按扁，包入馅心，收口捏紧向下。用铜花钳在上端夹出核桃梗，再用鹅毛管在表面戳些圆印痕，形似核桃纹，即成核桃酥生坯。

（3）生坯熟制　将油锅加温至 90℃，下入生坯，稍静置后逐渐升温至 120℃，将生坯炸成上浮至油面，体积膨大即可出锅。

十三、梅花酥

1. 原料配方（以 15 只计）

（1）馅料　硬果仁馅 100g。

（2）坯料

① 干油酥　低筋面粉 150g，熟猪油 75g。

② 水油面　中筋面粉 150g，温水 75mL，熟猪油 35g，苋菜红色素溶液 5mL。

（3）辅料　鸡蛋 1 个，熟猪油 1kg（耗 50g），柠檬黄色素溶液 5mL。

2. 制作过程

（1）面团调制

① 干油酥调制　将低筋面粉放在案板上，加入熟猪油，拌匀擦成干油酥。

② 水油面调制　将中筋面粉放在案板上，扒一个窝，加上温水、熟猪油、苋菜红色素溶液揉擦成淡红色的水油面。

（2）生坯成型　将水油面按成中间厚周边薄的皮，包入干油酥，收口向上，擀成长方形面皮，叠成三折。如此重复再叠一次三层，擀成 25cm 长、15cm 宽、0.8cm 厚的长方形面皮。将面皮切成 5cm 边长的正方形 15 块，将每块修圆，在半径 1/2 处用刀切开，共切 5 刀，将之分成相连的 5 等份。再将每份的左边一条边向中心窝起，用蛋液将其粘在中心，窝成 5 瓣梅花瓣。另取少许面团，加上柠檬黄色素溶液，染成黄面团。将黄面团搓条下剂，按扁成皮，包入馅心，成馒头状，其收口向下，沾上蛋液，粘在梅花酥皮的中心，做成花蕊。即成生坯。

（3）生坯熟制　将油锅加温至 90℃，下入生坯，稍静置后逐渐升温至 120℃，将生坯炸成上浮至油面，酥层张开即可出锅。

十四、菊花酥

1. 原料配方（以 15 只计）

（1）坯料

① 干油酥　低筋面粉 150g，熟猪油 75g。

② 水油面　中筋面粉 150g，温水 75mL，熟猪油 35g。

（2）辅料　鸡蛋 1 个，熟猪油 1kg（耗 50g）。

2. 制作过程

（1）面团调制

① 干油酥调制　将低筋面粉放在案板上，加入熟猪油，拌匀擦成干油酥。

② 水油面调制　将中筋面粉放在案板上，扒一个窝，加上温

水、熟猪油揉擦成水油面。

（2）生坯成型　将水油面按成中间厚周边薄的皮，包入干油酥，收口捏紧向上，按扁，擀成长方形，叠成三折。如此做法重复再叠一次三层，擀成长 20cm、宽 12cm 的长方形酥皮。用刀修齐四周，改成长 20cm、宽 4cm 的正方形酥皮 15 块。

取一片酥皮，一边涂上蛋液，在右手食指上绕 2 圈，收边处沾上蛋清。把涂过蛋清的一边绕在食指里面，食指外的边要绕齐绕平。取下后，将涂蛋清的一端捏拢、捏紧、修平。将另一端用小剪刀剪成一圈 0.3cm 宽的细花瓣，将瓣端剪尖，即成生坯。

（3）生坯熟制　将油锅加温至 90℃，下入生坯（收口向下），稍静置后逐渐升温 120℃，不断翻面，将生坯炸成色泽洁白、酥层清晰即可出锅，沥油装盘。

十五、酥皮蛋挞

1. 原料配方（以 20 只计）

（1）坯料

① 水油面　面粉 150g，熟猪油 25g，蛋液 50mL，绵白糖 10g，柠檬黄色素溶液 5mL，冷水 25mL。

② 干油酥　面粉 150g，黄油 50g，熟猪油 75g。

（2）馅料　蛋液 150mL，冷水 110mL，白糖 75g，吉士粉 5g。

（3）辅料　色拉油 25mL。

2. 制作过程

（1）馅心调制　将蛋液打匀与冷水、白糖、吉士粉调匀，过筛后备用。

（2）面团调制

① 水油面调制　将面粉放案板上，扒一个窝，加入熟猪油、蛋液、白糖、冷水、柠檬黄色素溶液调成蛋面皮，稍饧。

② 干油酥调制　把面粉放案板上，扒一个窝，加入熟猪油、黄油用手掌根部擦成酥心，最后按擀成方块放入冰箱略冻。

（3）生坯成型　将水油面面团擀成与酥心一样宽、双倍长的面皮，再将酥心放在水油面皮的一端，将另一半面皮覆盖其上，将上下蛋面皮的边捏拢后封好口，再用面杖将酥心敲软，擀成长方形薄皮，由两头向中间横向叠成四层。如此做法重复再叠一次对折，擀成正方形薄皮，用菊花套模刻出圆皮。

将菊花盏中抹上油，放入一块圆皮，用两手的拇指将盏的底部按薄，将圆皮边与盏口平齐，放入烤盘，加入馅心（蛋挞水）至盏八成满即成生坯。

（4）生坯熟制　将烤盘放入面火 150℃、底火 250℃的烤箱烤制 12min，至馅心饱满、酥皮金黄即可取出，装盘。

十六、老婆饼

1. 原料配方（以 15 只计）

（1）坯料

① 水油面　面粉 150g，冷水 50mL，熟猪油 35g，白糖 15g，芝麻油 15mL。

② 干油酥　面粉 150g，熟猪油 75g。

（2）馅料　糖冬瓜 300g，芝麻 50g，白糖 30g，熟米粉 75g，花生油 25mL，冷水 100mL。

（3）饰料　蛋黄液 25mL，花生油 15mL。

2. 制作过程

（1）馅心调制　将芝麻放入锅中炒香，与糖冬瓜及冷水一起倒入搅拌机内，搅烂成酱盛起，加入熟米粉、白糖、花生油拌匀备用。

（2）面团调制

① 水油面调制　将面粉方案上，扒一窝塘，加上冷水、熟猪油、白糖、芝麻油，搅拌均匀调制成面团，饧制 25min 后备用。

② 干油酥调制　将面粉放在案板上，扒一窝塘，加入熟猪油，用手掌根部搓揉成团待用。

（3）生坯成型　将水油面、干油酥分别下剂，以小包酥的方法起酥，将水油面皮面剂逐个按扁，包入干油酥，呈球状，收口朝下，擀制成牛舌状，再卷成圆筒形，如此做法反复一次。用快刀从中间切开，一切为二，切面朝上，按圆按扁。包入馅料，搓圆后用手压扁成饼状，用刀在饼的中心割一刀，同时将蛋黄液和花生油搅匀后刷在饼面上。

（4）生坯熟制　将生坯入185℃烤箱中烤约25min至色呈金黄即成。

十七、千层酥饺

1. 原料配方（以20只计）

（1）坯料

① 水油面　面粉150g，蛋液50mL，黄油25g，白糖15g，温水35mL。

② 干油酥　面粉150g，黄油100g。

（2）馅料　猪肉泥150g，鸡蛋2个，咖喱粉15g，洋葱末25g，盐3g，味精2g。

2. 制作过程

（1）馅心调制　将猪肉泥放入盆中，加入蛋液、咖喱粉、洋葱末、盐和味精搅拌上劲，做成馅心。

（2）面团调制

① 水油面调制　将面粉放在案板上扒一窝，加入蛋液、白糖、黄油、温水调成硬度适中的水油面，饧制5min。

② 干油酥调制　将面粉放案板上与黄油拌在一起，用手掌心擦成干油酥，按压成方形块，放入冰箱冻成一定硬度。

（3）生坯成型　将水油面擀成与干油酥一样宽、双倍长的面皮，再将干油酥放在蛋面皮的一端，将另一半面皮盖于其上，将上下蛋面皮的边捏拢后封好口，再用面杖将酥皮敲软，擀成长方形薄皮，由两头向中间横向叠成四层。如此做法再叠一次四层，稍擀薄，按十字形改成四块，互相排叠在一起，擀平整后入冰箱冻硬。酥皮冻硬后取出，用刀沿截面斜批成薄片，沿着纹路擀开，用圆形模具刻成圆皮，放入馅心，两边对折合起捏紧就可以了。

（4）生坯熟制　放入烤盘，刷上蛋液，入烤箱185℃烤25min左右。

十八、蝴蝶酥

1. 原料配方（以20只计）

（1）坯料

① 水油面　面粉220g，黄油35g，细砂糖5g，盐1g，冷水75mL。

② 干油酥　黄油180g（裹入用）。

（2）辅料　白砂糖50g。

2. 制作过程

（1）面团调制　将面粉放在案板上，扒一窝塘，加入细砂糖、盐混合，再将软化的黄油加入面粉中拌匀，再倒入冷水，揉成面团。用保鲜膜包好，放进冰箱冷藏饧制20min。

（2）生坯成型　把180g裹入用的黄油切成小片，放入保鲜袋中擀压成片状，放在饧好的面片上，像叠被子一样，三折包紧，放入保鲜袋里入冰箱冷藏20min；再从冰箱取出松弛的面片，擀成长方形的片状，叠成4折，放入保鲜袋里入冰箱冷藏20min，依次重复3次。将松弛好的面皮，擀成0.3cm左右的厚度，用刀切去不规整的边角，成长方形，在千层酥皮上刷一层冷水，稍等2～3min，在表面撒上一层粗粒白砂糖，把千层酥皮从两边向中心线对着卷起来。用快刀把卷好的千层酥皮切成厚度为0.8～1cm的小片，排入铺上锡纸的烤盘，在表面再撒上一层白砂糖。

（3）生坯熟制　烤箱预热至200℃，上下火烤20min左右，烤至金黄色即可。

十九、风车酥

1. 原料配方（以 20 只计）

（1）坯料

① 水油面　面粉 220g，黄油 35g，细砂糖 5g，盐 1g，冷水 75mL。

② 干油酥　黄油 180g（裹入用）。

（2）辅料　蛋液 25mL，白糖 25g。

2. 制作过程

（1）面团调制　将面粉放在案板上，扒一窝塘，加入细砂糖、盐混合，再将软化的黄油加入面粉中拌匀，再倒入冷水，揉成面团。用保鲜膜包好，放进冰箱冷藏饧制 20min。

（2）生坯成型　把 180g 裹入用的黄油切成小片，放入保鲜袋中擀压成片状，放在饧好的面片上，像叠被子一样，三折包紧，放入保鲜袋里入冰箱冷藏 20min；再从冰箱取出松弛的面片，擀成长方形的片状，叠成 4 折，放入保鲜袋里入冰箱冷藏 20min，依次重复 3 次。将松弛好的面皮，擀成 0.3cm 左右的厚度，用刀切去不规整的边角，成长方形。

继续用刀切成 4cm 的方块，把方块的 4 个角向中心各切一刀，中间稍连，再将 4 个角左侧的一半提起，用蛋液把各半都粘在面皮中心即成生坯。

（3）生坯熟制　把油烧到 90℃ 热时，将生坯下锅，待酥展开，升温至 120℃，浮出油面呈浅黄色即熟。捞出沥油，码于盘内，上边撒上少许白糖即可。

二十、菊花酥饼

1. 原料配方（以 15 只计）

（1）馅料　硬豆沙馅 100g。

（2）坯料

① 干油酥　低筋面粉 150g，熟猪油 75g。

② 水油面　中筋面粉 150g，温水 75mL，熟猪油 35g。

（3）辅料　鸡蛋 1 个，熟猪油 1kg（耗 50g）。

2. 制作过程

（1）面团调制

① 干油酥调制　将低筋面粉放在案板上，加入熟猪油，拌匀擦成干油酥。

② 水油面调制　将中筋面粉放在案板上，扒一个窝，加上温水、熟猪油揉擦成水油面。

（2）生坯成型　将水油面按成中间厚周边薄的皮，包入干油酥，收口提紧向上，按扁，擀成长方形，横叠三层，如此做法重复再叠一次三层，擀成长 20cm、宽 12cm 的长方形酥皮。用刀修齐四周，改成 4cm 边长的正方形 15 块。

将酥皮四周涂上蛋清，中心放上馅心 15，提紧收口、抹上蛋清、向下放置，按扁成圆饼状，用快刀在圆饼四周先按四等份切成 4 个口子，长约半径的 2/3，再在每一等份中切三个口子将其再分成四等份，整个圆周分成 16 等份。用手将每一等份逐个翻转 90°，也就是将切口向上，露出酥层和馅心，在中心部分刷上蛋液，即成生坯。

（3）生坯熟制　将油锅加温至 90℃，下入生坯，稍静置后逐渐升温至 120℃，将生坯炸成上浮至油面，酥层张开即可出锅。

二十一、蟹壳黄

1. 原料配方（以 12 只计）

（1）坯料

① 油酥面　面粉 150g，熟猪油 75g。

② 烫酵面　面粉 150g，酵面 75g，食碱水 5mL，开水 75mL，冷水 15mL。

（2）馅料　猪板油 100g，白糖 75g。

（3）辅料　饴糖水 15mL，冷水 15mL，花生油 15mL。

（4）饰料　脱壳白芝麻 100g。

2. 制作过程

（1）馅心调制　将猪板油去薄膜，切成细丁，与白糖擦匀腌渍 3 天即成糖板油馅。

（2）面团调制

① 干油酥调制　将面粉放在案板上，扒一窝塘，加入熟猪油用手掌和匀擦透即成。

② 烫酵面调制　将面粉放案板上，扒一窝塘，先用开水烫成雪花状面，晾凉后再加入酵面、冷水揉和成光滑有劲的面团，醒发 30min（以夏季为例）。待面团醒好后，加入适量食碱水揉匀揉透即可。

（3）生坯成型　将烫酵面团置于案板上，擀成 1cm 厚的长方形面片，把油酥面均匀地铺在面片上，卷成筒状，再擀成长方形面片，一折三层，最后再擀平，卷成圆柱体，下成 15 个剂子。

用手掌从剂子侧面按扁，逐个擀成中间稍厚、边缘较薄的圆形面皮，包入糖板油馅，收口后按成扁圆形，在生坯的正面刷上饴糖水，粘上芝麻即成生坯。

（4）生坯熟制　在生坯的反面沾上少许冷水，随即贴于烘炉上烘烤 5min 左右，见饼面色泽金黄即可，取出装盘。

二十二、南部方酥

1. 原料配方（以 30 只计）

（1）坯料

① 水油面　面粉 400g，老酵面 150g，食碱 3g，冷水适量。

② 干油酥　面粉 600g，猪油 300g。

（2）馅料　绵白糖 150g，熟芝麻 100g，熟猪油 100g。

（3）饰料　芝麻 100g。

2. 制作过程

（1）面团调制　把 400g 面粉加入老酵面拌和均匀，反复揉制成有筋性的面团，置于 25℃ 以上的温度中自然发酵 2h。再加入食碱揉匀，分成小剂子，包入 600g 面粉与猪油擦制成的油酥面团。

（2）生坯成型　经过擀开、卷回、对折再擀开、卷回的方法，使之有层次后包入用绵白糖、熟芝麻、熟猪油拌匀的馅料。

（3）生坯熟制　将沾上芝麻再切成 5cm 见方的坯饼放在平底锅上烙制，有芝麻面先朝下，有焦点后翻面朝上再烙另一面，定型后放入烤炉烤至淡黄色出炉。

二十三、盘丝饼

1. 原料配方（以 20 只计）

（1）坯料

① 干油酥　低筋面粉 300g，熟猪油 150g。

② 水油面　中筋面粉 300g，熟猪油 75g，精盐 5g，五香粉 1g，开水 75mL，冷水 35mL。

（2）辅料　鸡蛋 1 个，色拉油 1L（实耗 50mL）。

2. 制作过程

（1）面团调制

① 干油酥调制　将面粉放案板上，扒一窝塘，加入熟猪油拌匀，用手掌根部擦成干油酥。

② 水油面调制　将面粉放案板上，扒一窝塘，加开水烫成雪花面，稍晾凉再加冷水、熟猪油、精盐、五香粉和成水油面，饧制 15min。

（2）生坯成型　将水油面按成中间厚周边薄的皮，包入干油酥，收口捏紧朝上，按扁后擀成长方形，对折叠起，再擀成 1mm 厚的长方形薄皮，将一长边修齐，卷成 5cm 直径的圆柱体，收边用蛋液粘起，用刀沿截面横切成 1cm 厚的圆坯 20 片。

将有酥纹的面朝上，按扁后再擀成 8cm 直径的圆饼，成盘丝饼生坯。

（3）生坯熟制　将平底锅上中火，倒入色拉油加热至 90℃，放入生坯煎制，不断翻身，煎成两面酥层清晰、金黄色即可装盘。

二十四、鸳鸯酥盒

1. 原料配方（以 15 只计）

（1）坯料

① 干油酥　低筋面粉 150g，熟猪油 75g。

② 水油面　中筋面粉 150g，温水 75mL，熟猪油 15g。

（2）馅料　硬枣泥馅 150g，硬豆沙馅 150g。

（3）辅料　鸡蛋 1 个，色拉油 2L（实耗 50mL）。

2. 制作过程

（1）面团调制

① 干油酥调制　将低筋面粉放案板上，扒一窝塘，加入熟猪油拌匀，用手掌根部擦成干油酥。

② 水油面调制　将中筋面粉放案板上，扒一窝塘，加温水、熟猪油和成水油面，揉匀揉透饧制 15min。

（2）生坯成型　将水油面按成中间厚周边薄的皮，包入干油酥，收口向上，擀成长方形面皮，一次三折，再擀成 1mm 厚的长方形面皮，将一长边修齐，卷起成 4.5cm 直径的圆柱体。用刀沿截面横切成 0.8cm 厚的圆坯 30 片。

先取两片，将每一片截面（有纹路的面）朝上擀成椭圆形薄皮，一面刷上蛋清，分别放上豆沙馅、枣泥馅，顺长对折成半圆形，将一头捏粗、另一头提尖，将两只的尖端分别压在另一只的粗端上。形成太极图案（接触部分抹上蛋清），边沿对齐捏紧捏薄，绞出绳状花边即成生坯（花边上可抹些蛋清）。

（3）生坯熟制　将油锅放油加温至 90℃，下入生坯，稍静置后，逐渐升温至 120℃，将生坯炸成酥层清晰、色呈淡黄即可出锅，沥油装盘。

二十五、萱花酥

1. 原料配方（以 15 只计）

（1）坯料

① 干油酥　低筋面粉 150g，熟猪油 75g。

② 水油面　中筋面粉 150g，温水 75mL，熟猪油 15g。

（2）馅料　红小豆 150g，熟猪油 35g，白糖 75g，糖桂花 5g。

（3）辅料　鸡蛋 1 个，色拉油 2L（耗 50mL）。

2. 制作过程

（1）馅心调制　将红小豆放水锅中煮烂，晾凉后过筛成泥；炒锅上火，放入白糖、熟猪油、红豆泥，用小火熬至稠厚出锅，加进糖桂花晾凉即可。

（2）面团调制

① 干油酥调制　将低筋面粉放案板上，扒一窝塘，加入熟猪油拌匀，用手掌根部擦成干油酥。

② 水油面调制　将中筋面粉放案板上，扒一窝塘，加温水、熟猪油和成水油面，揉匀揉透饧制 15min。

（3）生坯成型　将水油面按成中间厚周边薄的皮，包入干油酥。收口向上，擀成长方形面皮，一次三折，再擀成 1mm 厚的长方形面皮，将一长边修齐。卷起成 5cm 直径的圆柱体。用刀沿截面横切成 2.5cm 长的小圆段 15 个。

用刀把每一段沿圆心对半剖开，共成 30 个半圆柱体，将半圆柱体的面坯切面朝上，顺纹路擀成长方形皮，包进枣泥馅，收口捏紧朝下，涂上蛋清，有纹的一面朝上，稍按扁即成圆形生坯。

（4）生坯熟制　将油锅加温至 90℃，下入生坯，稍静置后逐渐升温至 120℃，将生坯炸成酥层清晰、色呈白色即可出锅。

二十六、佛手酥

1. 原料配方（以 15 只计）

（1）坯料

① 干油酥　低筋面粉 150g，熟猪油 75g。

② 水油面　中筋面粉 150g，温水 75mL，熟猪油 15g。

（2）馅料　红小豆 150g，熟猪油 35g，白糖 75g，糖桂花 5g。

（3）辅料　鸡蛋 1 个，色拉油 2L（耗 50mL）。

2. 制作过程

（1）馅心调制　将红小豆放水锅中煮烂，晾凉后过筛成泥；炒锅上火，放入白糖、熟猪油、红豆泥，用小火熬至稠厚出锅，加进糖桂花拌匀晾凉备用。

（2）面团调制

① 干油酥调制　将低筋面粉放案板上，扒一窝塘，加入熟猪油拌匀，用手掌根部擦成干油酥。

② 水油面调制　将中筋面粉放案板上，扒一窝塘，加温水、熟猪油和成水油面，揉匀揉透饧制 15min。

（3）生坯成型　将水油面按成中间厚周边薄的皮，包入干油酥，收口捏紧向上，按扁，擀成长方形，横叠三层。如此做法重复再叠一次三层，擀成长 20cm、宽 12cm 的长方形酥皮。用刀修齐四周，改成 4cm 边长的正方形 15 块。

在每张酥皮的四周涂上蛋液，中间放入馅心包起，收口捏紧向下，制成椭圆形生坯。再在有馅的 2/3 处按扁成铲刀状，用快刀在此切出 10 根条（坯子小可少一些），成 10 根"手指"，中间 8 根手指头不切断，拇指、小指与中间 8 指之间完全切断，然后在中间 8 只指头的反面涂上蛋清，将向反面弯曲，贴在反面的手掌处粘牢，手掌弓起，拇指和小指落地撑起，在中腰处用手稍捏细即成生坯。

（4）生坯熟制　将油锅放油加温至 90℃，下入生坯（收口向下），稍静置后逐渐升温 120℃，不断翻面，将生坯炸成手指起层、酥层清晰、色呈白色即可出锅。

二十七、藕丝酥

1. 原料配方

(1) 坯料

① 干油酥　低筋面粉 150g，熟猪油 75g。

② 水油面　中筋面粉 150g，温水 75mL，熟猪油 15g，柠檬黄色素适量。

(2) 馅料　莲子 150g，熟猪油 35g，白糖 75g，糖桂花 5g。

(3) 辅料　鸡蛋 1 个，发菜丝 15g，色拉油 2L（耗 50mL）。

2. 制作过程

(1) 馅心调制　将莲子洗净后放水锅中煮烂，晾凉后过筛成泥；炒锅上火，放入白糖、熟猪油、莲子泥，用小火熬至稠厚出锅，加进糖桂花晾凉即可。

(2) 面团调制

① 干油酥调制　将低筋面粉放案板上，扒一窝塘，加入熟猪油拌匀，用手掌根部擦成干油酥。

② 水油面调制　将中筋面粉放案板上，扒一窝塘，加温水、熟猪油和成水油面，揉匀揉透饧制 15min。

(3) 生坯成型　取 10g 水油面加柠檬黄色素调成黄色面团；将水油面按成中间厚、周边薄的皮，包入干油酥，收口捏紧向上，按扁，擀成长方形面皮，横叠三层。如此重复再叠一次三层，擀成长 15cm 见方的正方形酥皮。用刀修下四周毛边，再切成 0.5cm 宽、15cm 长的条子 30 根。涂上蛋清，朝一个方向翻，将刀切面朝上，分成 5 等份。6 根一份，互相粘连组成一长方块。顺长捏拢，擀平，涂上蛋清。另将修下的四周毛边揉成团，擀成和长方块一样大小的薄皮 5 张，蒙在涂过蛋清的长方块上，顺着纹路稍擀。

把莲蓉馅分成 5 等份，搓成 5 根长条，每根顺长摆在酥皮上（和酥皮一样长），由外向里卷起（酥层在外）．收边处涂上蛋清粘牢，收口向下，用刀切成段相等长度的段子，计15段。

将每段捏成有3节的藕段，一端涂上蛋清，提拢提紧，再粘上发菜丝，成藕根端。另一端捏拢，用黄水油面搓成细条做成藕的嫩芽尖，沾上蛋清插入收口处捏紧。再取少许水油面，搓成细丝沾满蛋清，滚上发菜丝，在两个藕节处绕上一圈，接头粘好向下，细端微弯一些，即成生坯。

（4）生坯熟制　将油锅加温至90℃，下入生坯（收口向下），静置后逐渐升温120℃，不断翻面，将生坯炸成色泽洁白、酥层清晰即可出锅。

二十八、双麻酥饼

1. 原料配方（以20只计）

（1）坯料

① 干油酥　低筋面粉150g，熟猪油75g。

② 水油面　中筋面粉150g，温水75mL，熟猪油15g。

（2）馅料　红小豆150g，熟猪油35g，白糖75g，糖桂花5g。

（3）辅料　鸡蛋1个，色拉油2L（耗50mL）。

（4）饰料　脱壳白芝麻150g。

2. 制作过程

（1）馅心调制　将红小豆放水锅中煮烂，晾凉后过筛成泥；炒锅上火，放入白糖、熟猪油、红豆泥，用小火熬至稠厚出锅，加进糖桂花晾凉即可。

（2）面团调制

① 干油酥调制　将低筋面粉放案板上，扒一窝塘，加入熟猪油拌匀，用手掌根部擦成干油酥。

② 水油面调制　将中筋面粉放案板上，扒一窝塘，加温水、熟猪油和成水油面，揉匀揉透饧制15min。

（3）生坯成型　将水油面按成中间厚、周边薄的皮，包入干油酥。收口捏紧向上，按扁，擀成长方形面皮，折叠3层，再擀成长方形，顺长边切齐，由外向里卷起，卷成 3cm 直径的圆柱体，用蛋清封口。卷紧后搓成长条，摘成 20 只剂子。

将每只剂子侧按，擀成坯皮，周边抹上蛋清。包入馅心，然后将收口捏紧朝下放。制成心饼状。在每只饼的正反表面抹上蛋清，再粘上芝麻成生坯（收口朝下放）。

（4）生坯熟制　将生坯排放在烤盘中，以 220℃，烤制 15min，至色泽金黄即可。

二十九、金钱萝卜饼

1. 原料配方（以 20 只计）：

（1）坯料

① 干油酥　低筋面粉 300g，熟猪油 150g。

② 水油面　中筋面粉 300g，熟猪油 45g，温水 115mL。

（2）馅料　白萝卜 500g，熟火腿末 50g，猪板油蓉 60g，白糖 15g，精盐 7g，味精 3g，熟白芝麻 15g，葱末 25g，芝麻油 15mL。

（3）辅料　锡纸 1 张。

2. 制作过程

（1）馅心调制　将白萝卜洗净、去皮，切成细丝，加精盐腌渍 30min，用洁净纱布去水分。另将熟火腿末、猪板油蓉、芝麻油、葱末、白糖、熟白芝麻、味精一起放入盆中，倒入萝卜丝拌匀，分成 30 份馅心，搓捏成球形待用。

（2）面团调制

① 干油酥调制　将低筋面粉放在案板上，加入熟猪油，拌匀擦成干油酥。

② 水油面调制　将中筋面粉放在案板上，扒一个窝，加上温水、熟猪油揉擦成水油面。

（3）生坯成型　将水油面按成中间厚周边薄的皮，包入干油酥，收口向上，擀成长方形面皮，一次三折，再擀成 1mm 厚的长方形面皮，将一长边修齐，卷起成 4cm 直径的圆柱体，用蛋清封口。用刀沿截面横切成 20 段。截面向上擀成直径为 7cm 的皮子，放入萝卜丝馅，包拢封口，用蛋清粘牢，放案板上（收口向下）按扁成金钱状。

（4）生坯熟制　取平底锅一只，锅底先铺上一层锡纸，将饼坯正面朝下，排列在锅中锡纸上，盖上锅盖，放入大圆底锅内。将圆底锅置于炉上，用小火烘烤 40min，适当翻身，待饼面呈淡黄色时即成。

三十、葱油火烧

1. 原料配方（以 20 只计）

（1）坯料

① 油酥面　面粉 150g，色拉油 75mL。

② 稀油酥　面粉 150g，色拉油 150mL，精盐 5g。

③ 烫面　面粉 750g，开水 350mL，冷水 150mL。

（2）馅料　猪板油 175g，葱末 250g，精盐 3g，味精 1g。

（3）辅料　色拉油 25mL。

2. 制作过程

（1）馅心调制　将猪板油去膜切丁，加入精盐腌制 2h，与葱末、味精拌匀。

（2）面团调制

① 油酥调制　取面粉放案板上，扒一窝塘，加热色拉油擦成干油酥；另取面粉、色拉油、精盐调成稀油酥。

② 烫面调制　将面粉放入案板上，扒一窝塘，加入开水烫成雪花面，再淋入冷水揉成软面团，反复揉搓上劲，饧制 15min。

（3）生坯成型　在案板抹上色拉油，将烫面团的一半置于案板上，用手掌按成长方形，将一半干油酥均匀地涂在上面，卷成长条，摘成 10 只面剂，将面剂逐只按扁按平。右手提起面皮的一端，将面皮摔搋成长条（长约 30cm、宽约 6cm），整齐地排列在案板上。然后取稀油酥面的一半，均匀地抹在 10 张面皮上，再将葱末板油丁馅的一半均匀地涂在上端。从上端开始将面皮提起，包住馅心，卷成圆筒状，再竖起来，按成圆饼形状，即成生坯。另一半如法炮制。

（4）生坯熟制　将圆形平板铁锅放在火上烤热，刷上色拉油。将火烧生坯放在上面烙，边烙边将圆饼面积按大（约至 12cm 直径）。转移圆饼位置，待饼底出现黄色斑时，翻身烙另一面，并刷一遍色拉油，当另一面也出现黄色斑时，即可将火烧坯依次顺序排放在平板铁锅下面炉壁旁，利用炉内的高温把火烧烘烤成熟。

当炉内火烧面呈金黄色，并起鼓时，再刷上一遍色拉油即可将葱油火烧出炉。

三十一、酥油饼

1. 原料配方（以 15 只计）

（1）坯料

① 干油酥　面粉 150g，花生油 75mL。

② 水油面　面粉 220g，开水 75mL，花生油 35mL，冷水 20mL。

（2）辅料　白糖 50g，桂花碎 15g，玫瑰花碎 15g，青梅碎 15g，花生油 2L（实耗 40mL）。

2. 制作过程

（1）面团调制

① 干油酥调制　将面粉放案板上，扒一窝塘，加入花生油拌匀后，用手掌掌根部分搓擦成面团即成。

② 水油面调制　将面粉放案板上，扒一窝塘，加入开水烫成雪花状面块，晾凉后，再加入花生油、冷水充分揉搓成柔软光滑的面团，饧制 15min。

（2）生坯成型　将水油面按成中间厚周边薄的皮，包入干油酥，收口向上，擀成长方形面皮，一次三折。再擀成 1mm 厚的长方形面皮，将一长边修齐。卷起成直径 4.5cm 的圆柱体。用刀沿截面横切成 1cm 厚的圆坯 15 片，将每一片截面（有纹路的面）朝上擀成直径 8cm、厚 0.5cm 的圆饼，中间用手提起，自中心向四周摊开成碗形圆饼生坯。

（3）生坯熟制　将花生油倒入锅中，加热至 90℃ 时下入饼坯炸制，逐渐升温至 120℃，当饼坯上浮时翻面再炸，直至饼坯两面呈白色、体积膨大、层次清晰捞出，撒上白糖、桂花碎、青梅碎或玫瑰花碎即可。

三十二、火腿酥角

1. 原料配方（以 15 只计）

（1）坯料

① 水油面　面粉 200g，鸡蛋 75g，黄油 30g，白糖 10g，冷水 50mL。

② 干油酥　面粉 150g，黄油 250g。

（2）馅料　西式火腿 200g，葱花 50g，姜末 10g，精盐 3g，味精 3g。

2. 制作过程

（1）馅心调制　将西式火腿切丁，与葱花、姜末、精盐、味精一起拌匀成馅。

（2）面团调制

① 水油面调制　将面粉放案板上，扒一窝塘，加入鸡蛋、黄油、白糖、水调成水油面，饧制 15min。

② 干油酥调制　将面粉放案板上，扒一窝塘，加入软化的黄油擦拌均匀，按擀成方形块，包上保鲜膜，放入冰箱冻成一定硬度。

（3）生坯成型　将水油面揉匀揉透后，擀成长方形，与干油酥同样宽、两倍长；将干油酥放于水油面皮的一端上面，将另一半覆于干油酥上，封好口，采用擀、敲、压等相结合的方式擀成长方形，横叠四层。如此重复再叠一次四层，一次两层，再擀成厚约1cm的长方形酥皮。

将酥皮改刀切成5cm见方的块，中间沿对角放上馅心，对角对叠，压紧表面抹上蛋液即成生坯。

（4）生坯熟制　将生坯放在刷过油的烤盘中，入面火、底火都是190℃的烤箱中烤15min，至酥层清晰、呈金黄色即可。

三十三、凤梨酥

1. 原料配方（以15只计）

（1）坯料

① 水油面　面粉200g，鸡蛋75g，白糖10g，冷水50mL。

② 干油酥　面粉150g，黄油250g。

（2）馅料　凤梨肉500g，白糖75g，熟猪油35g，湿淀粉15g。

（3）辅料　色拉油2L（实耗50mL）。

2. 制作过程

（1）馅心调制　将凤梨肉切成细粒，与白糖、熟猪油一起下锅炒制，再用湿淀粉勾芡，晾凉备用。

（2）面团调制

① 水油面调制　将面粉放案板上，扒一窝塘，加入鸡蛋、白糖、冷水调成水油面，饧制15min。

② 干油酥调制　将面粉放案板上，扒一窝塘，加入软化的黄油擦拌均匀，按擀成方形块，包上保鲜膜，放入冰箱冻成一定硬度。

（3）生坯成型　将水油面揉匀揉透后，擀成长方形（与干油酥同样宽、两倍长），将干油酥放于水油面皮的一端上面，将另一半覆于干油酥上，封好口，采用擀、敲、压相结合的方式擀成长方形，由两头向中间叠四层后，再擀成0.3cm厚的长方形薄皮，将一头修齐，卷起成5cm直径的筒状，用刀沿截面切成圆坯；再将圆坯截面向上擀成0.1cm厚的坯皮，包上凤梨馅，捏褶封口后按成扁圆形（封口向下）即成生坯。

（4）生坯熟制　将生坯放入 90℃ 的油饼中炸制。逐渐升温全部 120℃，炸成酥层清晰、金黄色即可出锅。

三十四、蜜汁叉烧酥

1. 原料配方（以 15 只计）

（1）坯料

① 水油面　中筋面粉 200g，蛋液 50mL，白糖 15g，黄油 25g，冷水 60mL。

② 干油酥　低筋面粉 200g，黄油 170g。

（2）馅料　叉烧肉 150g，叉烧酱 50g。

（3）饰料　蛋清 15mL，脱壳白芝麻 50g。

（4）辅料　色拉油 2L（实耗 30mL）。

2. 制作过程

（1）馅心调制　将叉烧肉切成指甲片，加入叉烧酱拌匀成馅。

（2）面团调制

① 水油面调制。将面粉放案板上，扒一窝塘，加入蛋液、白糖、水调成水油面，饧制 15min。

② 干油酥调制　将面粉放案板上，扒一窝塘，加入软化的黄油擦拌均匀，按擀成方形块，包上保鲜膜，放入冰箱冻成一定硬度。

（3）生坯成型　将水油面面团擀成与干油酥一样宽，双倍长的面皮，再将干油酥放在水油面的一端，将另一半面皮盖于其上，将上下水油面的边捏拢后封好口，再用擀面杖将酥皮敲软，擀成长方形薄皮，由两头向中间横向叠成四层。如此重复做法再叠一次四层，稍擀薄，按"十"字形改刀切成四块，互相叠在一起，擀平整后入冰箱冻硬。

酥皮冻硬后取出，用刀沿截面斜批成薄片。沿着纹路擀开，切成长方形，涂上蛋清，顺长边（垂直纹路）放上馅心，卷成长圆柱形，两头压紧切齐，抹上蛋液，粘上芝麻；封口在底部正中。沿着封口抹上蛋清，粘上芝麻即成枕头状生坯。

（4）生坯熟制　将枕头状生坯放入90℃的油锅中炸制，逐渐升温至120℃，炸成酥层清晰、淡黄色即可。

三十五、大救驾

1. 原料配方（以15只计）

（1）坯料

① 干油酥　面粉200g，熟猪油100g。

② 水油面　面粉300g，熟猪油50g，温水115mL。

（2）馅料　猪板油150g，冰糖35g，红绿丝35g，青梅25g，橘饼35g，核桃仁25g，糖桂花15g，白糖120g。

（3）辅料　花生油2L（耗150mL）。

2. 制作过程

（1）馅心调制　将猪板油去膜，切成0.5cm见方的丁；橘饼、核桃仁、青梅、红绿丝加工成粒；冰糖碾碎；将以上加工好的原料加入白糖、糖桂花拌和均匀成馅。

（2）面团调制

① 干油酥调制　将面粉放在案板上，加入熟猪油，拌匀擦成干油酥。

② 水油面调制　将面粉放在案板上，扒一个窝，加上温水、熟猪油揉擦成水油面。

（3）生坯成型　将油酥面、水油面各下面剂15个，用小包酥的方法开酥后，从卷筒中间切开分成两个剂子。将刀口朝上，用擀面杖擀成直径7cm的圆形坯皮，将酥层清晰的一面朝外，包入馅心，按成饼状。

（4）生坯熟制　将花生油倒入锅中加热至90℃，下入生坯氽至出现层次，逐渐提高温度至120℃炸至制品层次分明，再升高油温至150℃再炸20s，使成品色泽淡黄即可。

三十六、韭菜盒子

1. 原料配方（以 20 只计）

（1）坯料

① 干油酥　面粉 200g，熟猪油 100g

② 水油面　面粉 300g，熟猪油 50g，温水 115mL。

（2）馅料　猪肉泥 500g，酱油 35mL，韭黄末 250g，味精 3g，盐 3g，白糖 15g。

（3）辅料　色拉油 1L（耗 75mL）。

2. 制作过程

（1）馅心调制　将猪肉泥放入盆中，加上韭黄末、酱油、味精、盐、白糖拌匀成馅。

（2）面团调制

① 干油酥调制　将面粉放在案板上，加入熟猪油，拌匀擦成干油酥。

② 水油面调制　将面粉放在案板上，扒一个窝，加上温水、熟猪油揉擦成水油面。

（3）生坯成型　将油酥面、水油面各分成 10 个小面剂。用小包酥的方法开酥。卷成筒状，改刀成 2 段。将切好的面剂刀口朝上，擀成直径 8cm 的圆形坯皮。逐个将坯皮，包入馅心，对折成半圆形，将边捏紧，绞上花边。

（4）生坯熟制　将平底锅置中火上，下入熟猪油烧至 150℃，放入制品生坯，炸至上浮、表面呈微黄色、体积膨大即成。

三十七、广式月饼

1. 原料配方（以 10 只计）

（1）坯料　面粉 150g，糖浆 100g，花生油 30mL，碱水 3mL。

（2）馅料　猪板油 100g，白糖 100g，杏仁碎 75g，瓜子仁碎

75g，榄仁碎 50g，熟芝麻 25g，橘饼碎 35g，玫瑰糖 35g，花生油 15mL，冷水 50mL，熟米粉 50g。

（3）饰料　蛋液 25mL。

（4）辅料　冷水 15mL。

2. 制作过程

（1）馅心调制　提前将猪板油去膜后切细丁，加上白糖腌透；再将杏仁碎、榄仁碎、熟芝麻、瓜子仁碎、橘饼碎、花生油、玫瑰糖、冷水搅拌均匀，拌入熟米粉，静置 30min。

（2）面团调制　将面粉过筛，取 2/3 的面粉加糖浆、花生油、碱水和匀后拌匀擦透，静置 30min，再加入 1/3 的面粉揉匀成团。

（3）生坯成型　将面团下剂压扁，包入馅料，放入月饼模中用手压平压实，然后轻轻将饼拍出，放入烤盘中即可。

（4）生坯熟制　饼坯表面刷上冷水，入烤箱以上下火 220℃ 烤至半熟，取出刷上蛋液，继续烤制成熟即可。

三十八、波丝油糕

1. 原料配方（以 10 只计）

（1）坯料　面粉 300g，熟猪油 150g，开水 75mL。

（2）馅料　蜜枣 300g，白糖 25g，蜜玫瑰碎 35g，熟猪油 100g。

（3）辅料　菜籽油 2L。

2. 制作过程

（1）面团调制　将面粉放案板上，扒一窝塘，加开水烫匀，冷却后分次加入熟猪油揉匀揉透，盖上湿布饧制 10min。

（2）馅心调制　将蜜枣上笼蒸软，去核，捣成枣蓉，加入白糖、蜜玫瑰碎、熟猪油等，擦拌匀成馅。

（3）生坯成型　将面团揉匀揉光，搓条下剂，擀成圆形坯皮，包上馅心，收口后按成饼形即可。

（4）生坯熟制　将菜籽油入锅烧至 180℃，下入饼坯用中小火炸制，当制品顶部突起呈蜘蛛网状、色泽金黄时即可。

三十九、徽州饼

1. 原料配方（以 20 只计）

（1）坯料

① 烫面　面粉 300g，开水 150mL，冷水 35mL。

② 干油酥　面粉 200g，熟猪油 100g。

（2）馅料　红枣 750g，熟猪油 200g，白糖 350g。

（3）辅料　花生油 75mL。

2. 制作过程

（1）馅心调制　将红枣加冷水煮烂取出，晾凉后搓成泥状，过筛出去皮核。锅中加入熟猪油和白糖，待白糖熔化后，加入枣泥，用小火熬制成稍硬的枣泥馅。

（2）面团调制

① 干油酥调制　将面粉放在案板上，加入熟猪油，拌匀擦成干油酥。

② 烫面调制　将面粉放案板上，扒一窝塘，加上开水调成雪花状，稍晾凉后，分次加入冷水，反复揉擦上劲，稍饧制 10min。

（3）生坯成型　将烫面团揉匀，搓成长条，从中间开一道口，包入干油酥卷起，搓成长圆条，摘成面剂。将面剂逐个按成圆面皮，包入枣泥馅，将口捏紧，收口向下，用小擀面杖轻轻擀成直径约 7cm、厚薄均匀的圆饼，即成生坯。

（4）生坯熟制　将平底锅烧热，刷上花生油，将生坯放入锅底，待一面煎至微黄色时，翻身煎另一面，如此反复几次，煎至两面金黄即可。

四十、烧阳酥

1. 原料配方（以 30 块计）

（1）坯料

① 水油面　面粉 750g，猪油 200g，温水 200mL。

② 干油酥　面粉 400g，猪油 200g。

（2）馅料　豆沙馅 2000g，糖渍板油 180g，植物油 25g。

2. 制作过程

（1）水油面调制　先将猪油和温水放入面盆内搅拌，然后加入面粉搅拌，使充分吸水，最后揉制成软硬适宜的水油面团。

（2）干油酥调制　将面粉放案板上，扒一窝塘，与猪油充分搅拌均匀，用手掌根部擦匀擦透，形成干油酥。

（3）馅心调制　将糖渍板油切成小丁，加到豆沙馅中充分搅拌均匀，然后分成块。

（4）生坯成型　将水油面团搓揉成团，按扁，包进干油酥，捏紧，收口朝上。撒上少许干粉，按扁，用擀面杖擀成长方形薄皮。擀平，多次折叠，然后擀成薄片，切成长方形，包入馅心，四边向里面裹，最后表面刷上油即可。

（5）生坯熟制　将生坯放入烤盘送入 180℃的烤箱烘烤 10～15min，待馅心糖渍板油受热熔化，酥皮呈乳白色且松发即可。

四十一、三酥饼

1. 原料配方（以 20 只计）

（1）坯料

① 水油面　面粉 500g，花生油 65mL，饴糖 120g，冷水 225mL。

② 干油酥　面粉 250g，花生油 25mL。

（2）馅料　熟面粉 500g，生籼米粉 100g，花生油 300mL，糖粉 250g，黑芝麻屑 150g，精盐 5g。

（3）饰料　白芝麻 40g。

2. 制作过程

（1）水油面调制　按配方比例将面粉、花生油、饴糖、冷水等混合后揉制成团，形成水油面。

（2）干油酥调制　将面粉放在案板上，加入花生油拌匀，然后用手掌根部擦制成团。

（3）馅心调制　先将馅料中除了生籼米粉、黑芝麻屑之外的其他原料拌匀；然后把生籼米粉蒸熟，烘干，过筛后拌入。

（4）生坯成型　将水油面团搓揉成团，按扁，包进干油酥，捏紧后收口朝上。撒上少许干粉，按扁，然后用面杖擀成长方形薄皮。将皮料擀成 0.7cm 厚，再卷成长条，分量切成小坯，包酥时应将面头切口向内折入，用手稍微按压后，再包入馅料，擀压成饼状。饼表面粘上适量白芝麻。

（5）生坯熟制　烘烤温度上火、下火均为 180℃，烤制 20min即可。

四十二、枣仁酥

1. 原料配方（以 20 只计）

（1）坯料

① 水油面　中筋面粉 500g，猪油 60g，冷水 200mL。

② 干油酥　低筋面粉 500g，熟猪油 250g。

（2）馅料　枣泥馅 350g。

2. 制作过程

（1）水油面调制　将猪油和冷水投入中筋面粉中，用温水先将油和糖拌匀，加粉揉制成团，略饧制一会。

（2）干油酥调制　将低筋面粉和猪油，放在案板上用掌根部擦匀擦透。

（3）生坯成型　将水油面团搓揉成团，按扁，包进干油酥，捏紧，收口朝上。撒上少许干粉，按扁，用面杖擀成长方形薄皮。然后将长方形薄皮由两边向中间叠为 3 层，叠成小长方形。再将小长方形擀成大长方形，顺长边由外向里卷起，卷成筒状。卷紧后搓成长条，摘成 20 只剂子。从中间切开，切口朝下，擀成薄圆形。

（4）生坯成型　取油酥皮一小块，中间放枣泥馅，捏成枣形。

（5）生坯熟制　以 150℃油炸，炸制成熟即可。

四十三、一捏酥

1. 原料配方（以 30 只计）

面粉 500g，白芝麻 250g，核桃仁 250g，白糖粉 750g，熟猪油 200g。

2. 制作过程

（1）面团调制　将白芝麻、核桃仁炒熟后，研成碎屑；面粉用小火炒熟备用。把芝麻屑、核桃仁屑、熟面粉、白糖粉拌和均匀。将熟猪油略加热熔后拌入并进行搓擦，直至能捏成团为止。

（2）制品成型　将粉团压入木模，脱模而成。

四十四、玫瑰饼

1. 原料配方（以 60 只计）

（1）坯料

① 水油面　面粉 750g，熟猪油 75g，冷水 350mL。

② 干油酥　面粉 360g，熟猪油 210g。

（2）馅料　净猪板油 250g，白糖 450g，鲜玫瑰花 500g。

2. 制作过程

（1）馅心调制　将净猪板油切成小丁；鲜玫瑰花洗净吸干水分加白糖、板油丁拌匀成馅。

（2）面团调制　盆内加面粉 360g、熟猪油 210g 搓成干油酥面团。另用面粉 750g、熟猪油 75g、冷水 350mL 等调成水油面团。

（3）生坯成型　用水油面包入油酥面，叠好，用擀面杖擀成大面片，卷成条状，摘成约 25g 一个的小面剂。逐个按成中间厚的圆皮，包入玫瑰馅适量，封好口，按成圆形。

（4）生坯熟制　入烤箱以 220℃，烤制 10min，烤熟即可。

四十五、浆酥饼

1. 原料配方（以 50 只计）

（1）坯料

① 水油面　面粉 500g，白糖 160g，饴糖 75g，熟猪油 100g，冷水 180mL。

② 干油酥　面粉 300g，熟猪油 150g。

（2）馅料　枣泥 1500g，核桃仁 400g，瓜仁 200g。

2. 制作过程

（1）熬制糖浆　先把饴糖和水以 2∶1 的比例混合熬制，再加入饴糖继续熬到 150℃时出锅，冷却备用。

（2）面团调制　提前 1～2 天把坯料用的白糖放入 40～60mL水中煮沸，煮到看不见糖粒为止，再加入饴糖搅拌均匀，待冷却后和面粉、熟猪油搅拌揉和，达到面团细腻、光润、稍起劲即可。

（3）干油酥调制　用面粉和熟猪油混合揉匀擦透。

（4）馅心调制　将枣泥平摊在案板上，将部分果仁均匀地铺在枣泥上，折卷成长条压成片，再铺上果仁折卷成长条状，切块备用。

（5）生坯成型　将面团和干油酥置于案板上，分成等量的块，用一块皮面包一块酥。先将皮子擀平，将酥摊在上面，包好后擀成 1m 长、0.4m 宽，用刀切成两片，卷成圆形，再搓成细条，切成剂子。

接着将剂子按扁，包入馅心。皮、馅重量之比为 4∶6。包馅成球状，入模压制，出模后，刷上蛋液，即可入炉烘烤。

（6）生坯熟制　将码好生坯的烤盘放入 170～180℃的烤炉内烘烤，时间 8～10min，即可出炉。

四十六、椒盐牛舌饼

1. 原料配方（以 20 只计）

（1）坯料

① 水油面　面粉 400g，熟猪油 80g，温水 180mL。

② 干油酥　面粉 400g，熟猪油 200g。

（2）馅料　熟面粉 110g，糖粉 140g，猪油 60g，花生米 20g，芝麻 50g，食盐 5g，花椒面 2g，冷水 15mL。

（3）饰料　面粉 50g，芝麻 50g。

2. 制作过程

（1）水油面调制　将面粉过筛后，至于案板上围成圈，投入熟猪油、温水搅拌均匀加入面粉，混合均匀后，用温水和匀，调成软硬适宜的筋性面团，分成两大块饧制，各下 20 个小剂。

（2）干油酥调制　将面粉过筛后，置于案板上，围成圈，加熟猪油擦成软硬适宜的油酥性面团，分成两大块，各分成 20 小块。

（3）馅心调制　将熟面粉、糖粉搅拌均匀，过筛后置于案板上，围成圈，把花生米、芝麻仁粉碎后置于中间，同时加入食盐、猪油和适量的水，搅拌均匀，与拌好糖粉的熟面粉擦匀，软硬适宜，分成两大块，各分为 20 小块。

（4）生坯成型　将饧好的水油面按成中间厚的扁圆形，取一小块油酥包入，破酥后，再擀成中间后的扁圆形，将馅包入，严封剂口，用手拍成长条椭圆形，然后用擀面杖擀成长 15cm、宽 6cm 的椭圆形薄饼，表面刷水粘好芝麻，在长度的中间用刀切开，分为两半，芝麻朝下，找好距离，摆入烤盘，准备烘烤。

（5）生坯熟制　将摆好生坯的烤盘送入炉内烘烤，炉温 180～220℃，待表面成微黄色翻过来，继续烘烤，熟透出炉，冷却后即可。

四十七、金钱饼

1. 原料配方（以 20 只计）

（1）坯料　面粉 300g，熟猪油 50g，温水 150mL。

（2）馅料　面粉 500g，白砂糖粉 250g，猪油 270g，桂花 10g，小苏打 3g，冷水 50mL。

（3）饰料　蛋液 25g，食用色素 0.005g。

2. 制作过程

（1）面团调制　将面粉过筛后，置于案板上，围成圈。把熟猪油、温水投入，搅拌均匀，混合均匀后，调成软硬适宜的水油面团，分成 20 块等量的小块，饧制。

（2）馅心调制　将面粉过筛后，置于案板上，围成圈。将白砂糖粉和已溶化的小苏打投入，然后将桂花用水调稀过筛置于白砂糖粉上，搅拌使其溶化，最后将猪油投入，充分搅拌乳化后，加入面粉，迅速调成软硬适宜的酥性面团，分成 20 等量小块备用。

（3）生坯成型　取一块和好的面团，擀成长方形，再把馅心擀成与面团大小相等的薄片，刷水后铺在面片上，用擀面杖擀成长方形薄片，用刀切成 3cm 的正方形，中间打一红点，干后表面均匀地刷上蛋液，摆入烤盘。

（4）生坯熟制　调好炉温，用 180℃烘烤，将摆好生坯的烤盘送入炉内烤 8min 左右，烤成底面黄褐色，表面金黄色即可。

四十八、五仁麻饼

1. 原料配方（以 40 只计）

（1）坯料

① 水油面　面粉 800g，花生油 200g，饴糖 150g，热水 350mL。

② 干油酥　面粉 500g，花生油 250g。

（2）馅料　蒸熟面粉 250g，芝麻油 300mL，绵白糖 750g，糖桂花 75g，糖玫瑰花 80g，芝麻 300g，瓜子仁 100g，核桃仁 100g，青梅 100g。

（3）饰料　芝麻 800g。

2. 制作过程

（1）水油面调制　将花生油和饴糖放在案板上，扒一窝塘，加入适量热水搅拌均匀，再及时加入面粉拌和，最后再加入剩余热水充分搅拌成软硬适中的面团。第一次加水量约为水总量的 1/2。将水油面团略冷却后，用手揉圆，再在面上抹一点油，放在案板上待用。

（2）干油酥调制　将面粉放入案板上，扒一窝塘，然后分次加入花生油搅拌均匀。

（3）馅心调制　把除芝麻油外的其他馅料全部放入馅盆内，略加搅拌，然后分次注入芝麻油，充分搅拌均匀。

（4）酥皮制作　将分割成块的水油面团切成两条长，再用手搓成长约 50cm 的圆条，以左手执条，右手三指分摘成均匀的小块，每条分 20 块。另将全部油酥面团用方木条框住，按平成一大方块约 1cm 厚，划成 40 块均匀小油酥块。制酥皮时用一小块水油面团包一小块油酥面团，用手略按平，再用擀面杖擀成约 9cm 长、4cm 宽的长椭圆形，在一端顺长约斜 30°卷起 3/4 面积，留下 1/4 基底，把卷起的长圆条复擀平，再从头卷起至基底处折 90°按在基底上，用手按一按略擀平，成油酥皮待用。

（5）生坯成型　左手取酥皮一块，酥皮基底向上放在案板上按成扁圆状，右手同时抓馅放在按扁的酥皮中心。左手托起饼身，右手顺酥皮包馅边缘逐步收口合拢，再以右手三指在收口处捏成三角形将收口封好。在封口处垫上一块小方纸，将垫纸面向上，左手圈住饼身，右手将饼揿成直径为 7cm 的饼。逐个做好后用稀蛋糊轻涂饼面后放入盛有芝麻的大匾中，略筛动匾身，使饼面粘上芝麻粒，如此再反过来上好另一面芝麻。

（6）生坯熟制　将上好芝麻的饼坯，以 2cm 间距离放入烤盘内，炉温控制在 200℃左右，烤制时间约为 12min。

四十九、一品烧饼

1. 原料配方（以 20 块计）

（1）坯料

① 干油酥　面粉 300g，花生油 150mL。

② 水油面　面粉 200g，芝麻油 50mL，小苏打 2g，温水 100mL。

（2）馅料　白糖 100g，青梅 50g，核桃仁 50g，糖桂花 50g。熟面粉 50g，芝麻油 35mL。

2. 制作过程

（1）馅心调制　将青梅、核桃仁切成丁，与面粉、白糖、芝麻油、糖桂花拌成馅料。

（2）干油酥调制　将烧到六成热的花生油与面粉搅匀，至浅黄色时，取出晾凉制成油酥。

（3）水油面调制　取部分面粉用 2/3 温水调成稀面糊，将小苏打用剩余温水化开，加面粉和成面团。

（4）生坯成型　将水油面放在刷有花生油的案板上揉几遍，擀成 0.2cm 厚的长方片。在面皮上放上油酥摊平，卷成卷，摘成面剂，揿成圆皮，包上馅料，封口朝下，刷上一层稀面糊，粘上芝麻，即成烧饼坯子。

（5）生坯熟制　将烧饼坯子放入烧至六成热的花生油中，炸至金黄色时，捞出即可。

五十、盐水烧饼

1. 原料配方（以 30 只计）

（1）坯料

① 水油面　面粉 360g，花生油 80mL，面肥 20g，碱液 2mL，冷水 140mL。

② 干油酥　面粉 360g，植物油 180mL。

（2）馅料　植物油 210mL，熟面粉 200g，花椒粉 10g，精盐 10g。

（3）辅料　芝麻 200g。

2. 制作过程

（1）水油面调制　将面粉和发好的面肥、碱液、冷水等放入案板上搅拌，呈团糊状，再投入适量花生油，搅拌成软硬适宜的面团，分块待用。

（2）干油酥调制　将植物油、面粉放入案板上，搅拌成干油酥。

（3）馅心调制　将植物油、精盐、花椒粉放入馅盆内搅拌，投入熟面粉，搅拌均匀备用。

（4）生坯成型　可按照大破酥的酥皮包馅方法进行包制。包好的生坯还要点水、粘芝麻。把粘好芝麻的生坯放在案板上，以10个为一组，双手用两块长500mm、宽60mm、厚10mm的木板，左右推动生坯。表面用木板压平，使块形整齐。

（5）生坯熟制　将生坯码入烤盘，入炉烘烤。进炉温度为190℃，经9～10min烤制，便可出成品。

五十一、酥盒子

1. 原料配方（以 20 只计）

（1）坯料

① 水油面　面粉 280g，熟猪油 50g，白糖 10g，冷水 120mL。

② 干油酥　面粉 280g，熟猪油 110g。

（2）馅料　枣泥 300g。

（3）辅料　植物油 1L（耗 30mL）。

2. 制作过程

（1）水油面调制　将面粉放在案板上，扒一窝塘，放入熟猪油、白糖和适量水调和均匀，静置 10min。

（2）干油酥调制　将面粉放在案板上，扒一窝塘，加入熟猪油，擦匀搓透，硬度适中。

（3）生坯成型　包制时将油酥面团搓成条，下成小剂，包入适量油酥面团，然后擀成椭圆皮，先三折，再对折，掉转90°，擀成长 15cm 左右，从上端向下卷 13cm，再横转 90°，将所余 2cm 擀长，将圆柱两端封起，稍按扁，放倒，横向居中切开。露出酥层，将酥层粘上干面，酥层向上，按平擀成薄片。将圆心花纹朝外，将馅放入中间，周围刷水，再擀一个面皮，沿圆周捏出花边，圆心仍朝外，覆盖在刷水的面皮上，捏成四周薄、中间鼓的圆饼。

（4）生坯熟制　将生坯放入 120～135℃ 的油炸炉炸制，炸到生坯浮出油面捞出沥油，即为成品。

五十二、松子枣泥宫饼

1. 原料配方（以 30 只计）

（1）坯料

① 水 油 面　面粉 750g，熟猪油 150g，饴糖 150g，开水 300mL。

② 干油酥　面粉 250g，熟猪油 125g。

（2）馅料　黑枣 200g，白砂糖 120g，松子仁 35g，糖猪板油丁 50g，糖桂花 15g。

2. 制作过程

（1）水油面调制　将面粉放在面盆中，加入熟猪油和饴糖，加入开水化开，先把面和成雪花状，在慢慢依次加水，把面揉匀揉透揉至光滑，面团用保鲜膜覆盖，静置 15min。

（2）干油酥调制　将熟猪油加入面粉中擦匀，搓成团备用。

（3）馅心调制　将黑枣去核、蒸熟、研细、炒制成枣泥。加入松子仁、糖桂花、白砂糖、糖猪板油丁，搅拌均匀成馅料。

（4）生坯成型　将水油面团逐个包入油酥面团，再包入馅料，按扁，盖印章。

（5）生坯熟制　置烤盘入炉，以 180℃ 烘焙成熟，取出冷却即可。

五十三、月宫饼

1. 原料配方（以 50 只计）

（1）坯料

① 水油面　面粉 200g，花生油 40mL，饴糖 30g，温水 60mL。

② 干油酥　面粉 100g，花生油 50mL。

（2）馅料　蒸熟面粉 100g，米粉 100g，绵白糖 375g，花生油 175mL，芝麻油 75mL，芝麻仁 125g，玫瑰花 25g，瓜子仁 25g，核桃仁 50g，青梅 50g。

2. 制作过程

（1）水油面团调制　将花生油和饴糖投入面粉中，用温水先将油和糖拌匀，加粉揉制成团，略饧制一会。

（2）干油酥调制　将面粉和花生油按配方混合，用手掌根部擦匀擦透。

（3）馅心调制　将所有馅料混合后，分次加入花生油和芝麻油，搅拌均匀，用手抓馅料起团不松散即可。

（4）生坯成型　将水油面团搓揉成团，按扁，包进干油酥，捏紧，收口朝上。撒上少许干粉，按扁，用面杖擀成长方形薄皮。然后将长方形薄皮由两边向中间叠为 3 层，叠成小长方形。再将小长方形擀成大长方形，用圆模具按下，成小酥皮。

视饼大小确定馅料的用量。馅与酥皮的比例为 7∶3。包馅后的饼坯用模或用手按成扁圆，直径为 12cm。将饼坯放入烤盘内使收口处向上，在饼坯身上戳十几个细孔，以防烘烤后饼身凸起。

（5）生坯熟制　炉温控制在 200℃ 左右，烤制时间约为 10min。

五十四、太史饼

1. 原料配方（以 50 只计）

（1）坯料

① 水油面　面粉 1000g，熟猪油 300g，饴糖 100g，温水 300mL。

② 干油酥　面粉 500g，熟猪油 250g。

（2）馅料　蒸熟面粉 650g，糖桂花 100g，炒熟糯米粉 100g，熟猪油 450g，绵白糖 750g。

（3）饰料　白芝麻 500g。

2. 制作过程

（1）水油面调制　将面粉放入面盆中，将熟猪油、饴糖倒入其中，加入温水拌匀制成面团。

（2）干油酥调制　将面粉和花生油按配方混合，用手掌根部擦匀擦透。

（3）馅心调制　先将绵白糖、熟猪油放在一起擦透，加入蒸熟面粉、炒熟糯米粉、糖桂花等拌匀。

（4）生坯成型　用大包酥方法，一分皮子包一分酥和馅料，揿成圆饼，两面沾水，再粘上白芝麻，摆在烤盘里。

（5）生坯熟制　将饼坯放进烘炉，以 185℃，2min 后，当饼皮开始泛白时，将烤盘取出，逐个翻身，再进炉烘焙，约 5min 后，待饼皮鼓起，饼色泛黄，芝麻膨胀时，便已熟透，出炉冷却后即可。

五十五、松子文明饼

1. 原料配方（以 50 只计）

（1）坯料　蒸熟面粉 400g，熟猪油 160g，白砂糖 100g，温水 120mL。

（2）馅料　黑枣泥 1500g，绵白糖 300g，松子仁 150g，糖玫瑰花 150g，蒸熟面粉 250g。

2. 制作过程

（1）面团调制　将砂糖加水溶解熬煮糖浆，调成薄糯糊状，然后加熟猪油混合搅拌，最后再加入蒸熟面粉继续搅拌均匀，取出后揉搓成浆皮面团。

（2）馅心调制　将蒸熟面粉、黑枣泥、绵白糖、松子仁、糖玫瑰花一起拌匀擦透。

（3）生坯成型　按皮、馅 3∶7 的比重包馅，入印模按实，使花纹清晰，敲击脱模，排盘。

（4）生坯熟制　炉温在 220℃ 左右，约烤 8min 至花纹突出部分呈深黄色，即可出炉。

五十六、松子枣泥麻饼

1. 原料配方（以 50 只计）

（1）坯料　面粉 2000g，熟猪油 175g，饴糖 150g，小苏打 2g，开水 700mL。

（2）馅料　炒熟粳米粉 220g，黑枣肉 230g，赤豆 100g，熟猪油 100g，糖桂花 125g，砂糖 500g（其中制糖枣泥用 200g，制糖豆沙用 300g），糖渍板油丁 150g，松子仁 150g，芝麻仁 200g。

2. 制作过程

（1）面团调制　先将小苏打，用开水溶解成溶液，冷却至常温后与饴糖、熟猪油混合，搅拌均匀，加入面粉制成浆皮面团。

（2）糖豆沙制备

① 煮赤豆　将赤豆除去杂质，经清洗除去泥灰，放入锅内，加水，先旺火煮，后文火煮烂，待赤豆皮裂开，豆肉酥烂，即可起锅，冷却后连豆皮粉碎，达到一定的细度后，装入布袋内滤干水分。

② 炒豆沙　将砂糖放入锅内，加水加热，待砂糖充分溶解，再将粉碎好的赤豆沙倒入锅内，混合均匀，先熬煮，后在文火下焙炒，分次加入熟猪油，要经常不断地用铲刀从锅底翻动，以防粘锅焦化。待焙炒至黏膏状时，加入炒熟粳米粉、糖桂花炒匀，即可起锅，装入容器备用。

（3）糖枣泥制备

① 蒸黑枣肉　将黑枣肉放在蒸笼内内蒸透，使枣肉柔软，冷却后，用绞肉机绞细。

② 炒枣泥　将配用的砂糖倒入锅内加水加热，使糖充分溶解，熬煮到一定糖度时，加入绞细的枣泥拌和，文火焙炒，并陆续添加适量的熟猪油，焙炒至光亮不粘手即成。

（4）生坯成型　可采用两种包馅方法。

① 直接包馅法　按重量要求，先按扁饼皮，取小块糖豆沙放在饼皮上揿扁，再放上定量的糖枣泥、糖渍板油丁、松子仁后，由下而上逐步收口，要求皮面包得厚薄均匀，不显露馅料，虎口收紧。

② 间接包馅法　先将糖枣泥和糖豆沙混合均匀，分块，揿扁，包进糖渍板油丁和松子仁等，使呈球形，然后再包上饼皮面。

将适量的芝麻仁放入空盘内，洒上适量冷水，使芝麻仁潮润，然后放入饼坯，两面均匀地粘上芝麻。

（5）生坯熟制　将饼坯排入烤盘内，生坯之间留有适当的距离，以免粘边。面火、底火相同，均为220℃，烤10min左右，呈金黄色即可。

五十七、雪角

1. 原料配方（以50只计）

（1）坯料

① 水油面　面粉1000g，熟猪油300g，饴糖100g，温水300mL。

② 干油酥　面粉550g，熟猪油275g。

（2）馅料　糖豆沙馅250g。

（3）饰料　白糖粉50g。

（4）辅料　植物油1000mL。

2. 制作过程

（1）水油面调制　将面粉放入面盆中，将熟猪油、饴糖倒入其中，加入温水拌匀制成面团。

（2）干油酥调制　将面粉和花生油按配方混合，用手掌根部擦匀擦透。

（3）生坯成型　用小包酥方法包酥。将包酥的面团擀成椭圆形，厚约 2mm，包馅后将皮对折，捏口，再将皮边卷进，使成双边，然后折捏两角使向两侧延伸成眉毛状。

（4）生坯熟制　待油温升至 160℃ 左右时，将生坯逐只轻放入锅，炸至金黄色，捞出滤油。迅速摊开冷却，再撒上适量的白糖粉，基本冷却即可。

五十八、老公饼

1. 原料配方（以 20 只计）

（1）坯料

① 水油面　中筋面粉 240g，熟猪油 60g，糖 40g，冷水 100mL。

② 干油酥　低筋面粉 120g，熟猪油 60g。

（2）馅料　熟糯米粉 60g，绵白糖 125g，南乳 2 块，胡椒粉 2g，花生油 25mL，花生碎 25g，熟芝麻 25g，盐 5g，味精 2g，五香粉 2g，蒜头 5g，白酒 10mL，冷水 30mL。

（3）饰料　胡椒粉适量。

2. 制作过程

（1）水油面调制　将中筋面粉过筛开窝，加入糖、熟猪油和冷水和匀成面团，松弛待用。

（2）干油酥调制　将低筋面粉和熟猪油按配方混合，用手掌根部擦匀擦透，擦成细滑的酥性面团。

（3）馅心调制　熟糯米粉与绵白糖拌匀，加入捣成泥的南乳揉匀，最后加入冷水、花生油、熟芝麻、花生碎、盐、味精、五香粉、白酒、拍碎的蒜头等揉匀擦透。

（4）生坯成型　将水油面团搓成条，下成剂子；然后逐个包入适量油酥心，擀平。然后上馅。将擀平的油酥皮包入馅心，均匀收口后，擀平呈椭圆形。

（5）生坯熟制　将生坯放入烤盘，送入烤箱以上火 190℃、下火 180℃，烘烤 15min，出炉后撒上胡椒粉装饰调味。

五十九、葱油酥

1. 原料配方（以 30 只计）

（1）坯料

① 水油面　面粉 900g，熟猪油 150g，温水 350mL。

② 干油酥　面粉 500g，熟猪油 250g。

（2）馅心　白糖 200g，熟芝麻仁 60g，瓜糖碎 80g，熟碎花生仁 30g，花生油 50mL，熟面粉 50g，大葱 80g，盐 2g，鸡蛋 1 个。

2. 制作过程

（1）水油面调制　将面粉放入盆中，加入熟猪油、温水，搅拌均匀后，揉成表面光滑滋润的水油面团，置于案板上，用湿纱布盖上，饧约 15min。

（2）干油酥调制　将面粉放入盆中，加入熟猪油，揉搓均匀后，即成油酥面团。

（3）馅心调制　大葱择洗净，切成葱花，再用洁净纱布包住，挤出葱汁，然后将葱汁装入盆中，加入熟面粉、白糖、盐、花生油、熟芝麻仁、瓜糖碎及熟碎花生仁，拌和均匀后，即成馅料。

（4）生坯成型　将水油面团在案板上压扁擀开，再将油酥面团包入水油面团中，将面团用擀面杖擀成椭圆形片，折叠几次后，擀成 0.3cm 厚的面皮。

然后将拌和好的馅心压成片状，铺在面皮的一半上，再将面皮的另一半折过来盖在馅心上，然后用擀面杖将包好馅心的面皮压至厚薄均匀，再用刀将面皮切成长 12cm、宽 5cm 的条。最后将鸡蛋磕入碗中，搅打均匀成蛋液。在表面刷上鸡蛋液，撒匀剩余的熟芝麻仁，即成葱油酥生坯。

（5）生坯熟制　将生坯放入刷油的烤盘中，入 180～200℃的烤箱中烘烤约 7min，取出晾凉即成。

六十、如意酥

1. 原料配方（以 20 只计）

（1）坯料

① 水油面　面粉 350g，熟猪油 100g，温水 200mL。

② 干油酥　面粉 300g，熟猪油 150g。

（2）馅料　澄沙馅 250g。

（3）辅料　蛋清 50g，白糖 250g，冷水 50mL。

2. 制作过程

（1）水油面调制　把面粉倒在案板上，扒一窝塘，加入熟猪油、温水和成水油面，揉匀后饧制 10min。

（2）干油酥调制　取面粉倒在案板上，加入熟猪油拌匀，拌成干油酥。

（3）生坯成型　把干油酥包入水油酥内，稍按。用擀面杖擀成长方形薄片，稍刷些水，在上面均匀地铺上澄沙馅。然后从上、下两端向中间对卷成双筒状。靠拢后，把空隙用蛋清粘住，用刀横切成 1.7cm 长的小段。

（4）生坯熟制　待油烧至 150℃ 热时，将生坯用漏勺托着放入油炸炉内炸制　待酥浮出油面，熟后捞出；沥干油，码于盘内。

最后在油锅放入大部分白糖和少许水，在火上熬制糖浆，待熬到拔丝火候时，均匀地倒在炸好的酥段上，再撒上少许白糖即成。

六十一、莲蓉酥

1. 原料配方（以 20 只计）

（1）坯料

① 水油面　中筋面粉 350g，绵白糖 45g，熟猪油 55g，冷水 115mL。

② 干油酥　低筋面粉 180g，熟猪油 90g。

（2）馅料　莲蓉馅 600g。

2. 制作过程

（1）水油面调制　将面粉、绵白糖、熟猪油、冷水拌匀，揉成表面光滑不粘手的面团，即为水油面团。覆以保鲜膜，静置松弛 20min。

（2）干油酥调制　将面粉、熟猪油拌匀，形成面团，分割成 20 等份。

（3）生坯成型　将松弛好的油皮面团分割成 16 等份，压扁后将分好的油酥面团包起来，捏紧接口，即成油酥皮。

将油酥皮用擀面杖擀长，然后卷起来，再往长的方向擀，仍然擀长，再卷起来，如此做法，将所有的油酥皮擀完，覆盖保鲜膜，再静置松弛 20min。最后将松弛好的油酥皮全部擀成圆片，包入馅料收口后压扁成饼状，放入烤盘。

（4）生坯熟制　表层喷淋上适量冷水，放入已预热至 200℃ 的烤箱内，烤约 20min，至表面上色即可。

六十二、椰蓉酥

1. 原料配方（以 10 只计）

低筋面粉 120g，椰蓉 80g，黄油 70g，糖粉 50g，鸡蛋 1 个，泡打粉 2g。

2. 制作过程

（1）面团调制　将室温软化后的黄油加泡打粉及糖粉一起打发。过筛后的低筋面粉加入后拌匀。将椰蓉加入拌匀后加入打散的蛋液。将和好的面团静置 20min 后分成若干等份。

（2）生坯成型　搓圆后压扁放在铺了油纸的烤盘上。

（3）生坯熟制　将烤箱预热至 180℃，放至中层烤 8min 左右。

六十三、香妃酥

1. 原料配方（以 10 只计）

（1）坯料

① 水油面　中筋面粉 150g，猪油 35g，温水 45mL，绵白糖（或糖粉）10g。

② 干油酥　低筋面粉 80g，猪油 40g。

（2）馅料　低筋面粉 50g，糖粉 40g，黄油 30g，椰蓉 45g，盐 1g，鸡蛋 1 个。

（3）饰料　椰蓉 35g。

2. 制作过程

（1）水油面调制　中筋面粉过筛和绵白糖拌匀，加入猪油和温水，和成面团，覆保鲜膜松弛 10min。

（2）干油酥调制　低筋面粉过筛，加入猪油，擦成酥皮面团，覆保鲜膜松弛 5min。

（3）馅心调制　黄油软化后加过筛的糖粉，搅打黄油、糖粉相融后分两次加蛋液（留少许蛋清刷表皮），至油、蛋、糖完全相融，加入椰蓉、盐、低筋面粉拌匀，分成 10 个内馅，搓圆备用。

（4）生坯成型　将水油面面团揉透，干油酥面团擦匀，分别以水油面和干油酥以 20∶12 的比例下剂。水油面擀开包入干油酥，收口处捏紧，且收口朝上，顺势擀成椭圆形，由一端开始卷成卷状，覆保鲜膜松弛 10min。

然后将面卷顺势略压扁，再擀开成椭圆形，从上向下卷起。（此步卷起的卷状会比第一次短、胖），收口朝下，覆保鲜膜松弛 10min。最后将松弛好的饼皮两端往中间压扁，层次面朝上。先由中间向前后，其次左右擀成皮包馅，收口捏紧，收口朝下整理成圆形，覆保鲜膜松弛 15min。略压扁擀成椭圆形，互相交叠 3 折为枕头形，收口朝下，摆于烤盘中，松弛 20min。表面刷蛋清或冷水，粘满椰蓉。

（5）生坯熟制　将生坯放入烤箱中层，180℃烤制15min。

六十四、金钱酥

1. 原料配方（以 10 只计）

（1）坯料

① 水油面　面粉150g，猪油20g，温水50mL。

② 干油酥　面粉100g，猪油50g。

（2）辅料　蛋清50g。

（3）饰料　染色绵白糖25g。

2. 制作过程

（1）水油面调制　取面粉加入温水、猪油和成水油面。

（2）干油酥调制　面粉中加入猪油，擦成干油酥。

（3）生坯成型　将水油面用擀面杖擀开，包入干油酥。用叠酥方法制成酥坯。用刀划成10条20cm长、2.5cm宽的长条酥皮，一边涂上蛋清，在食指上卷齐，底端涂上蛋清，后将酥层向外翻成平面，成圆饼状即成生坯。

（4）生坯熟制　入油炸炉以150℃余炸后捞出滤油，趁热将染色绵白糖放在顶部，隔纸压实。

六十五、莲蓉酥角

1. 原料配方（以 50 只计）

（1）坯料

① 水油面　面粉950g，熟猪油200g，温水300mL。

② 干油酥　面粉400g，熟猪油200g。

（2）馅料　莲蓉1500g。

2. 制作过程

（1）水油面团调制　先将面粉过筛后，放在案板上围成圈，中间放入熟猪油、温水搅匀，搓到纯滑有筋，不粘手，即成水油面。

（2）干油酥调制　将面粉、熟猪油混合擦匀即成干油酥。

（3）生坯成型　将水油面用擀面杖擀平，包入酥心，擀成大片后再三折擀平，用美工刀裁成正方形片（5cm×5cm），包入莲蓉，对折成角坯。

（4）生坯熟制　油炸炉预热至 160℃，将半成品放入炸至金黄色。

六十六、麻蓉炸糕

1. 原料配方（以 30 只计）

（1）坯料　面粉 700g，开水 300mL，熟猪油 100g。

（2）馅料　芝麻 200g，绵白糖 400g，板油 250g。

（3）辅料　植物油 1L（耗 50mL）。

2. 制作过程

（1）面团调制　盆里放面粉、开水，拌匀揉透，然后放入熟猪油揉透，搓成长条，摘成 30 只作炸糕坯子。

（2）馅心调制　将芝麻淘洗沥干水分，放入锅内用小火炒至芝麻发香，用手一捻就碎时出锅。再将芝麻倒在案板上，用擀面杖碾成粉末状，加入绵白糖、板油搓揉成条。再搓成 30 只作为炸糕馅心。

（3）生坯成型　将炸糕坯子按扁，中间放上馅心，收拢捏紧，用手掌再压扁。

（4）生坯熟制　下油锅里以 150℃炸至金黄色即成。

六十七、合油酥

1. 原料配方（以 30 只计）

（1）坯料

① 水油面　面粉 950g，熟猪油 200g，温水 350mL。

② 干油酥　面粉 700g，熟猪油 350g。

（2）馅心　豆沙 700g，瓜仁 350g，玫瑰 150g，核桃仁 100g，猪板油 150g，白糖 350g，蜜樱桃 150g，熟猪油 50g，熟面粉 75g。

2. 制作过程

（1）水油面调制　将面粉过筛，放在案板上扒一窝塘，放入熟猪油加温水揉和，掺入面粉，搅拌 10min 左右，成为面团。

（2）干油酥调制　面粉过筛，加入熟猪油，揉匀擦透即可。

（3）馅心调制　核桃仁剁成颗粒，蜜樱桃切成四瓣，玫瑰搓散。以上材料同熟猪油和配料中部分白糖拌和备用。生板油需将皮膜撕净，下锅煮到断生程度捞起，冷却后切成粒，同配料中其余部分白糖拌和备用。最后将所有原料搓匀成馅。

（4）生坯成型　按水油面 6 成、干油酥 4 成的比例分料，以水皮包油酥，用小开酥的方法擀制成酥皮。按皮 5 成、馅 5 成的比例分料包心，用手工制成圆形，顶部点上红点。

（5）生坯熟制　用 150℃左右的炉温烘焙 5～6min，至酥皮起层时即出炉。

六十八、红绫饼

1. 原料配方（以 35 只计）

（1）坯料

① 水油面　面粉 900g，熟猪油 160g，冷水 180mL，天然色素 0.005g。

② 干油酥　面粉 700g，熟猪油 350g，天然色素 0.005g。

（2）馅料　豆沙 250g，糖板油 50g，撒粉 75g。

2. 制作过程

（1）水油面调制　先下面粉，然后下熟猪油，再逐渐加冷水拌和。水要分 3～4 次加入，边加水边拌和均匀成面团。调制水油面团时加入少量天然色素，使之呈粉红色。

（2）干油酥调制　将面粉和熟猪油调和揉匀制成干油酥。调制油酥心时加入少量天然色素，使之呈粉红色。

（3）馅心调制　用豆沙包裹糖板油丁，粘上撒粉；搓成团做馅料，备用。

（4）生坯成型　以 15g 水油面包裹 10g 油酥心，包好后擀成长形片状，再卷裹，然后按平。要求周边薄、中间厚。包馅后用手轻拍一下，使生坯微扁，近似汤圆形。

（5）生坯熟制　每只生坯底部须垫油纸，再入炉烘烤，炉温 110～150℃，烘烤时间 10～15min。

六十九、生糖麻饼

1. 原料配方（以 50 只计）

（1）坯料　面粉 1000g，饴糖 150g，冷水 300mL，芝麻油 50mL，小苏打 5g。

（2）馅料　绵白糖 150g，冬瓜糖 75g，芝麻 50g，核桃仁 75g，蜜樱桃 35g，青梅 55g，猪板油丁 100g。

2. 制作过程

（1）面团调制　先调制饼皮，把饴糖加少量水与小苏打调匀后加入芝麻油，行话叫做"三碗饴糖一碗油，再加一调（羹）碱。"然后加入面粉拌和均匀，调成饴糖皮面团。

（2）馅心调制　将冬瓜糖、核桃仁、蜜樱桃、青梅等切碎，加入绵白糖、芝麻、猪板油丁揉和均匀。

（3）生坯成型　将饴糖皮面团搓条、摘剂后压扁，包入事先制好的馅料，皮馅比例为 4∶6。包好后在圆圈中压平，使其规整，放入装满湿芝麻的容器中，上下左右转动容器，使圆形生坯粘满芝麻。

（4）生坯熟制　把粘满芝麻的一面朝下放入烤盘入炉用 220℃烘烤，待朝下贴在铁盘面的芝麻略黄，将饼坯翻面再烤，俗称"照面子"，烤制 10min 至褐色成熟后取出。

七十、绿豆酥

1. 原料配方（以 30 只计）

（1）坯料

① 水油面　低筋粉 300g，糖 30g，熟猪油 70g，冷水 60mL。

② 干油酥　低筋粉 180g，熟猪油 90g。

（2）馅料　绿豆馅 300g。

（3）辅料　蛋液 50mL。

2. 制作过程

（1）水油面调制　取低筋粉和糖混合均匀，放在案板上中央开窝，加入熟猪油和冷水，然后将面粉一点点拨入，揉成均匀的面团，饧面 30min。

（2）干油酥调制　将低筋粉与熟猪油调匀擦透制成酥心。

（3）生坯成型　用水油面包住酥心，收口朝下均匀擀开成长方形，左右分别折向中央，再对折，形成"四折"。将对折好的酥皮擀薄擀开，从长边一端开始紧密卷起，均匀分切成 30 份，盖上湿布。最后将面剂子轻轻擀开擀薄，包入绿豆沙，收口捏合。

（4）生坯熟制　将生坯稍整形后，排入烤盘，刷上蛋液。以上火 190℃、下火 180℃烘烤 15min 即可。

七十一、葱香曲奇

1. 原料配方（以 100 只计）

低筋粉 210g，黄油 150g，液体木糖醇 30mL，糖粉 65g，蛋液 50mL，葱花 80g。

2. 制作过程

（1）面团调制　将黄油倒入搅拌器内慢速搅拌均匀，加入液体木糖醇、糖粉，快速搅拌起发。将蛋液分批次放入黄油溶液中搅拌，放入葱花拌匀。低筋粉过筛除去颗粒，缓缓倒入搅拌机中，制成葱香曲奇生坯。

（2）生坯成型　将面糊装入裱花袋，顶端使用曲奇花嘴，在烤盘上挤出大小一致的中空圆形。

（3）生坯熟制　烤箱温度设置为上火 190℃、下火 170℃，烤制 15~20min。

七十二、双麻火烧

1. 原料配方（以 25 只计）

（1）坯料

① 水油面　面粉 300g，植物油 80mL，冷水 100mL。

② 干油酥　面粉 450g，植物油 310mL，茴香粉 1.5g，盐 10g。

（2）辅料　芝麻 100g。

2. 制作过程

（1）水油面团调制　将面粉倒在案板上，中间扒一个小坑，下入植物油、冷水，拌和均匀，揉光成皮面团。

（2）干油酥调制　锅置火上，倒入植物油，烧至八成热，将锅端离火口。放入面粉，用铁铲翻匀，摊在案板上晾凉后，加入盐、茴香粉，用手揉成酥面团。

（3）辅料加工　将芝麻用凉水浸泡至用指一捻能去掉皮时，捞出沥干水分，用石臼捣或用抹布裹住揉搓，将芝麻皮去掉，成芝麻仁待用。

（4）生坯成型　按皮面四成，酥面六成的比例，用皮面包着酥面，擀成 1cm 厚的长形片，顺长折起来再擀薄，反复二三次。最后卷成卷。揪成 50g 一个的剂子，逐个揉圆，用手按扁。另取如小枣一样大的面块，沾上油，包在中间，用擀面杖擀成边厚中间稍薄的圆饼。把圆饼两面刷上水，粘上芝麻，正面（即光面）粘的芝麻多些，背面粘的少些。逐个做好放在案板上。

（5）生坯熟制　鏊子放火上，擦净，烧至七成熟，用刷子刷上一层油，将做好的饼背面（收口的一面）向下，放在鏊子上焙。至底面发黄时翻面。鏊子上再刷油，烧饼在鏊子上边焙边转动，焙成均匀的金黄色时起出。再将饼下入炉膛内烤。先烤背面，烧至饼呈红黄色即成。

七十三、油酥饽饽

1. 原料配方（以 20 只计）

（1）坯料

① 水油面　350g，熟猪油 50g，温水 115mL。

② 干油酥　面粉 150g，色拉油 75mL。

（2）馅料　面粉 25g，白砂糖 75g，芝麻油 10mL，干桂花 10g，青红丝 10g，冷水 35mL。

2. 制作过程

（1）水油面调制　面粉过筛倒在案板上，中间开窝，加入熟猪油、温水，先将猪油拌化，再将面团揉匀揉透，饧制 15min。

（2）干油酥调制　将面粉与色拉油擦匀为酥心。

（3）馅心调制　将面粉过筛，拌入白砂糖、干桂花、芝麻油、青红丝，抄拌均匀，再加入少量冷水略擦，使馅心一抓成团不散，即成馅心。

（4）生坯成型　水油面和干油酥分别下同等数量的面剂，用水油面剂包酥加馅后，压成饼状。

（5）生坯熟制　表面抹油，置饼铛内烙成黄色即成。

七十四、鲜花玫瑰饼

1. 原料配方（以 20 只计）

（1）坯料　面粉 500g，熟猪油 75g，温水 150mL。

（2）馅料　鲜玫瑰花蕾 25g，青红丝 5g，核桃仁 25g，芝麻油 50mL，熟猪油 75g，白糖 75g，面粉 50g。

（3）辅料　食用红色素 0.005g。

2. 制作过程

（1）馅心调制　鲜玫瑰花蕾泡盐水切成细丝，核桃仁炸熟压碎，面粉蒸熟擦开过筛，三者混合均匀，再与白糖、青红丝、芝麻油、熟猪油拌匀成馅。

（2）面团调制　面粉过筛倒在案板上，扒一窝塘，加入熟猪油、温水，先将熟猪油拌化，再将面团揉匀揉透，饧制15min。

（3）生坯成型　摘成大小适宜的剂子，逐个剂子揉圆按扁，装入玫瑰馅收口，按扁并擀成小圆饼，正反各擀二次，在正面中心点一个小红点（用食用红色素）。

（4）生坯熟制　饼坯放入烤箱内烘烤，炉温为180～190℃，烤约20min，色泽微黄即可出炉。

七十五、浏阳茴饼

1. 原料配方（以30只计）

（1）坯料

① 水油面　中筋面粉500g，麦芽糖200g，茶油25mL，酵母5g，泡打粉5g，温水200mL。

② 干油酥　低筋面粉220g，熟猪油110g。

（2）馅料　糖桂花25g，糖玫瑰25g，糖蜜橘25g，茴香粉5g，桂皮油2.5mL，熟面粉200g，白砂糖250g，茶油150mL，小苏打1.5g。

（3）饰料　蛋液适量。

2. 制作过程

（1）水油面调制　取中筋面粉、泡打粉过筛放在案板上，开窝后加入酵母、麦芽糖、温水，先在窝内将酵母、麦芽糖调化，加入茶油调和搅匀，再将面粉搓擦成光洁的水油面团，饧发15min。

（2）干油酥调制　将低筋面粉和熟猪油拌和，擦至均匀成团备用。

（3）馅心调制　熟面粉过筛与白砂糖、小苏打、茴香粉拌和均匀，加入糖桂花、糖玫瑰、糖蜜橘拌匀，再加入茶油和桂皮油擦匀待用。

（4）生坯成型　将水油面和干油酥各揪成相等数量的剂子，并逐个用水油面包入干油酥。取一个包好酥的面剂按扁后擀成长条形，并自上向下卷拢，再压扁成长条，擀至较薄，自上向下折叠成小正方形，最后将两头有纹路的向内收拢，再按扁擀开，包入馅心，捏拢收口后再压成椭圆形。照此方法全部做完，封口朝下摆放在面板上，烤制前刷上蛋液。

（5）生坯熟制　将刷上蛋液的饼坯放入烤盘，入烤炉烤制，炉温为 190～200℃，烤至金黄即可。

七十六、九黄饼

1. 原料配方（以 80 只计）

（1）坯料

① 水油面　面粉 1100g，芝麻油 100mL，饴糖 400g，食碱 3g，冷水 240mL。

② 干油酥　面粉 400g，芝麻油 200mL。

（2）馅料　熟面粉 75g，白糖 200g，芝麻仁 200g，蜜瓜条 100g，蜜桂花 100g，蜜橘饼 100g，芝麻油 300mL。

2. 制作过程

（1）水油面调制　取面粉、饴糖、芝麻油、食碱和冷水拌和均匀，揉成面团，饧制 15min。

（2）干油酥调制　面粉中加入芝麻油，拌匀后擦成油酥面团。

（3）馅心调制　蜜橘饼、蜜瓜条分别切碎，放入熟面粉、白糖、蜜桂花、芝麻油，一起拌匀成馅。

（4）生坯成型　将面团搓条下剂，擀成圆形皮，包入油酥面团捏拢，搓成长圆条，揪成 80 个面剂，逐个竖着摁成圆扁皮，包入馅料，捏拢，在钢制模具内（直径 6.6cm、高 2.6cm），揿成圆形饼，磕出待烤。

（5）生坯熟制　将圆形饼一面粘上芝麻仁，放入刷过油的烤盘内，置烤炉内，以 220℃烤至金黄色出炉即成。

七十七、椰子塔

1. 原料配方（以 20 只计）

（1）坯料　低筋面粉 130g，高筋面粉 100g，黄油 50g，细砂糖 15g，冷水 45mL，起酥油 500g。

（2）馅料　鲜牛奶 100mL，鸡蛋 2 个，细砂糖 50g，黄油 65g，椰浆粉 60g，吉士粉 10g，泡打粉 1g。

2. 制作过程

（1）馅心调制　将鸡蛋加细砂糖打至糖融化，然后加入椰浆粉、泡打粉、牛奶、吉士粉、融化的黄油，拌匀即可。

（2）面团调制　将高筋面粉、低筋面粉、黄油、细砂糖、冷水混合，揉成面团，包上保鲜膜，放冰箱冷藏 20min。桌面铺上保鲜膜，将起酥油放上面，再盖一层保鲜膜，将起酥油用擀面杖擀成薄油片。桌面上多洒点低筋面粉，将冷藏好的面团擀成长度是起酥油的 3 倍，宽度与起酥油的宽度一致，然后将起酥油放中间，两头的面片折过来包住起酥油，上下两头捏紧，蒙上保鲜膜，放冰箱冷藏 20min。

将冷藏好的面片，沿着长的方向用擀面杖敲打，让它慢慢变长，另外一个方向也可以稍做敲打，中间可以稍微擀一下，擀长后，像叠被子一样四折，然后蒙上保鲜膜冷藏 20min。然后再重复做 2～3 次。

将面片再次擀开，擀成 0.5cm 左右的面片。将面片沿着长的方向，把面片卷成一个筒状，蒙上保鲜膜，放冰箱冷冻 15min。

（3）生坯成型　将面筒取出，切成厚 1cm 左右的小块，切好的小块两面都粘上低筋面粉，放到蛋塔模底部，用两个大拇指将其捏成塔模形状。将拌匀的椰子馅填入塔皮中，压紧，8 分满即可。

（4）生坯熟制　烤箱预热至 175℃，上下火全开，中层，烤 15min 左右即可出炉。

七十八、太阳饼

1. 原料配方（以 15 只计）

（1）坯料

① 水油面　高筋面粉 50g，低筋面粉 150g，熟猪油 35g，黄油

15g，色拉油 25mL，温水 50mL，糖粉 25g。

② 干油酥　低筋面粉 125g，熟猪油 80g。

（2）馅料　糖粉 75g，麦芽糖 25g，黄油 25g，温水 15mL，低筋面粉 30g。

2. 制作过程

（1）水油面调制　取高筋面粉和低筋面粉放入面盆混合均匀，加入温水、熟猪油、黄油、色拉油、糖粉等，拌和揉透成水油面团，分为 15 等份。

（2）干油酥调制　将低筋面粉加熟猪油，搓擦均匀成干油酥面，分为 15 等份。

（3）馅心调制　先将麦芽糖与糖粉搓匀，再加温水及黄油拌匀，最后和入低筋面粉揉匀，并均分为 15 等份。

（4）生坯成型　每一份水油面团揉圆后压平，包入一个油酥，收口捏紧，用擀面杖将包好的油酥皮擀成牛舌饼状，卷起放平，再擀一次，成长条状，卷起后放正（螺旋的两面，一面向前，一面朝向自己），最后再擀一次，即可擀压成一张圆皮。

将馅料搓成一个个小圆球后，包进上述已擀好的面皮中，包好后以手稍压扁，再擀成圆薄饼状。

（5）生坯熟制　放入烤箱，以 190℃烤 12min。

七十九、巧酥

1. 原料配方（以 10 只计）

（1）坯料

① 水油面　面粉 350g，熟猪油 45g，温水 135mL。

② 干油酥　面粉 1280g，植物油 600mL，绵白糖 300g，小苏打 14g。

（2）辅料　植物油 1L（耗 75mL）。

2. 制作过程

（1）面团调制

①干油酥调制　把绵白糖、植物油充分搅拌，再倒入面粉、小苏打继续搅拌均匀成干油酥面团。

②水油面调制　将面粉放在案板上，扒一个窝，加上温水、熟猪油揉擦成水油面。要求水油面面团略软，干油酥面团略硬，但差别不能太大。

（2）生坯成型　按水油面面团与干油酥面团之比2∶8包制，包好后搓成直径10cm左右的圆形长条，揿扁，用擀面杖擀平，厚薄均匀，再用长尺（专用工具）夹直，切成短条，在短条中心用小刮刀划长约6cm的刀口，将短条一端在刀口处从下向上翻出，另一端从上向下翻出，成为环形。

（3）生坯熟制　待油温升到160℃左右，把制品生坯由炉边轻轻放入，炸上色即可。

由于干油酥面团部位含糖较高，其表层有些炭化，呈棕黄色。要逐只翻转，使制品色泽一致，中心部位成熟。

要注意油温调整。如果制品起发程度差，油温要稍微降低；反之，制品过于起发，油温可适当提高，但不能过高，防止外焦里生。

油炸时间和油温要根据制品的块形大小、厚薄、受热面积、用料多少，以及投入油炸炉生坯的数量多少来确定。

八十、开花饼

1. 原料配方

（1）坯料

①水油面　面粉350g，熟猪油45g，温水135mL。

②干油酥　面粉300g，熟猪油150g。

（2）馅料　菜籽油75mL，花生碎50g，白糖75g，泡打粉5g，熟面粉100g，红色素0.005g。

2. 制作过程

（1）馅心调制　将菜籽油、花生碎、白糖、泡打粉、熟面粉和红色素等一起揉匀成馅心。

（2）面团调制

① 干油酥调制　将面粉放在案板上，加入熟猪油，拌匀擦成干油酥。

② 水油面调制　将面粉放在案板上，扒一个窝，加上温水、熟猪油揉擦成水油面。

（3）生坯成型　静置后包入干油酥，用大包酥的方式制成有3～5层酥层的面皮，包入馅料，压成扁鼓形，在其表面交叉地划上三刀成为六瓣。

（4）生坯熟制　放入烤盘，送入 180℃ 的烤箱，烤制 8～10min。烘烤后，六瓣面皮分开，呈花瓣状，馅料突出，故名开花饼。

第四节　米粉面团类

一、赤豆酒酿元宵

1. 原料配方（以 10 碗计）

糯米粉 300g，温水 150mL，酒酿 300g，红小豆 100g，糖桂花 15g，冷水 500mL。

2. 制作过程

（1）粉团调制　将糯米粉放入盆内，分次加入温水，搅拌成团，稍静置一会。

（2）生坯成型　然后将粉团揉匀搓细条，用刀切成小剂，逐个搓成小元宵。

（3）生坯熟制　红小豆泡 2h 后煮熟；小元宵入开水中烧煮，要用汤勺徐徐推转，使元宵在汤中翻转，不致粘锅，煮熟后盛入碗中。

另起一锅加冷水烧沸后加酒酿，再沸腾时加入糖桂花和红小豆、小元宵，入味后即可。晾凉后冷藏食用，加冰食用风味更佳。

二、桂花酒酿元宵

1. 原料配方（以 10 碗计）

（1）坯料　糯米粉 500g，淀粉 50g。

（2）馅料　花生粉 50g，糯米粉 50g，猪板油 75g，酒酿 25g，桂花酱 15g，盐 2g，绵白糖 100g，麦芽糖 50g。

2. 制作过程

（1）馅心调制　将猪板油去皮，剁碎；加入盐、绵白糖、麦芽糖等拌匀成泥状，再加入花生粉拌匀，最后加入糯米粉调整硬度。用力压成扁平块状，先切长条，再切成 0.7cm 的立方块备用。

（2）生坯成型　糯米粉、淀粉混合过筛均匀，倒入竹匾中；馅料排入漏勺，浸入水中迅速捞起。将馅料摊撒在竹匾中，摇晃竹匾使馅料在粉中滚动，均匀粘裹上粉，取出排入漏勺，迅速放入水中做第二次过水的动作，马上捞出，再放入竹匾中摇晃粘粉，重覆摇晃与过水的动作至元宵摇成适当大小即可。

（3）生坯熟制　摇好的元宵放入滚水中改小火煮至浮起，1min 后熄火，捞出盛碗；另一锅中倒水煮滚，加入酒酿及桂花酱调味后，即可倒入碗中。

三、百果元宵

1. 原料配方

（1）坯料　水磨糯米粉 500g。

（2）馅料　核桃仁 50g，瓜子仁 35g，莲子 25g，红枣 50g，橘饼 35g，蜜饯 50g，猪板油 100g，绵白糖 50g，糖桂花 15g。

（3）汤料　白糖 100g，糖桂花 15g，冷水 1L。

2. 制作过程

（1）馅心调制　将猪板油洗净去膜，剁成泥和绵白糖拌成糖油馅。将馅料里的红枣去核，洗净上笼蒸熟；莲子洗净加水上笼蒸烂；核桃仁、瓜子仁熥油；最后将所有的馅心用料全部切成细丁或压碎，经过拌、擦成团，加入糖桂花拌成百果馅。再把百果馅放在案板上按平切成条子，再切成 0.7cm 左右的小丁，搓成球形，放入冰箱冷冻。

（2）生坯成型　取竹匾一只，在竹匾里铺上适量的糯米粉，把球形百果馅放在漏勺里沾一下水，倒入放粉的竹匾不停滚动，边滚边撒粉使百果馅上裹上一层粉，再把生坯放在漏勺里沾一下水，在倒入竹匾中滚粘，如此重复滚粘 5～6 次，取出即成百果元宵生坯。

（3）生坯熟制　煮锅上火，加冷水烧沸，把生元宵下锅，煮至元宵浮到汤面上，稍养，连汤捞到碗里，即成。

四、炸元宵

1. 原料配方（以 10 份计）

（1）坯料　水磨糯米粉 300g，温水 160mL。

（2）馅料　熟桃仁 50g，瓜子仁 25g，蜜饯 35g，熟米粉 35g，白糖 150g，熟猪油 75g，糖桂花 15g。

（3）辅料　色拉油 2L（耗 50mL），白糖 100g。

2. 制作过程

（1）馅心调制　将桃仁、瓜子仁、蜜饯切成小粒，加熟米粉、白糖、熟猪油、糖桂花拌和均匀，用擀面杖压成 0.7cm 厚的片，切成方粒，搓成球形，即成元宵馅心，稍微冷冻至一定硬度备用。

（2）粉团调制　将水磨糯米粉放案板上，扒一窝塘加温水揉和揉匀成团。

（3）生坯成型　将粉团揉匀搓条、切剂、包馅，搓成圆球。

（4）生坯熟制　锅内放入色拉油烧至 150℃，将生元宵放入油锅中炸。炸时用勺背在元宵上轻轻拍一下，可使其外皮发松、涨发更大。炸至元宵全部浮在油面上、色呈金黄，捞出装盘，撒上白糖即成。

五、猪油汤圆

1. 原料配方（以 10 碗计）

（1）坯料　水磨糯米粉 500g，冷水 275mL。

（2）馅料　猪板油 150g，白糖 200g，黑芝麻 300g。

（3）汤料　白糖 100g，糖桂花 15g，冷水 1L。

2. 制作过程

（1）馅心调制　将黑芝麻淘洗干净、沥干，炒熟后晾凉碾成粉末；猪板油去膜，剁成蓉，加入黑芝麻末拌匀揉透即成馅。

（2）面团调制　将水磨糯米粉放入盆中，加冷水揉匀揉透后下成小剂待用。

（3）生坯成型　逐个取小剂，用手捏成凹形，包入馅心 10g，收口后搓成光滑的圆球形。

（4）生坯熟制　生坯入开水锅煮至上浮后，点 2～3 次冷水煮至成熟即可起锅装碗。另起锅放入冷水烧开，加入白糖、糖桂花调味，舀出倒入汤圆碗中。

六、粢毛团

1. 原料配方（以 10 份计）

（1）坯料　糯米粉 300g，粳米粉 150g，开水 150mL，冷水 35mL。

（2）馅料　猪肉馅 200g 或豆沙馅 200g。

（3）辅料　先泡后烫过的糯米 150g。

2. 制作过程

（1）粉团调制　将糯米粉和粳米粉放入盆中拌和，中间扒一个塘，加入开水调成雪花状，然后加入冷水揉制成粉团。

（2）生坯成型　将粉团揉匀、搓条、下剂，把剂子按扁捏成窝状，放入猪肉馅或豆沙馅，捏拢收口，投入先泡后烫过的糯米中滚动使团面粘附上糯米。

（3）生坯熟制　将生坯整齐排放在蒸笼内，再将装有生坯的蒸笼放上蒸锅蒸 10min，至米粒饱满成熟即可。

七、五色圆松

1. 原料配方（以 10 只计）

（1）坯料　糯米粉 300g，粳米粉 200g，绵白糖 180g，冷水 150mL，玫瑰酱 35g，红曲米粉 3g。

（2）馅料　糖板油丁 100g，干豆沙 200g。

（3）饰料　熟松子仁 50g。

2. 制作过程

（1）粉团调制　将糯米粉和粳米粉放置在案板上拌和，中间扒一窝塘，加入绵白糖、冷水拌和，再加入玫瑰酱、红曲米粉炒拌均匀、静置，然后放入面筛中揉搓过滤成糕粉。

（2）生坯成型　将圆松糕模板图案面朝上，面上放入糕模，每个糕模孔中放入熟松子仁（5g），再放入糕粉至模孔一半，另外将干豆沙（20g）、甜板油丁（10g）入内，继续放入糕粉至满，按实。将糕模面上的余粉刮去，然后覆盖上湿洁白糕布，再将铝糕板放在糕布上，翻身，去掉花板及糕模板，即成生坯。

（3）生坯熟制　将生坯放入蒸糕箱，旺火足汽蒸 15min，成熟后取下装盘即可。

八、猪油糖年糕

1. 原料配方（以 20 只计）

（1）坯料　糯米粉 1500g，粳米粉 50g，绵白糖 500g，冷水 400mL。

（2）馅料　去核红枣 50g，核桃仁 50g，西瓜籽仁 50g，松子仁 50g，葡萄干 50g，糖板油丁 75g，糖桂花 50g。

（3）辅料　食用油适量，糖水适量。

2. 制作过程

（1）馅心调制　将去核红枣、核桃仁、西瓜籽仁、松子仁、葡萄干切碎；糖板油丁提前腌制入味。

（2）粉团调制　将糯米粉、粳米粉、绵白糖倒入盆内混合均匀，分次缓缓加入冷水。以双手搅拌、轻搓糕粉，再将湿的糕粉打散。拌匀后手捏糕粉能成团，轻触即散，说明水分正合适。然后再放入部分去核红枣、核桃仁、西瓜籽仁、松子仁、葡萄干和糕粉拌匀。糯米粉采用粗一点的干磨糯米粉，粳米粉的量可根据年糕口感调整。

（3）生坯成型　取蒸笼，放入带孔垫板垫底，垫板蒸笼壁上抹匀食用油。撒入 1/4 糕粉用手摊平。

（4）生坯熟制　置蒸笼于旺火开水锅上，当热气透过糕粉后，再次撒入糕粉。依法重复操作。注意蒸笼四周撒糕粉不能有空隙，防止蒸汽窜出。余下 1/4 糕粉未撒前，均匀放上糖猪油丁。当热气透过糕粉后，将余下糕粉均匀撒入、摊平。最上一层放适量糖桂花和去核红枣，用铲刀把糕表面压平，盖上锅盖，等待蒸汽透过糕顶上来。揭开锅盖，蒙上纱布。糖板油丁不宜早放，防止猪油过早化开阻碍蒸汽往上顶。

蒸熟后将蒸笼倒扣案板上，抽掉蒸笼。四面抹上糖水，趁热四面抹光。

九、龙凤金团

1. 原料配方（以 20 个计）

（1）坯料　粳米粉 300g，糯米粉 200g，冷水 150mL。

（2）馅料　红小豆 150g，白糖 300g，金橘饼 25g，红绿丝 15g，瓜子仁 35g，糖桂花 15g。

（3）饰料　松花粉 75g。

2. 制作过程

（1）馅心调制　将红小豆拣去杂质，淘净，入锅煮约 4h 捞起，沥干水，磨成细沙。再将锅置小火上，加入白糖（200g）及豆沙，边炒边翻，不使其焦底，约 1h 后，待水分炒干，豆沙滑韧起锅，制成豆沙馅；将豆沙馅搓捏成丸子状的馅心，分成 10 份。

将金橘饼、红绿丝均匀地切成米粒大小，加入余下的白糖、瓜子仁、糖桂花拌匀成果仁蜜饯馅，也分成 10 份。

（2）粉团调制　将糯米粉和粳米粉放入盆中拌和，中间扒一个塘，加入冷水调和成松散的粉团，然后上笼蒸透，取出后，揉匀成团。

（3）制品成型　将粉团揉匀、搓条、下剂，把剂子按扁捏成窝状，放入果仁蜜饯馅或豆沙馅，捏拢收口，呈球形，滚粘上松花粉，用龙凤印糕板模压，即成为龙凤金团。

十、家常麻团

1. 原料配方（以 30 个计）

（1）坯料　糯米粉 500g，面粉 75g，泡打粉 5g，白糖 100g，冷水 450mL。

（2）馅料　黑芝麻 300g，红糖 120g。

（3）饰料　白芝麻 150g。

（4）辅料　色拉油 2L（耗 75mL）。

2. 制作过程

（1）馅心调制　将黑芝麻炒熟，加上红糖，放入粉碎机中粉碎成馅心。

（2）粉团调制　将白糖溶解在冷水中，另将糯米粉、面粉和泡打粉拌匀放案板上，扒一窝塘，分次加入糖水揉匀揉光成粉团，稍饧。

（3）生坯成型　将揉匀的粉团搓条、下剂，逐个按扁窝起，包入芝麻糖馅心，捏紧收口。双手沾点水，用手团成球状，滚粘上白芝麻，即成生坯。

(4) 生坯熟制　将色拉油入锅烧热，升温至 90℃ 炸制，待生坯上浮时，然后逐渐升温至 140℃ 炸上色。

十一、龙江煎堆

1. 原料配方（以 20 个计）

(1) 坯料　糯米粉 550g，白糖 100g，冷水 200mL。

(2) 馅料　爆谷 450g，红糖 500g，麦芽糖 110g，花生仁 120g，冷水 150mL。

(3) 饰料　芝麻 150g。

(4) 辅料　花生油 2L（耗 100mL）。

2. 制作过程

(1) 馅心调制　将爆谷去杂质，花生仁去红衣。锅内加冷水烧沸，加入红糖、麦芽糖煮至能起丝，将锅离火，加入爆谷、花生仁拌匀，分成 20 份，趁热迅速捏成爆谷团。

(2) 面团调制　取 250g 糯米粉加冷水揉成粉团，压扁，入开水锅内煮至浮起，取出，加入其余的糯米粉及白糖揉成粉团。

(3) 生坯成型　将粉团下剂，包入馅心，捏成圆球形，沾少量冷水后滚粘上芝麻成生坯。

(4) 生坯熟制　将花生油入锅烧制 100℃，下入生坯炸至膨胀，升温至 140℃，炸至皮硬饱满，色泽金黄即可。

十二、椰蓉糯米糍

1. 原料配方（以 20 个计）

(1) 坯料　糯米粉 300g，冷水 130mL。

(2) 馅料　豆沙馅 150g。

(3) 饰料　椰蓉 75g。

2. 制作过程

(1) 粉团调制　将糯米粉放入盆中，加上冷水拌和均匀，揉成光滑的粉团。

（2）生坯成型　将揉匀的粉团搓条、下剂，逐个按扁窝起，包入馅心，收口捏紧，团成球状汤圆。

（3）生坯熟制　锅上火，水烧开后，调小火下汤圆。准备一个盘子，放入椰蓉，等汤圆浮起来，用漏勺舀起，放进椰蓉盘子滚动，等粘满椰蓉即可。

十三、杨梅球

1. 原料配方（以 20 个计）

（1）坯料　糯米粉 300g，冷水 130mL。

（2）馅料　豆沙馅 150g。

（3）饰料　瘦火腿 100g。

2. 制作过程

（1）饰料加工　将瘦火腿用冷水浸泡，然后水煮成熟，晾凉后改刀切成末备用。

（2）粉团调制　将糯米粉放入盆中，加上冷水拌和均匀，揉成光滑的粉团。

（3）生坯成型　将揉匀的粉团搓条、下剂，逐个按扁窝起，包入馅心，收口捏紧，团成球状汤圆。

（4）生坯熟制　锅坐灶上，水烧开后，调小火下汤圆。准备一个盘子，放入熟瘦火腿末，等汤圆浮起来，用漏勺舀起，放进盘子滚动，等粘满熟瘦火腿末即可。

十四、艾窝窝

1. 原料配方（以 30 个计）

（1）坯料　糯米 750g。

（2）馅料　芝麻 35g，白糖 115g，金糕 25g，核桃仁 15g，瓜子仁 15g，红绿丝 10g。

（3）饰料　粳米粉 50g，金糕碎 25g。

2. 制作过程

（1）粉团调制　将糯米用水泡透，上笼蒸熟；另将饰料中的粳米粉干蒸至熟，晾凉后用擀面杖压碎。

（2）馅心调制　将金糕、核桃仁、瓜子仁、红绿丝切碎；芝麻用小火炒熟，晾凉粉碎后再加入白糖、金糕碎、核桃仁碎、瓜子仁碎、红绿丝碎等拌匀成馅。

（3）制品成型　将糯米米粒碾碎舂制。舂好的米有劲儿，有拉力，吃的时候口感才好。取适量糯米饭，包入馅料将周边捏合到一起，团成圆形；做成若干的糯米团。再将糯米团完全粘满粳米粉，点缀上金糕碎即可。

十五、青团

1. 原料配方（以 30 个计）

（1）坯料　糯米粉 500g，麦青汁 200mL。

（2）馅料　豆沙馅 200g。

（3）辅料　油适量。

2. 制作过程

（1）粉团调制　将麦青汁烧开，趁热倒入糯米粉后，搅成雪花状，晾凉后揉成面团。

（2）生坯成型　将揉好的粉团搓条，下 30 个面剂，逐个按扁窝起，包入豆沙馅后收口捏紧，团成圆球状。

（3）生坯熟制　逐个刷油，放入垫有粽叶的笼中，蒸 20min左右。

十六、腊味萝卜糕

1. 原料配方（以 30 块计）

（1）坯料　白萝卜 800g，水磨籼米粉 500g，冷水 800mL，精盐 20g，腊肉 150g，白糖 30g，虾米 75g，胡椒粉 5g，熟猪油 75g。

（2）辅料　花生油 75mL。

2. 制作过程

（1）坯料调制　将白萝卜去皮擦成细丝；腊肉切成碎粒；虾米洗净用花生油炒香；水磨籼米粉加冷水 500mL 和成粉浆。

萝卜丝加冷水 300mL 同煮，熟透时加腊肉粒、虾米粒、精盐、白糖、胡椒粉，徐徐倒入粉浆，边倒边搅拌，煮成半熟的糊浆，再加入熟猪油拌匀成为坯料。

（2）生坯熟制　把坯料放入已经涂抹过花生油的方盘内，摊平整齐，覆上保鲜膜，入笼蒸，用旺火蒸约 50min。

（3）制品成型　制品出笼，凉后切块，食用时也可以再煎一下。

十七、姊妹团子

1. 原料配方（以 60 只计）

（1）坯料　糯米 600g，粳米 400g，冷水 1200mL。

（2）馅料　猪肉馅 300g，枣泥馅 300g。

2. 制作过程

（1）粉团调制　将糯米、粳米一起淘洗干净，泡透，捞出用冷水冲洗干净，沥干，加冷水磨成浆。将米浆装入布袋内，压干水分，即成米粉，倒入面盆内。取 750g 米粉搓成几个圆饼，上笼蒸约 30min 至熟，取出与其他未蒸的米粉掺和，揉匀揉光。

（2）生坯成型　将和好的粉团揉匀揉光搓成条，揪成小剂子，逐个搓圆，捏成窝状，放入枣泥馅馅或猪肉馅，收口，枣泥馅搓捏成圆形，猪肉馅捏成尖顶形，两种口味的品种数量基本相等。

（3）生坯熟制　将两种口味的团子成对摆入蒸笼内，旺火开水蒸 10min 即成。

十八、鸽蛋圆子

1. 原料配方（以 66 只计）

（1）坯料　水磨糯米粉 650g，温水 150mL。

（2）馅料　白糖 100g，冷水 50mL，糖桂花 15g，薄荷香精 1g。

（3）馅料　白芝麻 200g。

2. 制作过程

（1）馅心调制　锅内加入白糖、冷水，以小火熬煮成糖浆，当糖浆中翻起的小泡呈小球状时即离火，用筷子蘸糖浆，当能拉起 4cm 左右长的糖丝时，将糖桂花、薄荷香精与糖浆搅匀，倒入长方形盘中，用刮刀来回搅拌，当糖浆发白时用手揉捏。切成 2.5g 重的糖粒即成。

（2）粉团调制　取 160g 水磨糯米粉加温水揉和成团，揪成小团，投入水锅中煮制成熟，然后浸入冷水中，将其余的水磨糯米粉加入熟米粉中揉和均匀即成。

（3）生坯成型　将调制好的粉团分切成 12g 的剂子，每个包入糖馅一粒，搓捏成鸽蛋形即可。

（4）生坯熟制　将白芝麻洗净、沥干，炒熟后碾成粉末待用。将水烧沸，下入鸽蛋圆子煮熟，捞出用冷开水浸凉，取出后放入芝麻末内，使制品底部粘满芝麻屑，装盘即可。

十九、三河米饺

1. 原料配方（以 20 只计）

（1）坯料　籼米粉 300g，精盐 2g，冷水 450mL。

（2）馅料　猪五花肉 300g，豆腐香干 350g，酱油 25g，精盐 5g，白糖 10g，葱末 50g，姜末 15g，味精 1g，湿淀粉 15g，熟猪油 35g。

（3）辅料　菜籽油 2L（耗 75mL）。

2. 制作过程

（1）馅心调制　将猪五花肉、豆腐香干切成 3mm 大小的粒。炒锅置旺火上，放入熟猪油烧热，先将葱末、姜末炸香，再将肉粒倒入炒熟，再加入豆腐干丁煸炒，放入酱油、精盐、白糖、味精等调味，用湿淀粉勾芡，即成馅心，晾凉备用。

（2）粉团调制　将锅置中火上，放入籼米粉和精盐拌匀，炒至米粉温度为 60℃ 左右时，加入冷水，搅拌均匀，煮熟出锅。将粉团放在案板上晾凉揉透，做成每个重约 25g 的面剂。

（3）生坯成型　先将案板上抹菜籽油少许，把面剂揉成球放在上面，用刀压成直径 10cm、厚 1.5mm 的面皮，左手托皮，右手包上馅心，捏成月牙饺子形状，即成生坯。

（4）生坯熟制　将铁锅置旺火上，放入菜籽油，烧至 165℃ 热时下入饺子生坯，炸至呈金黄色时，改用中火再炸 1min 左右，出锅即成。

二十、宁波汤圆

1. 原料配方（以 20 只计）

（1）坯料　水磨糯米粉 300g，冷水 160mL。

（2）馅料　黑芝麻 150g，猪板油 180g，绵白糖 100g，糖桂花 15g。

2. 制作过程

（1）馅心调制　将黑芝麻用小火炒熟，晾凉后用粉碎机粉碎成屑，拌入绵白糖以及去膜绞碎的猪板油擦搓成馅心。

（2）粉团调制　将水磨糯米粉放在案板上，扒一窝塘，加冷水揉成糯米粉团。

（3）生坯成型　将揉匀的粉团搓条、下剂，包入馅心，收口捏紧，制成汤圆。

（4）生坯熟制　锅中加水烧开，倒入汤圆，改用小火煮熟，撒上糖桂花，放入碗中即成。

二十一、长生糕

1. 原料配方（以 30 只计）

（1）坯料　水磨糯米粉 300g，绵白糖 40g，花生酱 75g，澄粉 30g，冷水 75mL。

（2）馅料　熟花生仁 150g，松子仁 15g，瓜子仁 15g，金橘粒 15g，猪板油 75g，白糖 50g。

2. 制作过程

（1）馅心调制　将熟花生仁、松子仁、瓜子仁等焙油后去衣压碎，与金橘粒、去膜切细的猪板油丁和白糖擦拌均匀成馅。

（2）粉团调制　澄粉放盆中，加上热水烫熟，揉成澄粉面团；然后在水磨糯米粉中加入熟澄粉面团、花生酱、绵白糖、冷水擦匀揉透。

（3）生坯成型　将揉匀粉团搓条，下 30 个剂子，逐个将剂子搓成球形，再按扁把皮捏成窝状，包上馅心，收口后捏成花生形，用骨针戳出纹路，放入刷过油的蒸笼中。

（4）生坯熟制　将装有生坯的蒸笼上蒸锅蒸 4min 即可出笼装盘。

二十二、松子枣泥拉糕

1. 原料配方（以 50 块计）

（1）坯料　糯米粉 950g，粳米粉 750g，小红枣 750g，熟猪油 150g，白糖 350g，冷水适量。

（2）辅料　松子仁 50g，色拉油 25mL。

2. 制作过程

（1）馅心调制　将小红枣洗净，放在盆内加冷水入笼用旺火蒸至酥烂，取出枣汤待用；同时将酥烂枣子用网筛擦出枣泥，去掉皮和核；然后炒锅上火，将熟猪油 50g 入锅，加白糖 250g，将枣泥入锅，用木铲不停炒动，使枣泥慢慢上色，晾凉备用。

（2）粉团调制　再将余下的熟猪油、白糖、枣汤一起入锅融化，冷却后把糯米、粳米粉、枣泥等一起入锅调成厚的糊状，成枣泥糕坯。

（3）生坯成型　取一只铝盆抹上一层色拉油，将拌匀的枣泥糕坯倒入盆内铺平。

（4）生坯熟制　上笼旺火开水蒸 30min 取下，在上面撒上焙熟的松子仁，续蒸 5min 至熟，取下晾凉。从盆内取出枣泥拉糕，切成菱形块即可。

二十三、百合糕

1. 原料配方（以 30 块计）

（1）坯料　糯米粉 750g，粳米粉 210g，鲜百合 500g，白糖 350g，熟猪油 150g，糖桂花 15g。

（2）饰料　青梅丁 150g。

2. 制作过程

（1）馅心调制　将鲜百合老瓣去净，嫩瓣撕去衣，洗净。取一只铝锅放入冷水上火烧开，将洗净的百合倒下去烧至酥软，将百合捞出留汤备用。

（2）粉团调制　将白糖和熟猪油放入锅内和百合汤一起化开，冷却后掺入糯米粉、粳米粉和糖桂花、熟百合，拌和均匀，揉成百合糕坯。

（3）生坯成型　取一只铝盘，盘内抹上一层色拉油，把百合糕坯倒入抹平。

（4）生坯熟制　将装有糕坯的铝盘放入笼内，上蒸锅蒸 40min 取下，面上撒上青梅丁，续蒸 5min 取下冷却。在盘内取出青梅百合糕，切成菱形块即可。

二十四、花生糕

1. 原料配方（以 30 块计）

水磨糯米粉 1000g，花生酱 300g，熟花生仁 150g，绵白糖

250g，黄油 100g，冷水 750mL。

2. 制作过程

（1）粉团调制　将黄油蒸化，熟花生米切粒，两者与绵白糖、花生酱、冷水拌匀，再与糯米粉调成厚糊。

（2）生坯成型　倒入抹过油的不锈钢方盘中抹平，放入蒸笼中。

（3）生坯熟制　将装有糕坯的方盘放蒸笼内，上蒸锅蒸约40min至熟，冷却后改刀切成菱形块即可。

二十五、金丝蜜枣

1. 原料配方（以 30 块计）

（1）坯料　澄粉 350g，水磨糯米粉 100g，枣泥 300g，绵白糖60g，开水 150mL。

（2）馅料　枣泥 300g，白砂糖 50g，熟猪油 50g，蜜枣粒 35g。

2. 制作过程

（1）馅心调制　将枣泥、白砂糖、熟猪油放入铝锅中，中小火加热熬成稠厚的枣泥馅，与蜜枣粒拌匀。

（2）粉团调制　将锅上火加水烧沸，加入澄粉搅匀、烫透倒出，稍凉后揉成粉团；在水磨糯米粉中加入枣泥、粉团、绵白糖揉匀成粉团。

（3）生坯成型　将揉好的粉团揉匀，搓成长条，切成小剂，用手捏成窝状，包入馅心揉成椭圆形，用骨针在坯上按出竖纹，两头各掐个眼，再将坯子略按扁即成蜜枣形状生坯，放入刷过油的笼内。

（4）生坯熟制　将装有生坯的蒸笼上蒸锅蒸 5min 即可出笼。

二十六、像生核桃

1. 原料配方（以 30 块计）

（1）坯料　水磨糯米粉 300g，核桃酱 120g，绵白糖 60g，澄粉 75g，开水 115mL，巧克力粉 5g。

（2）馅料　核桃仁 150g，猪板油 75g，白糖 35g。

2. 制作过程

（1）馅心调制　将核桃仁放入烤盘，放入烤箱进行 120℃烘熟、碾碎，加入去膜切细的猪板油丁和白糖等搓拌均匀成馅。

（2）粉团调制　锅上火，加水烧沸，倒入澄粉烫透。在水磨糯米粉中加入熟澄粉团、核桃酱、绵白糖、巧克力粉擦匀揉透。

（3）生坯成型　将粉团揉匀、搓条，下成 30 只剂子，将剂子搓成圆球状，把皮捏成窝状，包上馅心，收口后捏成扁圆的核桃形。用铜夹在核桃中间环绕夹，形成突出的边，再用鹅毛管在双边的两侧戳出均匀的核桃花纹即成生坯。

（4）生坯熟制　将装有生坯的蒸笼上蒸锅蒸 5min 即可出笼。

二十七、太白糕

1. 原料配方（以 30 块计）

（1）坯料　糯米粉 1000g，澄粉 400g，白糖 350g，白酒 15mL，冷水 1100mL，黄油 25mL。

（2）饰料　松子仁 50g，樱桃 15 颗。

（3）辅料　色拉油 15mL。

2. 制作过程

（1）面团调制　将糯米粉、澄粉放入盆内，加白糖、黄油拌和后加冷水搅成厚糊状，加入白酒搅匀。

（2）生坯成型　将不锈钢方盆底部抹上油，把厚糊倒入，抹平表面。

（3）生坯熟制　将方盆上笼蒸 45min 左右取出，晾凉，用刀切成菱形小块，镶上几粒松子仁和半粒樱桃点缀装饰，即可。

二十八、擂沙团子

1. 原料配方（以 30 只计）

（1）坯料　各式汤团（猪油馅、芝麻馅、豆沙馅、百果馅等汤团）30 只。

（2）饰料　红小豆 300g。

2. 制作过程

（1）饰料加工　将红小豆洗净，煮至酥烂，磨成细粉，压去水分，成为块状豆沙，将块状豆沙搓散，置于烤箱中烘干，再将豆沙放入炒锅中，以小火炒制 30min，使豆沙分散成芝麻粒大小的细粒干沙，然后磨细，过筛后即成豆沙粉，装盘中摊开待用。

（2）成品熟制　将各式汤团（猪油馅、芝麻馅、豆沙馅、百果馅等汤团）煮熟后捞起，沥去水，倒入豆沙粉盘中滚动，使汤团粘满豆沙粉即可。

二十九、艾饺

1. 原料配方（以 20 个计）

（1）坯料　水磨糯米粉 300g，水磨粳米粉 300g，鲜嫩艾叶 200g，开水 220mL，碱水 10mL。

（2）馅料　芝麻 300g，绵白糖 150g。

（3）辅料　色拉油 15mL。

2. 制作过程

（1）馅心调制　将芝麻洗净、沥干，小火炒熟，用粉碎机粉碎成细屑，拌入绵白糖成馅心。

（2）粉团调制　将 5mL 碱水倒入开水中，加入择洗干净的鲜嫩艾叶，不盖锅（防止艾叶焖捂变黄）烧沸煮烂，捞入冷水中过凉后待用。

另外将 220mL 的开水，冲入放有水磨粳米粉的盆中，边冲边用擀面杖搅匀成厚粉糊,与熟艾叶、水磨糯米粉和剩余的碱水揉拌均匀成团。

(3)生坯成型　把揉匀的粉团放在撒有干糯米粉的案板上搓条,摘成 20 个剂子,将剂子逐个按扁捏成窝状,包入芝麻糖馅,先捏出三角形,后再收口捏成饺子形状。放入刷过油的笼内。

(4)生坯熟制　将装有生坯的蒸笼上蒸锅旺火蒸 8min,装盘即可。

三十、玫瑰百果蜜糕

1. 原料配方(以 10 块计)

(1)坯料　细糯米粉 1000g,红曲米粉 5g,绵白糖 500g,冷水 400mL。

(2)馅料　胡桃肉 150g,橘红 35g,玫瑰酱 50g,松子仁 75g,青梅干 50g。

(3)辅料　色拉油 15mL。

2. 制作过程

(1)馅心调制　将胡桃肉放入开水中浸泡,使脱去涩味,取出并沥干水分后切丁;青梅干、橘红分别切成丁;松子仁用油焙熟;最后将这几种原料放置馅盆内拌匀成百果馅料。

(2)粉团调制　将细糯米粉、红曲米粉、绵白糖(200g)置盆中,加入冷水抄拌均匀,静置约 3h 后放入粗眼筛中揉搓成糕粉。

(3)生坯熟制　取蒸笼一只,抹上油,垫上湿布,先铺放一层糕粉(约 6.5cm 厚)上开水锅蒸到蒸汽透出糕粉时,逐步将余粉向冒汽处加入,直到将糕粉加完,盖上笼盖续蒸 10min,至糕面呈玫瑰色、质地软润、筷子插入不粘时即为成熟。

(4)制品成型　将剩余的绵白糖倒在案板上,再将糕坯置放上面。双手蘸冷水将糕坯揉按,边揉按边将百果馅料、玫瑰酱陆续均匀放入,直至将糕揉按至光滑为止。

最后放入木糕盘内(盘底需抹油防粘)双手按平糕面,晾 4h

后切成长 8cm、宽约 4.5cm 长方块蜜糕 10 块即可。

三十一、桂花白糖年糕

1. 原料配方（以 4 块计）

（1）坯料　水磨糯米粉 500g，水磨粳米粉 200g，白糖 300g，糖桂花 25g，冷水 225mL。

（2）辅料　色拉油 15mL，咸桂花 10g。

2. 制作过程

（1）粉团调制　将水磨糯米粉、水磨粳米粉倒入面盆中拌和，中间扒成凹塘，放入白糖，同时将冷水慢慢倒入，双手抄拌均匀。静置 24h 后过筛成糕粉。取蒸笼一只，抹上油，垫上湿布，先铺一层薄糕粉，用旺火开水锅蒸制，至蒸汽透出糕粉出现气孔时，取余下糕粉逐步加入，直至将粉加完，盖上笼盖，再蒸约 15min 至成熟。

（2）制品成型　在案板上铺上湿白洁布一块，将糕体倒入，放入糖桂花，双手抓住布角将糕翻身，布覆盖上面，案板上洒上凉开水，用力反复揉按光滑，揉按成长方形，然后将糕 1/3 从外部向内折叠，再将靠身的 1/3 向外折叠起成扁长条卷筒状，将糕翻身，继续揉按成 8cm 宽、1.5cm 厚的长条，糕面上均匀铺上咸桂花。切成 16cm 长的长方块（每块约重 250g），另取竹匾或糕板一个，内涂色拉油，将糕逐块放入、晾凉、翻身，再以两块合一相叠，晾凉片刻再四块相叠，堆砌整齐，静置 24h 后即可。

三十二、芝麻如意凉卷

1. 原料配方（以 20 只计）

（1）坯料　水磨粳米粉 500g，水磨糯米粉 500g，绵白糖 300g，冷水 400mL。

（2）馅料　豆沙馅 150g，莲蓉馅 150g。

（3）辅料　色拉油 15mL，脱壳白芝麻 50g。

2. 制作过程

（1）辅料加工　将脱壳白芝麻洗净，用小火炒熟，用粉碎机粉碎成芝麻屑。

（2）粉团调制　将水磨粳米粉、水磨糯米粉、绵白糖置盆中，加入冷水抄拌均匀，静置 3h 后放入粗眼筛中过筛成糕粉。

（3）生坯熟制　取蒸笼一只，抹上油，垫上湿布，先铺放一层糕粉，上开水锅蒸到蒸汽透出糕粉时，逐步把余粉向冒汽处加入，直到将糕粉加完，盖上桶盖继续蒸 10min，至糕面成玉色、质地软润、筷子插入不粘时即为成熟。

（4）制品成型　双手蘸冷开水将糕体揉按至光滑，再将其擀成长方形面皮，将其长度的一半铺上豆沙馅卷起，另一半铺上莲蓉馅，由两头向中间卷起。然后将芝麻屑撒在双卷上。沿截面切成如意卷形即成。

三十三、猪油百果松糕

1. 原料配方（以 12 块计）

（1）坯料　粳米粉 500g，糯米粉 500g，绵白糖 400g，冷水 420mL。

（2）饰料　猪板油 150g，糖莲子 8 颗，蜜枣 4 个，白糖 75g，核桃仁 35g，玫瑰花 10g，糖桂花 15g。

2. 制作过程

（1）饰料加工　将猪板油撕去膜，切成 0.4cm 见方的丁，加入白糖拌和，腌渍。糖莲子掰开，蜜枣去核切片，核桃仁切成小丁待用。

（2）粉团调制　将糯米粉、粳米粉与绵白糖、冷水拌匀，静置 3～4h，过筛成糕粉。

（3）生坯成型　将糕粉放入圆笼内（下衬糕布）刮平，不能按实，再将装饰料在糕面上排列成美观图案。

（4）生坯熟制　将装有糕粉的蒸笼放上蒸锅蒸 20min，待接近成熟时揭开笼盖洒些温水，再蒸至糕面发白、光亮呈透明状时，取出冷却，再改刀 12 块装盘。

三十四、双馅团子

1. 原料配方（以 8 只计）

（1）坯料　水磨糯米粉 300g，水磨粳米粉 200g，冷水 250mL。

（2）馅料　豆沙馅 150g，芝麻糖馅 150g。

（3）辅料　色拉油 25mL。

2. 制作过程

（1）粉团调制　将水磨糯米粉、水磨粳米粉拌匀，加入冷水再拌匀，静置，过筛成糕粉，放入刷过油、铺有笼布的笼中，上锅蒸制 30min，取出趁热揉按成熟粉团。

（2）制品成型　将熟粉团摘成 8 个剂子，取一个按成中间厚、边缘薄的皮子，放入豆沙馅，起捏拢收口，再按成中间厚、边缘薄的坯皮，舀入芝麻馅，如上法捏拢收口，顶部略按平即成。

三十五、伦教糕

1. 原料配方（以 20 块计）

（1）坯料　水磨籼米粉 1000g，白糖 100g，冷水 800mL，酵母 5g。

（2）辅料　蛋清 25mL。

2. 制作过程

（1）粉团调制　将水磨籼米粉加一半冷水调成米浆，再将另一半冷水加上白糖煮沸，冲入蛋清搅匀后过滤，最后全部冲入盆中，边冲边搅，使米浆呈半生半熟的稀糊状，冷却待用。将酵母用少许熟米浆调匀后再与其他米浆搅和均匀，发酵 10h 左右。当糕面有小气泡不断产生时说明糕浆发酵成熟了。

（2）生坯熟制　将洁净的湿笼布垫入笼中，倒入发酵好的糕浆，用旺火蒸 20min 即成。待糕体冷却后切块。

三十六、豆面糕（驴打滚）

1. 原料配方（以 20 块计）

（1）坯料　糯米粉 500g，温水 180mL。

（2）馅料　豆沙馅 200g。

（3）辅料　黄豆面 200g，色拉油 25mL。

2. 制作过程

（1）坯料调制　把糯米粉倒到一个面盘里，用温水和成面团，拿一个空盘子，在盘底抹一层色拉油，这样蒸完的面不会粘盘子。将面平铺在盘中，上锅蒸，大概 20min 左右，前 5～10min 大火，后面改小火，蒸匀蒸透。

（2）辅料加工　在蒸粉团的时候，另起锅炒黄豆面，直接把黄豆面倒到锅中翻炒，炒成金黄色，出锅备用。

（3）馅心调制　把豆沙馅用少量开水搅拌均匀，待用。

（4）制品成型　待粉团蒸好取出，在案板上洒一层黄豆面，把糯米面放在上面擀成一个大片，将豆沙均匀抹在上面（最边上要留一段不要抹），然后从头卷成卷，再在最外层多撒点黄豆面。最后用刀切成小段，在每个小段上糊一层黄豆面即可。

三十七、打糕

1. 原料配方（以 50 块计）

（1）坯料　糯米 1000g，冷水适量。

（2）饰料　熟豆沙粉 50g，熟黄豆面 50g，白糖 25g，盐 2g。

2. 制作过程

（1）粉团调制　将糯米淘洗干净，用冷水浸泡 10h，捞出沥干水分，放入有湿笼布的蒸笼内，上开水锅蒸约 20min 成糯米饭。将蒸制成熟的熟糯米饭放在砧板上，用木槌边打边翻，翻打至看不出米饭粒即可。

（2）制品成型　将制好的打糕切成条状，裹上熟豆沙粉或熟黄豆面即成。也可不裹豆沙粉或者黄豆面，随食随蘸，喜甜食者可蘸白糖；喜咸食者，可佐盐食用，口味可甜可咸。

三十八、八宝年糕

1. 原料配方（以 30 块计）

（1）坯料　糯米 1000g，冷水适量。

（2）馅料　芝麻仁 25g，青梅 25g，葡萄干 25g，桃脯 25g，冬瓜条 25g，白莲 25g，白糖 25g。

（3）辅料　熟猪油适量。

2. 制作过程

（1）粉团调制　先将 1000g 糯米淘洗干净，水浸 24h 后上屉蒸烂，取出用木棒捣烂摊凉备用。

（2）馅心调制　把白糖、芝麻仁、青梅、葡萄干、桃脯、冬瓜条、白莲搅拌做成馅。

（3）生坯成型　在方盘内刷一层熟猪油，铺上捣烂的 1cm 厚的糯米饭，每铺一层放入适量的馅，共铺三层。

（4）生坯熟制　上锅蒸熟后，用刀切成小块即可。

三十九、水晶糕

1. 原料配方（以 20 片计）

大米 500g，车前草 25g，白砂糖 500g，冷水适量。

2. 制作过程

（1）粉团调制　将大米淘洗干净，泡制 10h；车前草洗净，切成细粒。将大米、车前草加入水，磨成细浆，过滤后备用。

（2）生坯熟制　将锅内倒入水烧沸，放入米浆，搅拌均匀成糊，熟后倒入木制模子内，晾凉收干，淋少许水，以免硬皮。

（3）制品成型　将白砂糖放入碗内，倒入水化开，备用。将凉糕切成薄片，放入碗内，倒入糖水即可食用。

四十、香蕉糕

1. 原料配方（以 20 块计）

糯米 500g，白砂糖粉 1000g，冷开水 300mL，熟猪油 50g，食用香蕉油 0.005g。

2. 制作过程

（1）粉团调制　将糯米炒熟，再用粉碎机磨成细粉。以冷开水溶解糖粉，加入熟猪油搅拌均匀。加入糯米粉拌匀，搓成软滑、有韧性的粉团。

（2）制品成型　将粉团搓成直径 2.5～3cm 的长条，再切成长约 8cm 的条块。

四十一、广东年糕

1. 原料配方（以 20 块计）

（1）坯料　糯米粉 1500g，籼米粉 300g，片糖 2000g，开水 1000mL，冷水 500mL。

（2）饰料　花生油（涂面）50mL，榄仁（撒面）25g，红枣 100g，竹叶（垫边底）150g。

2. 制作过程

（1）粉团调制　先将片糖用冷水煮成糖浆备用。把糯米粉、籼米粉混合均匀，倒入开水 1000mL 搅拌成熟浆。再在熟浆中逐步加进糖浆搅拌均匀后放在大蒸笼中。

（2）生坯熟制　每个蒸笼放厚 3～4cm 的浆，用猛火大约蒸 4h，倒在案板上，用木棒槌搓至匀滑，便可分成每个重 50～100g 的糕坯，放在有竹叶垫底的铁模具内。在糕面扫油，粘上榄仁、红枣，复蒸约 20min。

四十二、百果油糕

1. 原料配方（以 1 块计）

（1）坯料　籼米粉 500g，酵母 5g，发酵粉 3g，白糖 50g，冷水 400mL。

（2）饰料　猪油 50g，各种果料 150g，红枣 30 只。

2. 制作过程

（1）面团调制　将籼米粉放入盆中，加上酵母、发酵粉、白糖、冷水调制成米团，饧制 30min。

（2）生坯成型　将各种果料分别加工处理成小料。在模具里用果料摆设图案，再把发酵过的粉团倒入抹平，小心勿破坏图案。

（3）生坯熟制　将模具放入笼屉，用旺火、足汽蒸约 25min。取出晾凉，扣入盘内即可。

四十三、桂花年糕

1. 原料配方（以 4 块计）

（1）坯料　糯米粉 500g，粳米粉（干，细）120g，白砂糖 300g，冷水 300mL。

（2）辅料　芝麻油 15mL、花生油 25mL、咸桂花酱 10g。

2. 制作过程

（1）粉团调制　将糯米粉、粳米粉放入盆内拌匀，加入白砂糖，倒入适量冷水，拌成松散的糕粉。

（2）生坯熟制　笼屉内刷上花生油，轻轻铺上糕粉，不可压实，放在蒸锅上，用旺火蒸 20min 左右，见糕粉全部蒸熟，倒在事先浸过水的干净棉布上。

（3）制品成型　在干净棉布上淋上适量开水，隔着把熟糕粉揉成粉团，按压成厚 2cm、长 40cm、宽 10cm 左右的长条，撒上咸桂花酱。用线拉割成 4 块，稍冷，刷上芝麻油，整齐叠块，即可食用。

四十四、枣酿糕

1. 原料配方（以 20 只计）

（1）坯料　糯米粉 300g，冷水 180mL。

（2）馅料　红枣 750g，熟猪油 50g，芝麻 250g，白糖 150g，青红丝 10g，桂花酱 10g。

2. 制作过程

（1）馅心调制　将红枣洗净，煮熟后去核、皮，制成枣泥。锅上火加入熟猪油烧热，加入一半白糖熬制成糖浆，再放入枣泥，用小火炒至稠厚上色，晾凉备用。芝麻炒熟后压碎，加入剩下的白糖、青红丝、桂花酱以及晾凉的枣泥搓匀成馅心。

（2）粉团调制　将糯米粉放入盆中，加入冷水和成粉团，揉匀后，搓成长条，制成 20 个剂子。

（3）生坯成型　逐个将剂子擀按成皮，包入馅心，放在模具里压制成型。

（4）生坯熟制　将生坯脱模，放入垫上竹叶的蒸笼内，蒸 15min 至熟。

四十五、云片糕

1. 原料配方（以 4 条计）

（1）坯料　糯米 1500g，绵白糖 500g，饴糖 50g，蜂蜜 35g，桂花精 0.005g，温水 1L。

（2）辅料　花生油 25mL，熟面粉 35g。

2. 制作过程

（1）粉团调制　选优质纯白大粒糯米，用冷水洗净，再用烫手的温水（60℃）捞一次，堆垛 1h，随即摊开，经 20h 晾干后过筛，选出大颗粒糯米。进行炒米，炒时需放少许花生油。炒到糯米呈圆形，不开花即可。将炒好的糯米磨成粉，使其自然散热避免干燥，然后过筛。同时，将绵白糖加温水搅溶，加热至 $100\sim110℃$，制成糖浆。再将加工的糯米粉与糖浆拌匀。

（2）生坯成型　糕模中先放入一层和匀的糯米粉，再放入用蜂蜜、桂花精拌少量糯米粉作馅心料，最后再放入剩余的糯米粉，压实压平成型。

（3）生坯熟制　糕模置于热水锅中隔水炖制定型，再脱模后复蒸约 5min 后，取出撒一层熟面粉，放入木箱进行保温，以使糕坯质地更加柔润。

（4）制品成型　隔天取出切片，要求切得薄而匀，每 30cm 切25 片，随切随包装。

四十六、草莓麻糬

1. 原料配方（以 30 个计）

（1）坯料　糯米粉 500g，开水 180mL。

（2）馅料　草莓 50g，豆沙馅 150g，椰蓉 75g。

2. 制作过程

（1）馅心调制　用豆沙馅包裹住每颗草莓做成球状作馅心。

（2）粉团调制　将糯米粉加开水搅拌至黏稠的粉团，放入涂了油的碗中，覆上保鲜膜，放入微波炉中火加热 2min。

（3）生坯成型　手上沾冷开水，将煮熟的糯米团（呈透明状）摘成剂子，做成圆皮，包裹住红豆草莓球。

（4）制品成型　再将做好的红豆草莓球在椰蓉上滚动，让椰蓉均匀地粘在球外皮即可。

四十七、双味糯米糕

1. 原料配方（以 30 个计）

糯米粉 800g，椰浆 250mL，冷水 250mL，红糖 240g，白砂糖

180g，色拉油 40mL。

2. 制作过程

（1）粉团调制　糯米粉及色拉油分成 2 等份，其中一份加入红糖和冷水，另一份加入白砂糖和椰浆，均揉匀。

（2）生坯成型　将红白双色糯米团各擀成厚约 0.5cm 的薄片，将红色糯米团放在白色糯米团上，轻轻压实，自一端卷向另一端。

（3）生坯熟制　取 1 张保鲜膜，铺平放入糯米卷包卷好，并将两端的保鲜膜拧紧，入锅以中火蒸约 20min，取出待凉，撕除保鲜膜，切片装盘即可。

四十八、松仁糕

1. 原料配方（以 50 只计）

（1）坯料　蒸熟米粉 350g，白砂糖 350g。

（2）馅料　蒸熟米粉 500g，白砂糖 180g，桂花 50g，松子仁 50g，花生油 500mL，温水 100mL。

2. 制作过程

（1）馅心调制　将白砂糖、松子仁、花生油、桂花等，加适量温水与蒸熟米粉拌匀即可。再将馅心分块在案板上擀成厚约 1cm 的均匀薄片。

（2）粉团调制　把白砂糖和蒸熟米粉搓透；在擀开的馅心上刷少量温水，再把搓好的粉料用金属筛均匀地筛到馅心表面上。用铜板压平，盖上一张纸。再用同样的方法将另一面上好，盖纸和木板，放置 2h。

（3）成品成型　将糕用刀切成长 4cm、宽 1.5cm 长方块，盖上红字印即可装箱。

四十九、京果

1. 原料配方（以 3 包计）

（1）坯料　糯米粉 350g，面粉 100g，饴糖 25g，花生油

25mL，冷水 250mL。

（2）浆料　白砂糖 500g，饴糖 50g，冷水 150mL。

（3）饰料　糖粉 75g，炒粳米粉 150g。

（4）辅料　花生油 2L（耗 75mL）。

2. 制作过程

（1）糖浆调制　将白砂糖、冷水、饴糖用小火熬成糖浆。

（2）粉团调制　将冷水放入锅内，加入饴糖，升温至沸后，加入糯米粉不断搅拌成糊状，顺锅边下花生油润滑，防止粘锅，再搅 20min 即可出锅。把米糊放在案板上略冷后，同其余米粉团配料一同放入和面机内搅拌约 15min，出机后把米粉团切成块状待用。

（3）生坯成型　把米粉团块经压片机滚压成厚 5mm 的条坯，再传送到夹条机夹成 5mm 宽的长条，最后切成 33mm×5mm×5mm 的生条坯。

（4）生坯熟制　将油锅上火，放入花生油，加热至 165℃，待条坯上浮，且膨胀成圆条状时，捞出沥油，放入糖浆中，待浆料裹匀，捞出，及时撒上糖粉和炒粳米粉。

五十、重阳糕

1. 原料配方（以 1 块计）

（1）坯料　糯米粉 500g，粳米粉 250g，红糖 50g，冷水 300mL，白糖 250g。

（2）馅料　红豆 250g，白糖 250g，红绿果脯 100g，豆油 25mL。

2. 制作过程

（1）馅料调制　先将红绿果脯切成丝，待用。另将红豆入锅煮烂，筛去皮，与白糖、豆油小火炒制成干豆沙，备用。

（2）坯料调制　将糯米粉、粳米粉掺和，取 150g 拌入红糖，加冷水 50mL 左右，拌成糊状粉浆。将其余的粉拌上白糖，加冷水 250mL 后，拌和拌透。

（3）生坯成型　取糕屉，铺上清洁湿棉布，放入 1/2 糕粉刮平，将豆沙均匀地撒在上面，再把剩下的 1/2 的糕粉铺在豆沙上面刮平。

（4）生坯熟制　随即用旺火开水蒸。待气透出糕粉时，把糊状粉浆均匀地铺在上面，洒上红绿果脯丝，再继续蒸至糕熟，即可离火。将糕取出，用刀切成菱形块状即成。

五十一、雪片糕

1. 原料配方（以 2 盒计）

炒熟糯米粉 1800g，花生油 100mL，绵白糖 1000g，熟面粉 100g，冷水 850mL。

2. 制作过程

（1）湿糖调制　在制糕前一天将绵白糖用冷水溶化再加油拌匀，然后每隔一段时间再拌和一次，放在盆内待用。俗称印糖。

（2）生坯成型　把炒熟糯米粉和湿糖按 1∶1.1 比例称出，擦匀拌透取出过筛。从中取出部分糕粉留作面料。把糕粉装入模内，上面加上面料，划匀糕面，再用模方压实，最后按平。

（3）生坯熟制　把糕模放入蒸锅内汽蒸 8min 左右，待糕体四周与模微微离开，出现白边，即可将糕倒出放在木板上，待蒸下一锅时将木板搁在糕模上回笼蒸一次，称为回汽。把回汽后的糕分切成 3 块长方条形糕体，并在糕面上用熟面粉撒一次糕面，然后面对面叠起放入木箱内，盖上布，静置 24h 切片。

（4）制品成型　将糕条排列在切糕机上，切薄片。

五十二、八珍糕

1. 原料配方（以 5 块计）

（1）坯料　炒糯米粉 750g，花生油 50mL，绵白糖 350g，冷水 400mL。

（2）辅料　砂仁 60g，炒山药 50g，炒莲子肉 50g，炒芡实 50g，茯苓 50g，炒扁豆 50g，薏米仁 50g，绵白糖 250g。

2. 制作过程

（1）辅料调制　炒山药，用铁锅以文火炒至淡黄色；炒莲子肉，用开水浸透，切开去心，晒干，用文火炒至淡黄色；炒芡实，用铁锅以文火炒至淡黄色；炒扁豆，除去霉烂、嫩、瘪粒及杂质，用文火炒至有爆裂声，表面呈焦黄色；砂仁、茯苓，除去杂质；米仁，淘净，除去杂质，晒干。最后一起用粉碎机粉碎成细粉状。提前一天将绵白糖和适量的冷水搅溶，成糖浆状，再加入花生油，制成湿糖。

（2）粉团调制　先将炒糯米粉同所有辅料细粉拌匀，然后和湿糖拌和擦匀，去筛。

（3）生坯成型　坯料拌成，随即入模，将坯料填平，均匀有序地压实，用标尺在锡盘内切成 5 条。

（4）生坯熟制　将锡盘放入蒸汽灶内蒸制，经 3～5min 即可取出。将糕模取出倒置于案板上分清底面，竖起堆码，然后进行复蒸。

（5）制品成型　隔天，将糕坯入切糕机按规格要求进行切片即可。

五十三、芝麻姜汁糕

1. 原料配方（以 2 盒计）

炒糯米粉 350g，白砂糖 250g，熟芝麻仁 150g，姜汁 100mL，冷水 50mL。

2. 制作过程

（1）粉团调制　将白砂糖加冷水熬制成糖浆；炒糯米粉、姜汁加入糖浆拌匀，擦透成糕粉。

（2）生坯成型　把 1/4 糕粉铺入糕盆作糕面，剩余糕粉加熟芝麻仁拌匀，放入糕盆铺平、按实、开条。

（3）生坯熟制　连糕盆入锅隔水蒸熟，趁热将糕坯磕在木架上，稍冷后回气。

（4）制品成型　经一昼夜缓慢冷却，最后切片，撒上 1/4 糕粉包装即成。

五十四、潮糕

1. 原料配方（以 2 块计）

糯米粉 200g，粳米粉 300g，绵白糖 220g，冷水 160mL。

2. 制作过程

（1）粉团调制　将原料全部拌匀，再加冷水适量，拌成糕粉。先将糕粉全部过筛，分成 10 份，每份 1 笼。每份先筛出 1/10 留作制糕面用。

（2）生坯成型　把糕粉均匀筛入蒸笼内，再将糕面粉筛在最上层，用鹅翎把糕面掸开，动作要轻巧，以保证糕粉在蒸笼内留下充分孔隙，便于蒸透。糕粉放置时间不能过长，否则糕粉涨发，蒸后会呈颗粒状。粉筛好后用一薄长片刀将糕粉在笼内划成长 5cm、宽 3cm 的糕片待蒸。

（3）生坯熟制　将糕片排列整齐，放在笼内，蒸 10min，糕坯白色变深，手按有弹性不陷即熟。

五十五、素枣糕

1. 原料配方（以 8 块计）

（1）坯料　炒糯米粉 500g，绵白糖 500g，芝麻油 40mL，冷水 180mL。

（2）馅料　炒糯米粉 100g，绵白糖 150g，糖桂花 10g，金橘饼 10g，芝麻油 30mL，冷水 200mL。

2. 制作过程

（1）粉团调制　将炒糯米粉用绵白糖、芝麻油和冷水拌匀擦透，过筛待用。

（2）馅心调制　把冷水烧沸，金橘饼切成细末，再将炒糯米粉、绵白糖、糖桂花全部入开水中调制，至成团时改用小火，并将芝麻油从锅四周淋下，不断搅动，防止粘锅焦底。搅透后出锅略冷，待用。

（3）生坯成型　将糕粉一分为二，一份作底，一份作面。把一份放入长 30cm、宽 15cm 的木模内划平压实，将馅心均匀铺上。再放上另一份面糕粉划平，压实。在糕粉入模前在模上垫一张纸，以便划块后易提起。

（4）制品成型　用刀将大块切划成为 4cm、宽 1cm 的小长块即可。

五十六、祭灶果

1. 原料配方（以 20 块计）

糯米 650g，芋艿 400g，白砂糖 150g，饴糖 260g，芝麻 100g，色拉油适量，冷水适量。

2. 制作过程

（1）粉团调制　将糯米淘净，用冷水浸 6～7h 后把水沥干，然后轧粉过筛，用适量冷水与米粉拌透后进行蒸制　把芋艿洗净，去皮，然后磨成浆。

（2）生坯成型　将蒸熟的粉坯用擀面杖用力搅拌，至不烫手时，就可掺入芋艿浆，然后再用力搅拌，直至拌匀为止。再把拌好的粉坯在面板上摊开，厚薄要均匀，待坯子晾干半小时，用刀切成 1.5～2cm 的正方形小块，再晾至有硬性、韧性即可。

（3）生坯熟制　先在 60℃ 左右的油锅内浸泡，泡至生坯周边发白时，把生坯移入另一温热油锅内慢慢加热升温，待生坯胀到成品的 2/3 大时，再在 60℃ 的油锅内炸制，至生坯完全膨胀即成。

（4）制品成型　将白砂糖、饴糖在锅内煮沸，把炸好的生坯倒入拌和，取出，再倒入装有芝麻的竹匾内，粘上芝麻即成。

五十七、白果糕

1. 原料配方（以 10 块计）

糯米粉 500g，白果 150g，白糖 150g，蜜饯 25g，色拉油 35mL，桃仁 25g，冷水 160mL。

2. 制作过程

（1）粉团调制　白果剥去果皮和果芯，跟桃仁、蜜饯一起切成细粒，加白糖、糯米粉、色拉油调匀，加入冷水揉成糊状。

（2）生坯熟制　将做好的果糊修正成正方形，装在盘里上笼蒸 20min 至熟。

（3）制品成型　取出切成小方块即成。

五十八、乌饭糕

1. 原料配方（以 15 块计）

糯米 500g，红糖 200g，白糖 100g，山楂粉 50g，麻油 35g，开水 180mL，芝麻 35g，红丝 15g，瓜子仁 25g。

2. 制作过程

（1）粉团调制　把糯米淘净蒸熟，放入轧糕机中，将红糖、白糖、山楂粉倒在上面，加开水轧成饭块。

（2）生坯成型　倒入木框，用力将饭块撳实，等冷却后拆木框，用刀直切成等方块，完整地移至另一块木板上，刷上麻油，撒上芝麻、红丝、瓜子仁即成。

（3）生坯熟制　食用时，将糕放入平底锅内煎制后即成。

五十九、苔生片

1. 原料配方（以 2 盒计）

糯米粉 600g，糖粉 350g，花生仁 150g，芝麻 75g，苔菜碎

50g，花生油 35g，冷水 160mL。

2. 制作过程

（1）粉团调制　根据糯米粉和糖粉不同的干湿程度，加上冷水拌匀搓透。花生仁事先要用水泡透，沥干水分后用糖粉、芝麻、苔菜碎等拌匀。

（2）生坯成型　取少量搓好的粉拌花生仁。其余分成三堆，第一堆打底，在铁盘上摊平揿实后，将一半花生仁放在揿实的底粉中间，然后放上第二堆粉，同样揿实摊平，再将剩余的花生仁放入，最后放上第三堆粉，摊平揿实。操作时用力要均匀，四周高低相等。然后用刀开条，要求大小一致，不偏斜。

（3）生坯熟制　将切过条的糕连同铁盘一起蒸制，蒸糕时一定要蒸透。

（4）制品成型　把蒸过的糕进行切片，装盘。

（5）制品熟制　炉温为 230～250℃，烘烤 10min 左右至米黄色可收片包装。

六十、家常云片糕

1. 原料配方（以 2 盒计）

糯米粉 500g，白砂糖 500g，熟猪油 75g，冷水 160mL，柠檬酸 10mL。

2. 制作过程

（1）粉团调制　将白砂糖用冷水溶解后煮成糖浆，煮时加入柠檬酸，煮至 120℃，熄火，搅拌成糖砂，加进熟猪油，拌匀备用。把过筛的糯米粉，放案板上围成圈，中间放入糖砂，拌匀。

（2）生坯成型　把粉装入模具，压实，面上覆盖一张白纸。

（3）生坯熟制　放在蒸笼里蒸 15min，以增加粉的黏结度。糕坯脱膜后晾凉，取出切成薄片。

六十一、和连细糕

1. 原料配方（以 2 盒计）

炒糯米粉 300g，熟面粉 200g，冷开水 180mL，白糖粉 450g，熟猪油 15g。

2. 制作过程

（1）粉团调制　白糖粉、熟猪油加少量冷开水拌透，加入熟面粉搅拌均匀，过筛。在拌好的粉中加入炒糯米粉搓匀搓透。

（2）生坯成型　放入木模板内压实，使其在模内黏结，然后用刮刀刮去多余的粉屑，再将模内的印糕敲出即为成品。

六十二、砂仁糕

1. 原料配方

糕粉 500g，绵白糖 500g，饴糖 60g，猪油 75g，砂仁粉 50g，冷水 160mL。

2. 制作过程

（1）粉团调制　各种原料混合拌匀即可。

（2）生坯成型　拌好的粉装入锡盆内，装粉厚度为 6.5cm，装粉后用糕镜压实按平。划片时，横、竖按 1cm 距离切块。

（3）生坯熟制　糕模入开水锅内，约炖 5min 取出。稍冷倒在盘上待烘。最后将烘盘入烘箱用 70～80℃焙干，冷却后即可。

六十三、桂花香糕

1. 原料配方（以 40 块计）

（1）坯料　糯米 1000g，大米 4000g，冷水适量。

（2）馅料　红小豆 500g，红糖 2500g，玫瑰酱 250g，青梅 100g，瓜条 100g，熟芝麻仁 75g，松子仁 50g，瓜子仁 50g，桃仁 50g，蜜橘皮 50g，青丝 50g，红丝 50g。

2. 制作过程

（1）馅心调制　将红小豆洗净、晾干，磨成干面，与红糖、玫瑰酱、熟芝麻仁和剁碎的青丝、红丝搓匀成豆沙馅。另将青梅、松子仁、瓜子仁、桃仁、蜜橘皮切成碎末。

（2）粉团调制　将大米和糯米洗净，用冷水泡胀，控去水分，上石磨磨成潮湿的米粉。

（3）生坯成型　将铺好屉布的箅子放在案子上，上面再摆上厚约3.3cm的长方形木模。然后将潮米粉均匀地撒入。撒至米粉占木模厚度的1/3时，把豆沙馅均匀地撒上。撒至木模只剩1/3厚度时，将潮米粉再撒入。撒好后，用木刮板把米粉与模子刮平，再用小铁抹子抹出光面，用刻有细直纹的木板按压出直纹，撒上切好的多种小料，再用刀将糕干生坯切成40块。

（4）生坯熟制　拿去木模，将糕干生坯上蒸锅蒸约30min。见糕体没有生面、豆沙馅裂开时即熟。

六十四、桂花炒米糕

1. 原料配方（以4块计）

炒糯米粉600g，绵白糖350g，糖渍桂花50g，冷水175mL。

2. 制作过程

（1）粉团调制　将绵白糖过筛（粗粒用擀面杖擀碎），加入炒糯米粉、糖渍桂花、冷水拌匀，搓至糖粉充分混合即可。

（2）生坯成型　将糕粉入木制印模内（模内需敷少量干粉），用力按压，使其在模内黏结，然后用薄片金属工具刮去多余粉屑，刮平后将米糕敲出。

（3）生坯熟制　放进低温烘房70～80℃焙干，冷却后即可。

六十五、朝笋香糕

1. 原料配方（以40块计）

粳米1000g，白砂糖350g，糖渍桂花50g，香料10g，冷水适量。

2. 制作过程

（1）粉团调制　把粳米淘洗干净，沥干水。再加 3%～5% 的水摊开，摊晾 10～16h，使含水量到 26% 左右。然后粉碎，过 0.4mm 筛眼筛。将白砂糖筛于粉料中拌匀，放置 2～5h，使糖粉溶解。

（2）生坯成型　将糕粉搓匀，盛入烘粉匾，送入烘房，温度以 60℃ 为宜。将部分烘好的粉加入糖渍桂花和香料，拌匀搓透，然后过筛，除去杂质，成为桂花粉。

用 30cm×30cm×6cm 木箱，箱底铺上竹帘、箱板纸和白细布，掀平，将糕粉倒入半箱，铺上一层薄桂花粉。再将糕粉放上，平箱为止，用划刀弄平。用划糕刀分成两段，入切糕机切成 40 刀。

（3）生坯熟制　需用圆形无盖火缸，分两次烘。第一次以 100℃ 的温度烘 6～7min；第二次将糕反过来，用 80～90℃ 的温度再烘 8～9min。至糕体成朝笋形后起炉。待糕全部冷却后，加盖储存。

六十六、松子糕

1. 原料配方（以 50 只计）

糯米 1000g，白砂糖 500g，熟松子仁 150g，麻油 15g，开水 280mL，冷水适量。

2. 制作过程

（1）粉团调制　先将糯米过筛，筛去碎粒，淘洗干净，将水分沥干，然后将干净的粗砂用旺火炒热，放入糯米，不时炒动。炒到糯米成圆形，不要开花，即可。炒完后过筛，筛去粗砂，拣去焦粒，经冷却后，用粉碎机碾成细粉。将白砂糖加开水溶化成糖浆水，至白砂糖全部溶解后，冷却使用。

（2）生坯成型　先在案板上涂上麻油，将糕粉和入熟松子仁、糖浆水。糖浆水宜分次逐步放入，边放边拌，至质地软糯、有光泽，即可切成薄长方条形。

六十七、白象香糕

1. 原料配方（以 20 只计）

（1）坯料　糯米粉 500g，饴糖 10g，白糖 35g，开水 50mL，冷开水 140mL。

（2）馅料　糯米粉 500g，白糖 750g，芝麻 50g，橘饼 50g，熟猪油 50g，饴糖 50g，精盐 10g，茴香粉 3g。

2. 制作过程

（1）粉团调制　将糯米粉用文火慢炒，待炒成金黄色取出，粉碎过筛备用。白糖放在锅里加少量开水煮沸，倒在案板上铺平，冷却后白糖返砂，用木锤碾碎成糖粉，备用。将炒糯米粉、糖粉混合均匀再加上冷开水拌匀即成糕粉。

（2）馅心调制　将橘饼用刀切成细末状。芝麻用水洗净沥一下水，放在铁锅里用文火慢炒，透出香气后，取出碾成粉。最后，将糯米粉、白糖、芝麻、橘饼、熟猪油、饴糖、精盐和茴香粉拌匀成馅心。

（3）生坯成型　在模具内先铺上糕粉，刮匀，用铜刀刮除多余的糕粉，加馅心，再铺以糕粉，压平、盖印、切开，去掉模具，将香糕轻轻放入蒸笼。

（4）生坯熟制　将装好香糕的蒸笼放在火上用旺火蒸熟，一般上旺火圆气后蒸 5min 最适宜，时间过长香糕收缩，过短入口松散。

六十八、什锦糕

1. 原料配方（以 20 只计）

（1）坯料　糯米 500g，籼米 500g，冷水 300mL，白糖 100g，橘子香精 0.05g。

（2）馅料　金橘饼末 100g，熟猪油 50g，白糖 150g。

2. 制作过程

（1）粉团调制　将糯米、籼米混合入锅，置中火上，炒熟，冷却后磨成粉，筛细；将橘子香精、白糖用冷水溶化，倒入炒米粉中搅匀。把粉块搓细，放 4h，再筛成糕粉。

（2）馅心调制　将白糖、熟猪油、金橘饼末拌匀，捏成馅心 20 个。

（3）生坯成型　取木制印糕箱，将糕粉先筛入容积三分之一，在糕箱的每块糕格中间放上一块馅心。然后再将粉筛满，用木板轻轻压平，取衬上屉布的笼屉覆在糕箱上，翻过来，将糕覆在笼屉里。

（4）生坯熟制　将糕笼置开水锅上用旺火蒸 10min 即成。

六十九、绍兴香糕

1. 原料配方（以 2 盒计）

粳米 750g，白砂糖 240g，糖桂花 30g，香料 15g，冷水适量。

2. 制作过程

（1）粉团调制　先把粳米淘洗干净，用适量冷水浸泡 10～16h，使米粒涨透，磨成细粉过筛。将过筛的细米粉与砂糖拌和，焖 2～5h，使糖溶化。再用筛过细，以 60～100℃ 的温度烘烤，不宜过干，以免飞散损失。

（2）成型熟制　粉团拌入糖桂花、香料，入模切成片，蒸30～40min。取出后用 80～100℃ 的文火，烘烤 12～15min，使水分蒸发。再以 100～120℃ 的炉火烘烤 6～8min，翻转再烘烤 5～7min 即为成品。

七十、松糕

1. 原料配方（以 20 只计）

大米粉 450g，糯米粉 450g，冷水 300mL，豆馅 600g，糖粉（或绵白糖）90g。

2. 制作过程

（1）面团调制　将大米粉、糯米粉、糖粉（或绵白糖）混合均匀，加入冷水将粉料拌成半湿的状态，搓成潮湿但仍松散的粉粒，最后将粉粒过筛成糕粉。

（2）生坯成型　在模具边上涂油，将一半的糕粉倒入，铺平；将豆馅铺在上面；再将剩下的糕粉倒入，将表面刮平，不要压，保持糕粉呈松软状态。

（3）生坯熟制　放入蒸锅中，表面盖上屉布，大火蒸约 20min 即可。

七十一、定胜糕

1. 原料配方（以 20 只计）

粳米粉 600g，糯米粉 400g，红曲粉 5g，白砂糖 200g，冷水 300mL。

2. 制作过程

（1）粉团调制　将粳米粉、糯米粉放入盛器，加红曲粉、白砂糖和适量冷水拌匀，让其涨发 1h。

（2）生坯成型　将米粉放入定胜糕模具内，摁实，表面上用刀刮平。

（3）生坯熟制　上笼用旺火蒸 20min，至糕面结拢、成熟取出，翻扣在案板上即成。

七十二、橘红糕

1. 原料配方（以 10 只计）

米粉 500g，橘红 10g，白糖 200g，冷水 160mL，熟面粉 50g。

2. 制作过程

（1）馅心调制　橘红研细末，与白糖和匀为馅。

（2）粉团调制　米粉以冷水湿润，拌至松软适度。

（3）生坯成型　糕模底部先放一层糕粉，中间放上橘红馅心，上面再筛入剩余的糕粉。

（4）生坯熟制　入笼蒸制时要用开水旺火速蒸。晾凉切块后边缘要撒些熟面粉，以免粘连。

七十三、大方糕

1. 原料配方（以 32 只计）

（1）坯料　潮糯米粉 280g，潮粳米粉 600g，冷水适量。

（2）馅料

① 玫瑰大方糕　糖渍板油丁 450g，绵白糖 300g，瓜子仁 40g，松子仁 40g，糖玫瑰花 25g。

② 百果大方糕　糖渍板油丁 450g，绵白糖 250g，松子仁 50g，瓜子仁 50g，核桃仁 50g，青梅干 15g。

③ 薄荷大方糕　糖渍板油丁 450g，绵白糖 300g，瓜子仁 25g，糖桂花 15g，薄荷粉 5g。

④ 豆沙大方糕　糖渍板油丁 150g，糖豆沙 350g。

⑤ 鲜肉大方糕　猪肉馅 450g，白砂糖 40g，酱油 75g，精盐 5g，味精 2g。

2. 制作过程

（1）粉团调制　先将潮糯米粉和潮粳米粉混合，加适量的凉水拌和擦透，用粗筛过筛，成皮层糕粉。

（2）馅料调制　玫瑰、百果、薄荷馅料的制备方法，是先将果仁处理加工，如核桃仁用开水泡，除涩后剁成石榴子形；然后将果仁、辅料、绵白糖混合加适量凉水，分别调成糊状的馅料；同时将糖渍板油丁切成 1.5cm 见方的小块。

豆沙馅料的制作方法是将赤豆煮烂粉碎。将砂糖加水溶化，加入赤豆沙，先熬后炒加入油脂、桂花制成糖豆沙，再加入糖渍板油丁。

鲜肉馅料的制备是将猪腿肉绞细，加入白砂糖、酱油、精盐和味精等，馅料较厚，需加适量的水调匀。

（3）生坯成型　将已过筛的糕粉筛入垫好竹帘和糕布的浅框方木蒸格内，然后用手把持括板（竹质专用工具），在木蒸格内用刀切成 16 个相等的方形小洞，每个小洞内先放入糖渍板油丁，后在糖渍板油丁上面分别用汤匙舀上拌好果仁、辅料的糊状馅料（玫瑰或百果或薄荷或豆沙或鲜肉），再均匀地筛上一层糕料，用长刀（金属专用工具）刮去木蒸格上的浮糕料，并用有花纹和文字图案的印敷上糕料后分别磕在上好蒸格的糕面上，用小锤敲击几下，取去花纹板，糕面上即显示出清晰的图案，最后用长刀划分为小块，待蒸。

（4）生坯蒸制　在装有已成型糕料的大蒸格的四角填上小木块，层叠相砌，放在锅内的蒸架上盖上蒸笼帽，通入较强的蒸汽或用旺火焖蒸 40min 左右（鲜肉大方糕蒸 25min 左右）。

（5）制品装箱　趁热供应，不需冷却，而且还需用样盒（一种木质分层专用保温箱）保温。

七十四、松子黄干糕

1. 原料配方（以 20 只计）

潮糯米粉 400g，潮粳米粉 600g，绵白糖 350g，松子仁 150g，糖桂花 50g，焦糖 175g。

2. 制作过程

（1）粉团调制　将两种潮米粉拌和过筛，加入绵白糖，酌加焦糖拌成棕色的糕料。

（2）生坯成型　取糕料 1/4 拌入剁碎的松子仁和糖桂花作夹心。余下 3/4 的糕料分两份，先后筛入蒸笼内，作底和面，表面刮平，划出交叉斜纹。

（3）生坯熟制　上笼蒸熟后切块即可。

七十五、烘糕

1. 原料配方（以 20 只计）

（1）坯料　糯米粉 500g。

（2）馅料　白砂糖 330g，熟猪油 110g，麦芽糖 15g，熟面粉100g，冷水适量。

2. 制作过程

（1）馅心调制　将白砂糖倒入锅内小火煸炒，使糖逐渐熔化，再加入麦芽糖和熟猪油熬至成拔丝状态。然后趁热离火充分搅拌，让糖液在降温过程中逐渐返砂。此外，还可以将白砂糖加工成糖粉状，再加入适量冷水、麦芽糖和熟猪油，调成糖浆即可。

（2）粉团调制　把糯米粉与糖浆混合均匀，制成粉团。

（3）生坯成型　用擀面杖擀至成长方体，装入相应的不锈钢方盆内。

（4）生坯熟制　入蒸笼蒸至不软、不硬、不散、不生的程度。蒸好的糕体取出，放在装有熟面粉的容器内静置半天（称为养坯），再切成薄厚一致的片状，入烤炉烘烤，炉温为 180℃，烤至口感酥脆、色泽浅黄即可。

七十六、嵌桃麻糕

1. 原料配方（以 4 盒计）

炒糯米粉 1000g，芝麻粉 800g，绵白糖 1000g，核桃仁 200g，冷水适量。

2. 制作过程

（1）粉团调制　制作前先将绵白糖用水润湿、拌透，然后将湿糖、芝麻粉、炒糯米粉拌匀擦透；再用筛子将糕粉全部过筛备用。

（2）生坯成型　先把糕粉的 1/2 放入糕模内，压平糕粉，把核桃仁排在糕粉上，每模四排，核桃仁嵌好后再加入另一半糕粉，复压实，按平糕面。

（3）生坯熟制　将糕模放入锅上水蒸或汽蒸，约 7min。炖制时汽量一定要掌握得当。将回汽后的糕体切成 4 条放入木箱静置，隔日后切片。把长方形糕条切成糕片，厚度为 1.5mm，每条糕切

100 片。糕片厚度可视具体重量而定，大则厚，小则薄。切片后把糕片整齐摊平在烤盘内，炉温为 130～140℃，烤 5min 后出炉。

（4）冷却包装　烤制后的水分只有 2% 左右，极易吸湿，因此，糕冷却后，要及时包装封口。

七十七、糯米椰蓉粉团

1. 原料配方（以 10 只计）

糯米粉 500g，大米粉 300g，椰蓉 35g，开水 500mL，糯米 300g，冷水适量。

2. 制作过程

（1）粉团调制　将糯米粉、大米粉搅拌均匀后，分次加入适量的开水（180mL）烫制，淋冷水揉成团。

（2）生坯成型　将粉团揉匀搓条切剂，揉成团（手上可适量地沾一些水揉），按扁包入椰蓉收口，搓圆。

（3）生坯熟制　滚粘上糯米（糯米用冷水泡透后，沥干水分，再用开水 320mL 烫，烫完后，再沥干水分），然后上笼蒸 10min。

七十八、炒米饼

1. 原料配方（以 20 只计）

大米粉 350g，熟绿豆粉 150g，猪油 150g，白砂糖 300g，花生粉 150g，椰蓉 120g，冷水 150mL。

2. 制作过程

（1）粉团调制　将大米粉放入炒锅，炒香炒散。与熟绿豆粉、猪油、白砂糖、花生粉、冷水等一起拌匀搅透，搓成条，下剂，按压成皮。

（2）生坯成型　包入椰蓉等馅心，填进雕刻着花纹图案的木模，夯实后取出。

（3）生坯熟制　放入烤箱，以 180℃ 烤制 8min 即可。

七十九、豆沙麻球

1. 原料配方（以 20 只计）

糯米粉 250g，澄粉 75g，糖 75g，白芝麻 35g，豆沙馅 150g，热水 140mL。

2. 制作过程

（1）粉团调制　热水倒入澄粉中，混合揉匀。将糯米粉中加入糖混合均匀，再加入调好的澄粉团，加水适量揉成稍软的粉团。

（2）生坯成型　将粉团揉成长条，分成若干小剂子。将小剂子按扁包入适量豆沙馅，包好揉圆。将两手少沾点水，揉几下粉团，使其表面沾上水，增加黏性。扔到芝麻堆里滚上芝麻，再拿出来揉实，把芝麻揉进麻团。

（3）生坯熟制　油炸炉中放油，烧至 150～170℃，放入生坯。炸至表面金黄即可。

八十、玫瑰斗糕

1. 原料配方（以 15 只计）

细糯米粉 500g，红米粉 150g，绵白糖 220g，猪板油 75g，玫瑰花 15g，冷水 160mL。

2. 制作过程

（1）馅心调制　将猪板油去膜切丁用白糖腌制，制成糖板油丁。

（2）粉团调制　取细糯米粉加绵白糖搅均匀，再拌入红米粉至玫瑰色时，加冷水拌匀成松软的糕粉，过筛后备用。

（3）生坯成型　取木质斗形模一只，舀糕粉于模内，取糖板油丁两块放于中间。再取玫瑰花瓣放于糖板油丁上，舀粉于四周盖上，用刮刀刮平。

（4）蒸制　取铜蒸壶一只，蒸壶盖中间有出气孔，用棉花做成一棉垫，开同样大的出气孔，放在壶盖上，壶内装半壶水，用旺火烧沸。壶盖上放上模具，至斗糕蒸熟后取出即成。

八十一、如意糕

1. 原料配方（以 20 只计）

糯米粉 600g，粳米粉 400g，白砂糖 200g，红曲粉 10g，芝麻油 25mL，冷水 300mL。

2. 制作过程

（1）粉团调制　糯米粉、粳米粉、白砂糖粉充分搅拌均匀，加入冷水，继续搅拌至粉粒湿润、松散不粘手，静置 30min 左右使糖分渗入粉粒内部。然后过筛使粉粒粗细均匀、疏松不结块。全部糕粉按 3∶7 分成两份，将最少的一份糕粉中加入红曲粉拌和即成红糕粉，其余为白糕粉。

（2）生坯熟制　蒸锅放在旺火开水锅上，先放入一层白糕粉，待蒸汽上冒、粉呈玉白色时再放入一层粉，反复多次，直至白糕粉全部蒸熟。再用同法将红糕粉蒸熟，然后把糕粉分别放入和面机中，搅拌至有韧性成团为止。

（3）生坯成型　案板用芝麻油擦一下（防粘），把熟粉团放在上面，现将白粉团制成宽 6cm、厚 0.3cm 的长方形，再把红粉团制成厚 0.15cm 同样大小的长方形叠在上面，修去边幅，蘸些冷水助粘。随后从宽的两边分别朝里卷拢捏紧，拉成均匀的长条，上面抹些芝麻油，用刀切成小块即可。

八十二、四色方糕

1. 原料配方（以 24 只计）

（1）坯料　糯米粉 950g，粳米粉 450g，白糖 400g，冷水 450mL。

（2）馅料　白果馅 120g，素菜馅 120g，豆沙馅 120g，鲜肉馅 120g。

（3）辅料　红糖 10g，鸡蛋 1 个，红曲粉 2g。

2. 制作过程

（1）粉团调制　将糯米粉、粳米粉、白糖倒在拌面缸内，拌匀后，倒入适量冷水，用双手将四周的米粉向中间抄拌，直至粉粒都湿润且松散不粘手。静置 30min 左右，使糖渗透到粉粒内。将拌好的粉倒在面筛中推擦，让粉粒漏入筛下的容器中（使粉粒粗细均匀，疏散不结块），成糕粉。

取糕粉适量均匀分为 4 份。将红糖入热锅炒焦后，和少许糕粉，拌和擦匀，成酱色糕粉；将鸡蛋打碎，倒入糕粉少许，拌和擦匀，再用面筛筛松，成黄色糕粉；将红曲粉和入少许糕粉，拌和擦匀，成红色糕粉；将青菜汁（青菜汁可从素菜馅中取）倒入少许糕粉中拌和擦匀，用面筛筛松，成青色糕粉。共制成四色糕粉。

（2）生坯成型　将木框放在特制的模型板上，把糕粉用面筛筛入方框中的模型板上。筛满后，用长条铁皮刀刮平，在上面铺一块湿麻布，将糕粉及木框盖好，把铝蒸垫覆在麻布上，随后把铝蒸垫连同模型板一起倒覆过来，使模型板在上面，方木框在中间，铝蒸垫在下面。用小木槌在模型板上敲几下，使糕粉结实，然后取去模型板，此时在铝蒸垫上面的糕粉就显现出 24 个方凹形。

方凹形以四分之一为一组，分别放入白果馅、素菜馅、豆沙馅、鲜肉馅四种馅心，每一方凹中约放馅心 20g。随后用面筛在上面筛一层糕粉，用长条铁皮刀刮平。

将酱色糕粉铲起，在印花板上放满，用铁皮长刮刀刮去余粉。然后将印花板倒覆在糕粉上，用小木槌轻击几下，使方木框中粘上酱色。按同样方法，将黄色糕粉、红色糕粉、青色糕粉印于方框中。

（3）生坯熟制　取去方木框，上蒸箱，用旺火开水蒸 7min，取出覆在木板上，冷透后，再覆于盘中。

八十三、绿豆沙糕

1. 原料配方（以 10 块计）

糯米 500g，绿豆 1000g，白糖 500g，熟猪油 300g，冷水

175mL。

2. 制作过程

（1）豆沙制备　先取绿豆冷水洗净，温水浸泡1h，入锅水煮，然后去皮。去皮绿豆沥干水分后再入蒸笼蒸熟，再过滤成绿豆泥，用纱布挤干水分。最后将半干的绿豆粉入锅，炒干，即是绿豆沙。

（2）熬制糖浆　在白糖中加水，熬至糖全部溶化变成浓稠状，且在熬时要用擀面杖适时搅拌。

（3）馅心调制　将准备好的绿豆沙与白糖混合。

（4）粉团调制　将上等糯米炒熟，然后用粉碎机将其打成粉末即可。将糯米粉、糖浆、猪油充分混合。

（5）生坯成型　将混合好的糯米粉装入模子中，上面铺一层绿豆沙，然后重复几次，最后压紧。

（6）生坯熟制　上笼蒸5min即可。

八十四、云南糍粑

1. 原料配方（以20块计）

糯米1000g，温水2L，黄豆200g，白糖350g，芝麻粉150g，香料粉1g，色拉油150mL。

2. 制作过程

（1）粉团调制　把糯米淘洗干净，用温水泡2～3h，控干水后装入饭甑内，用旺火蒸熟，然后，将熟米饭放入石槽（粑槽）里，用粑棍将其捣烂，加工过程中用力打，使其变得很黏。

（2）馅心调制　把芝麻粉、白糖、香料粉拌匀，制成芝麻糖；再把黄豆炒熟，磨成粉待用。

（3）生坯成型　在大理石石板上抹上色拉油，放上粉团再擀成一块块薄片，抹上油，撒上黄豆粉后卷成圆筒状，两头搭拢按扁，中间包入芝麻糖馅心。

（4）生坯熟制　以平底锅文火烙煎成金黄色即可。

八十五、艾蒿粑

1. 原料配方（以 128 块计）

（1）坯料　糯米粉 1200g，开水 480mL。

（2）馅料　艾蒿 500g，白糖 300g，色拉油 100mL，盐 1g，食碱适量。

2. 制作过程

（1）馅心调制　艾蒿择洗净，倒入加了少量食碱的开水锅焯水，待稍变色后立即捞出，浸入冷水中晾凉，捞出，沥干水分切碎。取炒锅，倒入艾蒿碎炒干，加入色拉油、盐炒香。

（2）粉团调制　将炒好的艾蒿碎、白糖放入糯米粉中拌匀，用开水烫制成团，软硬适当。

（3）生坯成型　将粉团搓成长条，摘成大小均匀的剂子，逐个揉圆，按成饼状。

（4）生坯熟制　生坯入油锅炸制，或入煎锅煎制，也可上笼蒸制。

八十六、糖油粑粑

1. 原料配方（以 20 块计）

（1）坯料　水磨糯米粉 1000g，开水 380mL。

（2）辅料　白糖 200g，色拉油 500mL（耗 50mL）。

2. 制作过程

（1）粉团调制　将水磨糯米粉放案板上，扒一窝塘，用开水烫制成团，揉至软硬适当。

（2）生坯成型　揉好米粉团按约 65g 重一个搓成圆团，逐个将圆团轻按成扁圆形，放在撒有铺面的木板上待用。

（3）生坯熟制　锅内倒入色拉油烧热改小火，加入白糖，用小铲不停地推动，使糖慢慢熔化。待油烧到120℃时，逐个将木板上的生坯放入锅内，推动小铁铲，并将锅内糖汁不断往粉团上泼浇，至浮起后，再炸2min，取出即可。

八十七、雪枣

1. 原料配方

糯米400g，豆浆50mL，糖粉150g，蜜糖100g，熟面粉80g。

2. 制作过程

（1）粉团调制　将糯米入水浸泡10h左右。泡好的米用冷水淘净、沥干、磨粉、蒸熟。然后将熟料捣拌为糊糊，边搅拌边洒入豆浆，最后将拌过的糊倒在特制的模具盒里让其凉成条——即坯条，坯条每根6cm长、3cm宽、0.5cm厚。分条时边分边撒些糖粉，防止粘连。

（2）晒制坯条　将分好的长条放在阳光下暴晒，至原料含水量大约在5%。

（3）生坯熟制　将坯料放入180℃的油中炸至酥脆取出。

（4）制品上霜　第一步将蜜糖放入锅中，加少许冷水溶化拌匀，熬成糖浆。最后将坯条裹上糖浆，最后裹上以糖粉与熟面掺和而成的混合粉，略筛一下即可。

八十八、薏米饼

1. 原料配方（以30只计）

熟糯米粉500g，白糖粉300g，黄油75g，炼乳50mL，薏米粉25g，淮山药粉25g，温水160mL。

2. 制作过程

（1）粉团调制　把糯米粉、薏米粉、淮山药粉充分混合，扒一窝塘，中间加入黄油、炼乳、白糖粉，用温水搅拌，揉成粉团。

（2）生坯成型　将粉团装入饼模，轻轻压平，脱模取出。

（3）生坯熟制　放入烤盘，以 150℃烘 15min。

八十九、九层凉糕

1. 原料配方（以 40 只计）

籼米 500g，糯米 400g，藕粉 75g，白糖 100g，冷水适量。

2. 制作过程

（1）粉团调制　将籼米、糯米分别淘净后，加适量冷水浸 4h，然后再分别将浸过的籼米和糯米带水上磨，即得籼米浆和糯米浆。把 50g 白糖和 50g 藕粉放入籼米浆中搅匀，再把剩下的白糖和藕粉放入糯米浆中搅匀。

（2）生坯熟制　蒸笼内铺上湿布，倒入调好的籼米浆（约 0.2cm 厚），用旺火蒸 5min，揭开锅盖，倒入调好的糯米浆（约 0.2cm 厚）蒸 5min，如此共倒 9 次，即成 9 层凉糕，蒸熟后冷却，开条切块即可。

九十、红豆松糕

1. 原料配方（以 30 只计）

糯米粉 500g，大米粉 100g，冷水 180mL，红豆 150g，红绿丝 50g，糖粉 50g。

2. 制作过程

（1）粉团调制　红豆洗净，放少许水蒸熟，不宜过烂，去除水分待用。将糯米粉、大米粉、糖粉加入水，拌和成松散的粉粒，用筛子过筛。加入煮过的红豆，搅拌揉和均匀。

（2）生坯熟制　笼中铺上干净的湿布，放上方形模具，把拌好的粉平铺在模中，表面撒上红绿丝。

（3）制品成型　上笼蒸熟后，取出模具，改刀造型，装盘食用。

九十一、双色棉花糕

1. 原料配方（以 30 只计）

水磨籼米粉 500g，白糖 200g，糕肥 15g，泡打粉 6g，玫瑰红色素 0.005g，碱水 10mL，冷水 200mL。

2. 制作过程

（1）粉团调制　将水磨籼米粉 50g 放入容器，加少量冷水混和，成为稀度适宜的稀浆；锅架火上，放水 100mL 烧开，将稀浆倒入，煮成熟糊，冷却后即为"熟芡"。

另将 450g 水磨籼米粉放入容器，加入"熟芡"、糕肥和冷水 100mL 拌匀，揉搓至滑软程度，放入面盆，发酵 12h 左右，加入白糖拌匀，待糖溶化，即加入泡打粉和碱水拌匀揉透，便成白色生糕浆，取出一半加入玫瑰红色素调匀，即成红色生糕浆。

（2）生坯熟制　蒸笼上蒸锅，屉内放洁净白布，先倒入白色生糕浆，用旺火、开水蒸 30min 左右，再把红色糕浆倒在上面，继续蒸 30min 左右即成。

九十二、双色蜜糕

1. 原料配方（以 30 只计）

糯米粉 500g，白糖 250g，色拉油 100mL，可可粉 35g，冷水 160mL。

2. 制作过程

（1）粉团调制　将 250g 糯米粉加上一半的白糖和色拉油、冷水，调制成糊状。

（2）生坯成型　倒入刷上油的方盘内，铺平（一层）用旺火蒸 10min 左右，取出做坯底（白色）。再将剩余的糯米粉加上另一半的白糖、色拉油、冷水，再掺加可可粉调至起色就行了，调匀后倒入蒸屉中白色坯底上抹平。

（3）生坯熟制　上笼用旺火蒸 15min 左右至熟。

（4）制品成型　熟后取出，冷却后把糕从盘内复扣出，切成自需的块状，装盘食用。

九十三、冰皮月饼

1. 原料配方（以 20 只计）

（1）坯料　小麦淀粉 100g，糯米粉 200g，籼米粉 200g，绵白糖 200g，鲜牛奶 750mL，炼乳 300mL，花生油 200mL。

（2）馅料　豆沙馅或莲蓉馅 360g。

（3）辅料　熟米粉 25g。

2. 制作过程

（1）粉团调制　将小麦淀粉、糯米粉、籼米粉拌匀后过筛，加绵白糖、鲜牛奶、炼乳、花生油搅拌至糊状。以大火蒸 30min，取出晾凉，搓成软滑适中的粉团。蒸好的粉团最好先放在冰箱内，次日再用。

（2）生坯成型　将粉团下剂，按成薄皮，包入馅料，放入已铺上熟米粉的月饼模中按平按压成型，脱模即可。

九十四、船点

1. 原料配方（以 16 只计）

（1）坯料　水磨糯米粉 100g，水磨粳米粉 100g，冷水 100mL。

（2）馅料　豆沙馅或果仁馅 220g。

（3）辅料　苋菜红食用色素 0.1g，黑芝麻 16 粒，绿茶粉 1g，柠檬黄食用色素 0.1g，可可粉 1g。

2. 制作过程

（1）面团调制　将水磨糯米粉、水磨粳米粉放入面盆内拌和，加水调制成松散粉团，将三分之一上笼蒸熟，与剩余粉料搓成粉团。将粉团分成五份，白色粉团比其他有色粉团多一倍。其中四份分别加入苋菜红食用色素、绿茶粉、柠檬黄食用色素和可可粉等揉匀揉透，分别形成红色粉团、绿色粉团、黄色粉团、褐色粉团，另外还有没有添加食用色素的白色粉团。

（2）生坯成型

① 和平鸽　取少许红色粉团，做成鸽爪、嘴、眼睛；另取白色粉团少许搓长，摘成 4 个剂子，包上馅心，收口捏紧向下放。捏出鸽头、鸽尾。头两侧按两粒红色粉团作眼睛，头前端安上搓尖的红色粉团做鸽嘴，尾部用木梳按出尾羽，再在身体两侧各剪出一只翅膀，用木梳按出翅羽，最后在身体的下端安上用红色粉团做成的鸽爪，即成生坯，上笼蒸熟即可。

② 白鹅　取适量黄色粉团和红色粉团揉成橙色粉团。另取白色粉团少许搓长，摘成 4 个剂子，包上馅心，收口捏紧向下放，将一头搓长捏出鹅头、长鹅颈，向上弯起，另一头捏尖翘起按扁，用木梳印上齿纹，翘起做鹅尾。鹅头上安上橙色的粉团做鹅冠，在鹅头两侧，鹅眼睛用两粒橙色粉粒安上黑芝麻做成；鹅身体两侧，用剪刀剪出两只翅膀，用木梳印上翅羽，最后在身体的下端安上用橙色粉团做成的鹅爪，即成生坯，上笼蒸熟即可。

③ 核桃　取褐色粉团，揉匀搓长下剂，逐个按扁，包入馅心，收口捏紧朝下，搓成圆形，底部略平。先用花钳夹出一圈（底部不夹）隆起的凸边，再用鹅毛管在两侧印上不规则的圈纹，逐个做好，即成生坯，上笼蒸熟即可。

④ 西瓜　先取 1/3 淡绿色的粉团，做成西瓜的藤叶，再将 2/3 的淡绿色粉团搓成长条，摘成剂子，把每个剂子搓圆按扁，再把褐色粉团搓成细长条，在每个绿色圆皮上按上 3～4 根褐色粉条，翻身包入馅心，收口捏紧搓圆朝下，在西瓜的一端，点上褐色的瓜蒂，另一头插上瓜蔓，置于盘中，即成生坯，上笼蒸熟即可。

第五节 蛋和面团类

一、家常鸡蛋糕

1. 原料配方（以 20 只计）

精面粉 250g，鸡蛋 500g，糖 500g，芝麻油 35g。

2. 制作过程

（1）面糊调制　先将鸡蛋蛋白与蛋黄分开，分别放入打蛋机内，蛋白打成雪花泡沫状，蛋黄打散。然后将蛋白、蛋黄混合调匀，加入糖，搅打至糖溶化，再放入面粉搅匀。

（2）生坯成型　将蛋糊舀入蛋糕模具盘中，置于烤盘内。

（3）生坯熟制　将烤盘放入烤炉，烤制温度为 180～220℃，烤制时间为 20min 左右。烤熟出炉后逐一挑出蛋糕，用芝麻油遍刷蛋糕表面，放于盘中即成。

二、烧蛋糕

1. 原料配方（以 20 只计）

特制粉 750g，鸡蛋 1000g，白砂糖 1000g，色拉油 150mL，松子仁 30g，饴糖 40g。

2. 制作过程

（1）面糊调制　将所有原料称重，将鸡蛋去壳后与白砂糖、饴糖一起放入打蛋机中搅打，待蛋液发泡体积膨胀至原来的 2 倍以上，慢慢加入特制粉拌匀成糊状，拌匀即成，再加入色拉油、松子仁拌匀。

（2）生坯成型　将料糊注入涂油的模中，装八分满。

（3）生坯熟制　送入烤箱，烘烤温度为上下火 180℃，25min

即可。

三、豆沙蛋糕卷

1. 原料配方（以 30 只计）

鸡蛋 1000g，低筋面粉 800g，糖 650g，色拉油 50mL，豆沙 500g，白醋 5g。

2. 制作过程

（1）面糊调制　将蛋白打至出泡，加入 550g 糖高速打至干性发泡，蛋泡比较小，提起打蛋器时蛋白呈弯曲的尖角，备用。蛋黄加剩余的 100g 糖用手动打蛋器搅匀，筛入低筋面粉用胶铲搅拌均匀。分三次把打发的蛋白混匀到面糊当中，再加上色拉油搅拌均匀。

（2）生坯成型　烤盘铺好油纸，倒入浅浅的一层蛋糕面糊，振动几下烤盘，使气泡逸出，表面平整。

（3）生坯熟制　烤箱预热至 180℃，烘焙 10min；转至 150℃，烘焙 15min。取出烤盘，倒扣，揭掉油纸，涂上豆沙，卷起，晾凉切块即可。

四、香蕉蛋糕

1. 原料配方（以 30 只计）

低筋面粉 500g，绵白糖 500g，鸡蛋 10 个，牛奶 150mL，碎核桃仁 150g，香蕉 500g，苏打粉 5g，色拉油 50mL。

2. 制作过程

（1）面糊调制　按上述配方将所需原料计量称重，低筋面粉、苏打粉过筛备用。先将香蕉称好与绵白糖一起搅打成泥，依次加入鸡蛋和牛奶继续搅打，再加入过好筛的低筋面粉、苏打粉搅拌成糊状，慢速搅打均匀，最后加入碎核桃仁、色拉油即可。

（2）生坯成型　将面糊倒入铺上油纸的烤盘内，用胶铲抹平表面。

（3）生坯熟制　将烤盘放入 180℃的烤盘中烤熟即可。

五、梅花鸡蛋糕

1. 原料配方（以 50 只计）

鲜鸡蛋 1000g，白糖 500g，面粉 700g，饴糖 150g，植物油 50mL。

2. 制作过程

（1）面糊调制　将鲜鸡蛋与白糖混合，放入搅拌机中，搅打约 20min，当出现泡沫时下饴糖，边下边打。经 2～3min 后下面粉，搅拌均匀，成为蛋浆。

（2）生坯成型　用专用梅花形模具。先将模具加热，并在其内擦抹少量植物油，再将蛋浆按分量舀入模具，然后烘焙。

（3）生坯熟制　炉温 180～200℃。在制品膨胀为约八成时，再烘焙 3～4min，视糕体色泽金黄，充分膨胀后，即可出炉刷面油，面油须刷均匀，适量。

六、蛋糕杯

1. 原料配方（以 30 只计）

（1）坯料　鸡蛋 10 只，绵白糖 400g，低筋面粉 400g，黄油 300g，泡打粉 12g。

（2）饰料　瓜子仁 50g。

2. 制作过程

（1）面糊调制　将鸡蛋液倒入打蛋桶中打发成稳定的蛋泡糊，倒入面盆中；再将打蛋桶洗净擦干，加入黄油和绵白糖，打发成蓬松膏状奶油，加入低筋面粉、泡打粉拌匀，再倒入蛋泡糊拌匀成蛋奶糊。

（2）生坯成型　将蛋奶糊分装入 30 只蛋糕纸杯（八成满）中，每只撒入瓜子仁七八颗。再将蛋糕杯放入烤盘中。

（3）生坯熟制　将装有蛋糕杯的烤盘放入面火、底火都是

160℃的烤箱中烘烤 25min，至表皮呈红褐色即可。

七、蛋烘糕

1. 原料配方（以 20 只计）

（1）坯料　面粉 500g，老酵面 150g，鸡蛋 6 只，小苏打 6g，红糖 250g，温水 600mL，开水 100mL。

（2）馅料　蜜瓜条 25g，蜜玫瑰 25g，蜜樱桃 25g，白糖 50g，芝麻粉 50g。

（3）辅料　熟猪油 50g，菜籽油 15mL。

2. 制作过程

（1）馅心调制　将蜜瓜条、蜜樱桃切碎，与蜜玫瑰、白糖、芝麻粉一起拌成馅心。

（2）面糊调制　将红糖加开水溶化，滤去杂质，晾凉后倒入盛有面粉的面盆内，打入鸡蛋，加入老酵面、小苏打、温水搅至稠糊状。

（3）生坯熟制　将特制小铜锅（直径 12cm，边高约 2cm，边沿有耳可提取）置于与锅大小相适应的木炭火炉上，用菜籽油涂锅，舀入面糊并将锅转动，使面糊铺匀锅底，加盖微火烘烤，当面糊约八成熟时，加入熟猪油抹匀，随即舀入馅心，用夹子将糕皮一边揭起，对折成半圆形，翻面，加盖稍烘烤即成。

八、蛋条饼干

1. 原料配方（以 30 只计）

面粉 300g，鸡蛋 600g，绵白糖 500g，奶粉 20g，泡打粉 2g。

2. 制作过程

（1）面糊调制　先把鸡蛋与绵白糖放置在搅拌机内打发，成为充满泡沫的浆状。然后将泡打粉、奶粉与面粉拌匀过筛，均匀地用慢速搅拌加入打发的蛋浆中成为稀浆状。

（2）成型熟制　装入布制裱花袋中通过圆形裱花嘴挤出，在烤盘中呈条状，入炉烘烤成熟即为成品。

九、叉烧蛋球

1. 原料配方（以 30 只计）

面粉 500g，鸡蛋 250g，叉烧肉丁 200g，精盐 3g，味精 2g，葱末 15g，冷水 600mL，色拉油 1L（耗 75mL）。

2. 制作过程

（1）面糊调制　锅中放入冷水烧沸后，将面粉边倒入，用擀面杖使劲搅拌，使面粉熟得均匀，并预防粘住锅底，待面粉全部熟后，即将锅端离火口。再将鸡蛋逐只打散，分次倒入面中边倒边搅拌均匀。

（2）生坯成型　拌和匀后，将叉烧肉丁用精盐、味精调味，与葱末一起撒在面糊中拌和，搅拌均匀后再用手做成一只只蛋面球。

（3）生坯熟制　锅内放入色拉油，用中火烧至 170℃时将蛋面球下锅炸，炸至金黄色时捞起沥干油即可。

十、沙丰糕

1. 原料配方（以 20 只计）

鸡蛋 500g，白砂糖 500g，面粉 250g，蜜饯 80g，豆沙 220g。

2. 制作过程

（1）面糊调制　将鸡蛋用冷水洗净，再用漂白粉液消毒。再将鸡蛋和糖放入搅拌机中搅打。待糖蛋混合液发白起泡，下入面粉拌匀。

（2）成型熟制　先将豆沙擀成 30cm×30cm×0.8cm 薄片备用。用木制小蒸箱，箱底垫竹帘和白细布，按制品规格将蛋糊二分之一倒在垫布上摊平，入蒸灶蒸制，先是开盖蒸，到蛋液结薄衣时加盖，蒸至八成熟时加入豆沙薄片，上面再将剩余二分之一蛋液倒在豆沙上摊平，用同样方法蒸制。在蛋液结成薄衣时放上蜜饯。到蛋糕全部蒸熟时出箱，撕下垫布。成品不能叠，可整块装盒，也可用刀切块。

十一、猪油豆沙蛋糕

1. 原料配方（以 20 只计）

面粉 200g，白砂糖 400g，鸡蛋 500g，红豆沙 150g，糖猪板油丁 75g，玫瑰花 15g。

2. 制作过程

（1）面糊调制　先将红豆沙铺成 0.3cm 厚薄片，用铁制圆筒扣出直径 2cm 小圆片备用。再将鸡蛋去壳与白砂糖入打蛋桶内，搅打至蛋液体积膨胀一倍，加面粉调成糊状。

（2）成型熟制　将蛋糊入圆形模内，先开盖蒸，到蛋液结成薄衣时加盖蒸，蒸至八成熟时放入圆薄片豆沙，再蒸至基本成熟，放玫瑰花和糖猪板油丁，直至蒸熟即成。

十二、雪花三角酥

1. 原料配方（以 30 只计）

（1）坯料　面粉 500g，鸡蛋 300g，白砂糖 150g，香兰素 0.0005g。

（2）辅料　鸡蛋 50g，色拉油 1L（耗 75mL），糖粉 25g。

2. 制作过程

（1）面糊调制　将鸡蛋、白砂糖、香兰素放入搅拌机桶内搅打起泡，再加入面粉和匀。再倒入刷了油的烤盘，刮平。

（2）生坯成型　放入烤箱内烤至成熟后取出，待冷却后切成三角形。

（3）生坯熟制　将鸡蛋去壳搅打成蛋浆，把三角糕放入蛋浆内滚一圈，取出后放入油锅内炸至金黄。捞出沥油装盘，冷却后撒上糖粉即成。

十三、萨其马

1. 原料配方（以 20 块计）

（1）坯料　高筋面粉 200g，发酵粉 3g，鸡蛋 3 个，冷水 20mL。

（2）辅料　白砂糖 150g，麦芽糖 150g，蜂蜜 15g，冷水 40mL，糖桂花 15g，花生油 1L（耗 50mL）。

（3）饰料　熟芝麻仁 75g，果料适量。

2. 制作过程

（1）面糊调制　鸡蛋加水搅打均匀，加入高筋面粉、发酵粉，揉成面团。

（2）生坯成型　将面团静置半小时后，用刀切成薄片，再切成小细条，筛掉浮面。

（3）生坯熟制　花生油烧至 120℃，放入细条面，炸至黄白色时捞出沥净油。再将白砂糖和水放入锅中烧开，加入麦芽糖、蜂蜜和糖桂花熬制到 117℃左右，此时可用筷子拔出单丝，最后将炸好的细条面拌上一层糖浆；框内铺上一层熟芝麻仁，将面条倒入木框铺平压实，撒上一些果料，晾凉后用刀切成型即成。

十四、伊府面

1. 原料配方（以 4 碗计）

（1）坯料　面粉 500g，鸡蛋 250g，精盐 2g。

（2）调配料　精盐 8g，鸡丝 250g，火腿丝 50g，味精 5g，叉烧肉丝 50g，香菇丝 25g，葱末 25g，熟笋丝 50g，芝麻油 15mL。

（3）汤料　鸡汤 1.5L。

（4）辅料　熟猪油 2L，花生油 100mL。

2. 制作过程

（1）面团调制　将面粉、鸡蛋、精盐一起和匀、揉透成光滑的面团，饧制 20min。

（2）生坯成型　用擀面杖将面条擀成 0.1cm 厚的面皮，改刀成 0.3cm 宽的面条。

（3）生坯熟制　将水锅烧沸，下入面条，煮至面条上浮，稍煮后捞入冷水盆中冷透，控干水分，用花生油拌匀；将熟猪油倒入锅中烧至 180℃，下入面条炸至面条松脆、色泽黄亮。

（4）成品制作　炒锅加入少许熟猪油烧热，下入火腿丝、熟笋丝、香菇丝、叉烧肉丝略炒，下入鸡汤烧沸后，再下入鸡丝氽熟，加精盐、味精调味，成面浇头。将锅上火加入鸡汤、面条，煮至汤呈奶白色，加入精盐、味精，淋上芝麻油，将面条分装于碗中，浇上面浇头，撒上葱末即成。

十五、鸡蛋布袋

1. 原料配方（以 20 只计）

（1）坯料　面粉 500g，精盐 5g，明矾 3g，碱 2g，温水 300mL。

（2）馅料　鸡蛋 5 个。

（3）辅料　花生油 100mL。

2. 制作过程

（1）面团调制　将精盐、明矾、碱加温水溶化后，加入面粉和成面团，放在抹过油的案板上，饧 20min。

（2）成型熟制　将面团搓成长条，擀成 0.6cm 厚、6cm 宽的长片，再截成长 7cm 的面片，将四角稍稍抻长后，下入 220℃ 的油锅中炸制。炸时迅速翻动面片，两面鼓起呈布袋状时取出，从一头开小口，灌入鸡蛋液，将开口捏严，复入油锅炸熟即成。

十六、油角

1. 原料配方（以 20 只计）

（1）坯料　低筋面粉 250g，鸡蛋 3 个，猪油 10g（或植物油 10mL），绵白糖 40g，冷水 100mL，椰蓉馅 150g。

（2）辅料　色拉油 1L（耗 75mL）。

2. 制作过程

（1）面团调制　将低筋面粉、鸡蛋、猪油（或植物油）、绵白糖、水等材料混合揉成面团，松弛 30min。

（2）生坯成型　把面团等分，擀薄，用圆模刻出圆形面皮。包上椰蓉馅，两边对折，收好边，用手指沿边一路轻轻地锁边，捏成麻绳状。

（3）生坯熟制　将油加热到 165℃，把油角放下去炸，炸至金黄色沥油即可。

十七、糯米夹沙蛋糕

1. 原料配方（以 20 块计）

（1）坯料　糯米粉 100g，面粉 150g，鸡蛋 300g，白砂糖 150g，芝麻油 15mL。

（2）馅料　豆沙馅 50g。

（3）饰料　干果料 50g。

2. 制作过程

（1）面糊调制　将鸡蛋打散，在蛋液中加入白糖，用打蛋器连续搅打 10min，至蛋液膨胀、起泡、变厚，即掺入糯米粉和面粉，搅拌成蛋糕糊。

（2）生坯成型　将蛋糕糊舀入内壁涂有芝麻油的铁模内，蛋糕糊占铁皮模的 2/5。

（3）生坯熟制　上笼用旺火蒸 5min 取出，铺上豆沙馅，注入蛋糕糊至满，表面缀上花色干果料，上笼蒸熟即成。

十八、鸡蛋饼

1. 原料配方

面粉 150g，鸡蛋 2 个，盐 2g，冷水 300mL，色拉油 25mL，

葱花 25g。

2. 制作过程

（1）面团调制 把鸡蛋、盐、色拉油、冷水加在一起打至盐溶化，慢慢加入过筛的面粉搅和均匀，最后加葱花搅拌至完全没有面疙瘩。饧制 10min。

（2）生坯熟制 开中火，用平底不粘锅，倒少许油，把面糊从中间倒下去，均匀地向四周散开，晃锅，使其均匀地形成一个圆饼。当面糊的表面呈金黄色，且晃锅时面糊已经不动时，就可以翻面煎了，翻面后盖上锅盖，煎至饼两面都呈金黄色时，盛出面饼即可，还可以根据自己的口味加调料。

第六节 化学膨松面团类

一、吉饼

1. 原料配方（以 10 只计）

（1）坯料 面粉 500g，饴糖 300g，花生油 30mL，小苏打 4g，芝麻 50g。

（2）馅料 熟面粉 150g，砂糖 25g，橘饼 25g，桂花 15g。

2. 制作过程

（1）面团调制 先将所有原料计量称重，将面粉过筛，小苏打和面粉混合均匀。面团挖个坑，中间放入饴糖、花生油拌和成团，饧制 15min 后，切成小块待用。

（2）馅心调制 将熟面粉、砂糖拌匀，再放入橘饼、桂花拌透分块待用。

（3）生坯成型 将皮擀圆、馅搓圆，包成饼坯；馅料包正、包严，成扁圆形，顶部盖上红印，撒上少量芝麻点缀装饰。

（4）生坯熟制　装盘烘烤，炉温为 180～220℃，烤制 8～10min 出炉后冷却即可。

二、吧啦饼

1. 原料配方（以 30 只计）

面粉 1000g，白砂糖 350g，核桃仁 50g，瓜仁 35g，桂花 25g，熟猪油 150g，冷水 350mL，臭粉 2g，小苏打 2g。

2. 制作过程

（1）面团调制　先将白砂糖、冷水和臭粉放入和面机内搅拌，再放入熟猪油、桂花和核桃仁继续搅拌均匀，最后放入面粉和小苏打。

（2）生坯成型　将面团搓成条，摘成定量的面剂。将每块面剂揉圆按平，在表面印点缀 3 个瓜仁，中心按一凹状的圆坑，打印红戳，即可码入烤盘。

（3）生坯熟制　将盛有生坯的烤盘放入炉烘烤，入炉温度为 220℃，烤制 12min 左右便可出炉。

三、状元饼

1. 原料配方（以 30 只计）

（1）坯料　特制面粉 1000g，熟猪油 150g，白砂糖 100g，饴糖 25g，小苏打 5g，枣泥 450g，核桃仁 75g，冷水 350mL。

（2）辅料　花生油 150g。

2. 制作过程

（1）面团调制　将白砂糖和饴糖溶入冷水中，然后倒入和面机内，加入熟猪油和小苏打搅拌成乳白色悬浮状液体，再加入面粉搅拌均匀。

（2）馅心调制　将枣泥和核桃仁的碎粒放在一起擦匀。

（3）生坯成型　将面团揉匀，搓成长条，摘成面剂，逐个将面剂搓圆按扁，包入馅心，收口搓成球；然后将已包好的饼坯封口向外，放入印模，用印模压制成型，纹印有"状元"二字。

（4）生坯熟制　先在烤盘内涂一层薄薄的花生油，按合适距离放入饼坯。用200～220℃的炉温烘烤15min左右。

四、太谷饼

1. 原料配方（以20只计）

面粉500g，温水100mL，花生油125g，白糖150g，糖稀75g，泡打粉3g，芝麻25g。

2. 制作过程

（1）面团调制　将面粉倒在盆内，中间扒成坑，把花生油、白糖、泡打粉倒在坑内，将温水徐徐加入，调和均匀，揉匀揉成团。

（2）生坯成型　将和好的面放搓成长条，揪成20个剂子，将剂子逐个按扁，一面刷上糖稀，均匀粘上芝麻。

（3）生坯熟制　把粘好芝麻的饼送入烤盘，将温度调在220℃，烘烤10～13min即成。

五、炸食

1. 原料配方（以30只计）

（1）坯料　面粉250g，熟猪油15g，绵白糖85g，鸡蛋75g，小苏打2g，冷水125mL。

（2）辅料　色拉油1L（耗75mL）。

2. 制作过程

（1）面团调制　鸡蛋打成蛋液。将绵白糖、熟猪油、蛋液加入冷水搅拌均匀，再放入面粉、小苏打继续搅拌均匀。

（2）生坯成型　将面团擀成0.8cm厚的面片，用专用模具刻成三角、螺丝、万字等多种形态。

（3）生坯熟制　油炸炉内油温升到170℃左右，将生坯投入，待浮起油面后，用笊篱不断翻转，呈金黄色，立即捞起。起锅后，迅速滤去浮油，摊开冷却即可。

六、金钱饼

1. 原料配方

（1）坯料　面粉 250g，白砂糖 200g，冷水 60mL，色拉油 150mL，小苏打 3g，蒸熟面粉 150g。

（2）饰料　白芝麻仁（面料）175g。

2. 制作过程

（1）面团调制　将白砂糖溶入冷水中，与色拉油充分拌均匀，再加入面粉和小苏打搅拌均匀擦透。

（2）生坯成型　将调制好的面团分成若干小块，在压面机内挤轧成 0.5cm 左右的薄皮坯。轧薄的皮坯之间用熟粉夹层，重叠四层，用直径 3cm 左右的铁皮圈擀模擀压成型，成型后多余的边角皮坯可再搅入下一料皮坯中。

将擀成的饼坯用面筛筛除多余熟粉。在上麻盘内先撒上白芝麻仁，铺匀后倒入饼坯，开机或拉动上麻盘进行上麻，待饼坯两面粘上足量白芝麻仁后，用面筛筛去多余的白芝麻仁。

（3）生坯熟制　将上足白芝麻仁的饼坯逐个排列在烘烤盘中，每个间隔 1cm 左右。放进 220℃ 左右炉中，烘烤 8min 左右。出炉后，冷却至室温。然后进行包装即可。

七、脆饼

1. 原料配方（以 50 只计）

（1）坯料　面粉 1000g，绵白糖 75g，花生油 200mL，食碱水 10mL，冷水 300mL。

（2）酥料　面粉 500g，绵白糖 350g，花生油 150mL，金橘饼 100g。

（3）饰料　芝麻 400g。

2. 制作过程

（1）面团调制　将面粉放在案板上挖坑，加入绵白糖、花生油和食碱水，加冷水揉制成团，揉光略饧制。另外，将酥料中的所有原料混合，面团擦匀揉透，以制作甜酥面团。

（2）生坯成型　将坯料面团搓揉成团，按扁，包进甜酥面团，捏紧，收口朝上。撒上少许干粉，按扁，用面杖擀成长方形薄皮。再由中线两边对折，略擀平再对折，擀成长 16cm、宽 4cm 的方形生坯。将生坯排列整齐，在饼坯面刷水，撒满芝麻压实，再将饼坯倒置，芝麻面向下放在操作台上，涂上花生油，洒水少许。

（3）生坯熟制　采用传统的立式桶炉烤制而成。200℃ 左右，烘烤 15min，让其烘制成熟。

八、提糖饼

1. 原料配方（以 25 只计）

（1）坯料　面粉 750g，饴糖 150g，泡打粉 3g，冷水 300mL。

（2）馅料　花生仁碎 300g，菜籽油 300mL，绵白糖 300g，熟面粉 300g。

（3）辅料　蛋液 100g。

2. 制作过程

（1）面团调制　将面粉加饴糖、泡打粉及冷水搅拌成面团，静置待用。

（2）馅心调制　将绵白糖、花生仁碎、熟面粉、菜籽油拌和成馅料。

（3）生坯成型　将静置后的饴糖皮料搓条分剂，包上馅料，皮和馅的比例为 5∶5。逐个按入刻有花纹单个木制模具，压平、压紧后敲出。

（4）生坯熟制　将生坯置入烤盘，表面刷上蛋液后烘烤，用220℃ 的温度烘烤 10min 左右成熟。

九、麻薄脆

1. 原料配方（以 5 只计）

（1）坯料　面粉 750g，食碱 3g，饴糖 150g，冷水 300mL，菜籽油 300mL。

（2）馅料　芝麻馅 100g，红糖馅 100g，果仁馅 100g，八宝馅 100g，核桃仁馅 100g。

（3）饰料　芝麻 150g。

2. 制作过程

（1）面团调制　先把饴糖与食碱混合后加入菜籽油，调匀后再加入面粉拌和，调成饴糖皮面团。

（2）生坯成型　经搓条、摘剂后包入事先准备好的馅料（馅料多种，芝麻馅、红糖馅、果仁馅、八宝馅、核桃仁馅）后，擀成薄薄的一大圆形薄饼。再用一簸箕装上湿芝麻，把擀薄的饼坯收口朝上，正面朝下放在芝麻中，用手有规律地上下左右转动簸箕，使饼皮在其中转动并均匀地粘上芝麻。

（3）生坯熟制　把粘有芝麻的一面放入烤盘底，这是为了在烘烤中使其表面平整、均匀、芝麻粘牢而色泽一致。入炉烘烤，待底面呈黄色时翻面再烤至熟。

十、棉花糕

1. 原料配方（以 10 只计）

籼米粉 250g，泡打粉 12g，牛奶 100mL，白糖 150g，白醋 10mL，猪油 30g，冷水 100mL，蛋清 1 个。

2. 制作过程

（1）粉团调制　将籼米粉过筛，倒入盆中，加泡打粉搅拌均匀。再将牛奶、白糖、蛋清放一碗中搅拌均匀后，倒入米粉中继续搅拌。然后再加入猪油、白醋继续搅拌均匀。

（2）生坯成型　将搅拌均匀的糊状液体倒入抹油的方盆中。

（3）生坯熟制　盖一层保鲜膜，在保鲜膜上再抹一层油，上笼旺火蒸 12～15min。

十一、炸麻花

1. 原料配方（以 80 根计）

面粉 1000g，干酵母 12g，泡打粉 12g，白糖 300g，豆油 100mL，冷水 450mL。

2. 制作过程

（1）面团调制　将面粉倒在案板上加入干酵母、泡打粉拌和均匀，扒个凹塘。另将冷水、白糖，放入盆内顺一个方向搅拌，待白糖全部溶化后放入豆油，再搅拌均匀，倒入面粉凹塘内快速掺和在一起，和成面团，稍饧制，反复揉三遍（饧 10min 揉一遍），最后刷油，以免干皮。

（2）生坯成型　待面发起，搓长条下等量小剂，刷油稍饧制即可搓麻花。先取一个小剂搓匀，然后一手按住一头，一手上劲，上满劲后，两头一合形成单麻花形，一手按住有环的一头，一手接着上劲，劲满后一头插入环中，形成麻花生坯。

（3）生坯熟制　油炸炉内放油，烧至 170℃ 时，将麻花生坯放入，炸至沸起后，翻个炸成棕红色出锅即成。

十二、八股麻花

1. 原料配方（以 20 根计）

（1）坯料

① 白条面团　面粉 500g，酵面 90g，白糖 150g，食碱 5g，温水 90mL。

② 酥馅面团　面粉 150g，芝麻油 25mL，白糖 110g，食碱 1g，芝麻 65g，核桃仁 15g，糖冬瓜粒 15g，青梅粒 15g，糖桂花

15g，青红丝 6g，姜丝 10g，香料适量，冷水 60mL。

（2）辅料　花生油 4L（耗 125mL）。

2. 制作过程

（1）面团调制

① 制作白条面团　白糖与食碱放在盆内，加温水将其溶化，用细筛过滤杂质，再依次加入酵面、面粉和成面团，揉匀揉光，放在案板上。

② 制作酥馅面团　面粉过筛倒在案板上开窝，倒入冷水、芝麻油拌和均匀，加入白糖、核桃仁碎、糖冬瓜粒、青梅粒、糖桂花、青红丝和姜丝拌匀后加入碱水，再揉成团。

（2）生坯成型　分别将白面团和酥面团搓成细条，摘剂，搓成细条状。取 3 条酥馅条粘上芝麻，另取 4 条白条和不粘芝麻的酥条 1 根（共 8 根），双手反拧即成麻花生坯。

（3）生坯熟制　油锅放油上火，待温度上升到 160℃ 左右时下入麻花生坯，浮起后多用长筷子滚转麻花，使里外炸透成熟，捞出沥干油即可。

十三、杏仁酥

1. 原料配方（以 48 只计）

（1）坯料　面粉 550g，白砂糖 200g，植物油 250mL，鸡蛋 20g，小苏打 5g，冷水 50mL。

（2）饰料　面粉 10g，杏仁 50g。

2. 制作过程

（1）面团调制　将面粉过筛后，置于案板上，扒一窝塘。把白砂糖投入，同时将冷水洗净的鸡蛋磕入，搓擦成乳白色时，加入适量的水和已溶化的小苏打，搅拌后加入植物油，充分搅拌乳化后，再加入面粉，调成软硬适宜的酥性面团。

（2）生坯成型　将调好的面团分成大小适中的小块，分别下成

12 个剂子，做出高 1.5cm、直径 3cm 的上大下小的圆饼，中间按一个窝，放一个杏仁。间隔一定距离，排入烤盘。

（3）生坯熟制　调好炉温至 180～220℃，将排好生坯的烤盘送入炉内，烘烤 10min，烤成麦黄色、色泽一致、熟透即可出炉。

十四、枣泥方

1. 原料配方（以 15 只计）

（1）坯料　面粉 450g，白糖 150g，鸡蛋 100g，饴糖 100g，食用油 60mL，臭粉 3g，小苏打 3g，水适量。

（2）馅料　白糖 110g，饴糖 30g，色拉油 20mL，枣泥馅 150g，玫瑰糖 10g。

（3）辅料　鸡蛋 50g。

2. 制作过程

（1）面团调制　先把鸡蛋、白糖及小苏打、臭粉放入和面机搅拌溶化，再加入水和食用油继续搅拌，均匀后倒入面粉搅匀，使面团稍微上劲。

（2）馅心调制　将白糖、饴糖、色拉油及枣泥馅等投入和面机搅拌，搅至均匀为止。

（3）生坯成型　将皮擀成长方形，表面刷水，然后将馅也擀成为皮面 1/2 的长方形，铺盖在皮面一半处，再用另一半皮面盖在馅上，切成若干个中等方块生坯。然后依顺序擀成 6mm 厚的方坯，表面刷附蛋液，用带齿的工具在生坯表面划波浪状花纹。

（4）生坯熟制　将半成品放入烤盘，以 180～220℃烤制 6～8min。待熟制后，再将其切成 3cm×3cm 的正方块，即为成品。

十五、苔菜占子

1. 原料配方（以 10 只计）

（1）坯料　面粉 350g，苔菜粉 150g，食盐 3g，小苏打 5g，冷水 150mL。

（2）辅料　花生油 1L（耗 75mL）。

2. 制作过程

（1）面团调制　将所有坯料拌匀揉制均匀。

（2）生坯成型　将面团搓成条，旋转成长铰链状，不弯不散，不松绞，大小长短均匀。

（3）生坯熟制　以 150℃油温炸制，出锅时适当升温，略为膨胀即可。

十六、水蒸松糕

1. 原料配方（以 20 只计）

低筋面粉 500g，细砂糖 200g，冷水 350mL，黄油 45g，白醋 2mL，泡打粉 4g，奶粉 15g。

2. 制作过程

（1）面团调制　将所有原料称重。低筋面粉、细砂糖、奶粉、冷水、白醋用打蛋器手抽搅拌均匀。再将黄油隔水融化加入，拌匀后加入泡打粉。

（2）生坯熟制　蛋糕纸托内放入面糊八分满，大火蒸 10min 即可。

十七、猪油松子酥

1. 原料配方（以 15 只计）

（1）坯料　面粉 250g，色拉油 25mL，绵白糖 75g，饴糖 50g，蛋液 25mL，小苏打 3g，冷水 75mL。

（2）馅料　糖渍板油丁 80g，松子仁 15g，糖玫瑰花 5g。

（3）辅料　蛋液 50mL。

2. 制作过程

（1）面团调制　先将绵白糖、饴糖、蛋液、色拉油、冷水搅拌均匀，然后加入面粉、小苏打继续搅拌均匀，软硬适中。

（2）馅心调制　糖玫瑰花切碎，与糖渍板油丁拌和即成。

（3）生坯成型　将面团搓条、下剂，逐个压成皮，包入馅心。包馅时不全部包严，中心露馅，撳成扁圆形，中间压低，用花边轮在饼坯面上由中心向圆周划曲线形条纹8条。

先将饼坯有间隔地整齐排列在烤盘内，然后将蛋液搅打均匀后，用排笔将蛋液涂刷于制品表面。然后在饼坯中心露馅处放上2～3粒松子仁。

（4）生坯熟制　炉温一般在250℃左右，烤制8～10min。

十八、光酥饼

1. 原料配方（以20只计）

面粉500g，白糖250g，臭粉20g，小苏打5g，泡打粉15g，冷水150mL。

2. 制作过程

（1）面团调制　将大部分白糖加冷水煮溶冷却。将面粉和泡打粉混合过筛扒一窝塘，小苏打、臭粉放进窝塘里，倒进糖液擦匀至起泡，调和成面团。

（2）生坯成型　用擀面杖擀成薄片，摆平于案上，用圆筒模刻出饼坯，放进烤盘，表面上撒上少量白糖。

（3）生坯熟制　入炉烤制10min。炉温要求在150～160℃之间。

十九、芝麻饼

1. 原料配方（以10只计）

（1）坯料　熟面粉250g，白砂糖100g，饴糖30g，熟猪油40g，白芝麻150g，小苏打5g，冷水150mL。

（2）辅料　糖粉15g，籼米粉50g。

2. 制作过程

（1）面团调制　先将熟面粉压细筛匀；另将籼米粉与糖粉拌匀过筛，操作时撒于案板上，防止黏结作用及擀制面皮时不易起筋。

将压细筛匀后的熟面粉放在案板上，扒一窝塘，把小苏打、饴糖、熟猪油放在其中，另将白砂糖加水烧成糖浆倒入，乘热搅拌均匀。

（2）生坯成型　待冷却后用擀面杖压成薄面皮。再用空心圆形马口铁皮模子刻成银元形的生坯，筛去浮粉。将白芝麻放在竹匾里，适当拌湿，倒入饼坯，将竹匾拉动。待生坯两面粘满白芝麻时筛去芝麻浮屑。

（3）生坯熟制　将生坯依次排列在铁盘中，烘焙 5～7min，炉温为 150～180℃。

二十、巧克力松饼

1. 原料配方（以 8 只计）

低筋面粉 150g，可可粉 20g，泡打粉 4g，糖粉 35g，鸡蛋 2个，细砂糖 140g，蜂蜜 20g，牛奶 40mL，无盐黄油 120g。

2. 制作过程

（1）面团调制　将低筋面粉、泡打粉、可可粉混合过筛。将无盐黄油放入碗中用热水融化。将鸡蛋打入碗中，用打蛋器打散；在鸡蛋中加入细砂糖，充分拌匀。加入蜂蜜、牛奶拌匀，加入无盐黄油拌匀。加入低筋面粉、泡打粉、可可粉等轻轻拌匀。

（2）生坯成型　将面糊倒入模具中，置于烤盘内。

（3）生坯熟制　入烤箱，190℃，烤制 20～25min。出炉放凉后，撒上糖粉。

二十一、家常桃酥

1. 原料配方（以 50 只计）

（1）坯料　低筋面粉 600g，糖粉 220g，酥油 300g，鸡蛋 60g，

泡打粉 6g，臭粉 2g，苏打粉 5g，色拉油 280mL，盐 5g。

（2）辅料　黑芝麻（或核桃仁）15g。

2. 制作过程

（1）面团调制　将糖粉、色拉油、鸡蛋、苏打粉、臭粉放入盆中拌匀；将酥油放入，继续拌匀；接着将低筋面粉和泡打粉放入盆中揉成团，松弛 10min，分成约 28g 一个的小面团，继续松弛 20min。

（2）生坯成型　将小面团揉圆后压扁，再排入烤盘中，撒上黑芝麻（或核桃仁）装饰，再刷上鸡蛋液。

（3）生坯熟制　然后放入烤箱，中层，上下火 170℃，烤 20min，然后转上火，将烤盘放入上层，3min 上色后出炉冷却即可。

二十二、扬式桃酥

1. 原料配方（以 50 只计）

蒸熟面粉 500g，花生油 100mL，芝麻油 100mL，绵白糖 200g，小苏打 2g，饴糖 20g，臭粉 2g，冷水 50mL。

2. 制作过程

（1）面团调制　把绵白糖、饴糖、小苏打、臭粉过筛一起放入和面机内，加微量水在机内搅拌均匀，再加入油，最后加入面粉充分搅拌，时间约为 15min。饧制 10min 备用。

（2）生坯成型　将搅拌好的面团分次放入桃酥机内，经桃酥机滚压、印模、脱模、入盘、传送进炉，这一连贯动作形成桃酥生坯。

（3）生坯熟制　将装有桃酥生坯的烤盘送入炉内，炉温为 180～200℃，时间一般为 8min。

二十三、葱油桃酥

1. 原料配方（以 50 只计）

熟面粉 500g，绵白糖（或白糖粉）175g，鸡蛋 120g，猪油

200g，小苏打 3g，葱 15g，盐 5g，冷水 35mL。

2. 制作过程

（1）面团调制　将葱切成末，备用。熟面粉放在桌上，扒一窝塘，将绵白糖（或白糖粉）、猪油、鸡蛋、小苏打、冷水、盐和葱末放在其中，拌匀擦透。

（2）生坯成型　将擦透的半成品放入木制圆形模型内，用力按压，使其在模型内黏结，用薄片刮刀刮去多余的粉屑，再将模内的葱油桃酥生坯敲出。

（3）生坯熟制　将烤箱加热到 220℃，入炉烘焙 8min 即成。

二十四、宫廷桃酥

1. 原料配方（以 100 只计）

面粉 1000g，细砂糖 500g，植物油 550mL，鸡蛋 100g，核桃碎 300g，泡打粉 8g，小苏打 5g。

2. 制作过程

（1）面团调制　将植物油、打散的鸡蛋液、细砂糖在大碗中混合均匀成糖油混合物。将面粉和泡打粉、小苏打混合均匀，过筛。核桃碎倒入面粉中，混合均匀。在面粉中倒入糖油混合物，揉成面团。

（2）生坯成型　将大块面团分成小块面团，搓成条，下成小剂，搓成小圆球。将小圆球压扁，放入烤盘。

（3）生坯熟制　在生坯的表面刷一层鸡蛋液。烤箱预热至180℃，烤 15min，至表面褐黄色即可。

二十五、花生酥

1. 原料配方（以 20 只计）

低筋面粉 120g，泡打粉 3g，花生酱 60g，玉米油 40mL，绵白糖 40g，盐 2g。

2. 制作过程

（1）面团调制　将花生酱放入碗里，加入玉米油，将两者搅匀，加入绵白糖，搅拌均匀。筛入低筋面粉和泡打粉，用刮刀搅拌均匀。

（2）生坯成型　用手揉成光滑不粘手的团，将面团分割成12g左右的小球。

（3）生坯熟制　将烤箱预热至170℃，放入烤箱中层，烤制15～20min。烤好后取出晾凉即可。

二十六、空心酥

1. 原料配方（以 8 只计）

（1）坯料　面粉250g，植物油75mL，冷水100mL，食碱3g。

（2）馅料　熟面粉150g，白糖50g，芝麻15g，青红丝50g，玫瑰50g。

2. 制作过程

（1）面团调制　锅内加适量冷水、植物油烧沸，放入适量的食碱溶解后锅离火。水温不烫手时倒入面粉盆内和成面团，略饧。

（2）馅心调制　将熟面粉、白糖、芝麻、青红丝、玫瑰拌匀成馅。

（3）生坯成型　面团搓成长条，按75g一个摘成剂子，揉圆按扁擀开，包入糖馅，收口后擀开，再粘上芝麻按紧，即成饼坯。

（4）生坯成熟　饼坯放在鏊上，烙至两面定型微黄时，再放入炉膛内烤至金黄色鼓起时即成。

二十七、金钱酥

1. 原料配方（以 100 只计）

（1）坯料　面粉500g，白糖50g，油茶150mL，冷水130mL，色拉油170mL，小苏打3g。

（2）调料　花椒粉5g，食盐4g。

（3）辅料　色拉油 50mL。

2. 制作过程

（1）面团调制　先将白糖碾细，与配方中其他原料分别过筛备用。将色拉油、白糖、花椒粉、食盐、油茶、小苏打倒入和面机内，加适量水，搅拌均匀，随即加入面粉搅匀后，立即倒出。

（2）生坯成型　用模具将面团压成古钱币状。取 40cm×60cm 的烤盘，先用羊毛刷刷一薄薄的油层，将生坯逐个均匀整齐摆入烤盘内。

（3）生坯熟制　炉温应控制在 150～160℃之间，烤至表面呈深黄色时，即可出炉。

二十八、开口笑

1. 原料配方（以 30 只计）

（1）坯料　低筋面粉 300g，泡打粉 5g，小苏打 3g，鸡蛋 2 个，细砂糖 60g，猪油 30g，冷水 45mL。

（2）辅料　白芝麻 50g，色拉油 1L（耗 75mL）。

2. 制作过程

（1）面团调制　将低筋面粉、泡打粉、小苏打混合过筛，入盆，备用；鸡蛋、细砂糖、猪油一起放进大碗，碗底下垫一碗热水，将鸡蛋、细砂糖、猪油隔热水搅拌均匀，至糖、油融化；将融化的液体加入到面粉中，边加入边用刮刀拌匀成雪花状；再加入适量冷水，用手抓捏，和成均匀的面团；盖上保鲜膜，松弛 15min。

（2）生坯成型　取出面团，分成两份，搓成长条，像包饺子一样下小剂，不要太大，大约和大拇指肚大小差不多就行，太大不容易炸熟炸酥；将小剂子搓成圆球，再将小面球在冷水中一蘸，微湿表面；放在白芝麻里一滚，并下手轻捏，使白芝麻粘紧；全部做好，放在一边备用。

（3）生坯熟制　起油锅，大火烧热锅之后下油，转中火，烧至油温 120℃时，逐个下入小面球，不要翻动；等小面球慢慢浮起、慢慢爆开后，翻动面球，炸至表面微黄，捞起；继续加热锅中的油，待油温约160℃时，将炸过的面球再次入锅，迅速翻动，至表面金黄，立即捞出。放在厨房纸上，吸去多余油脂，即可。

二十九、甘露酥

1. 原料配方（以 25 只计）

（1）坯料　面粉 280g，熟猪油 80g，白糖粉 80g，鸡蛋 100g，苏打 3g，食用黄色素 0.005g。

（2）馅料　熟面粉 60g，炒米粉 30g，山楂糕 10g，芝麻油 25mL，白糖粉 25g，咸花生仁 40g，熟猪油 80g，桂花 25g。

2. 制作过程

（1）面团调制　将鸡蛋打散，加入白糖粉搅拌均匀，加入熟猪油拌匀，筛入拌匀的面粉和黄色食用色素搅拌均匀，揉匀揉透，略饧制备用。

（2）馅心调制　把熟面粉、白糖粉、炒米粉、熟猪油、芝麻油拌匀后，加入山楂糕（切成小丁）、咸花生仁、桂花一同拌匀成馅心。

（3）生坯成型　将面团揉匀，搓条下剂，逐个包成馅心成球形，中间打一个红点，然后置入烤盘中，入烤箱以 220℃ 烤制 10min。

三十、莲蓉酥

1. 原料配方（以 25 只计）

（1）坯料　面粉 500g，白糖粉 150g，鸡蛋 100g，猪油 220g，臭粉 1g，小苏打 1g，糖浆 50g，冷水 250mL。

（2）馅料　莲蓉馅 500g。

2. 制作过程

（1）面团调制　先将面粉过筛，放在案板上围成圈，中间放入冷水、臭粉、小苏打、白糖粉、糖浆、猪油混合后，然后拌入面粉

和匀，稍饧制

（2）生坯成型　将面团揉匀搓条下剂，逐个按压成皮，包入莲蓉馅，皮与馅的比例为 2∶1，包成圆形，放进饼盘，刷第一次蛋浆。待干后再刷第二次蛋浆。

（3）生坯熟制　入烤箱，温度 180℃，烤至金黄色、有裂纹，即成莲蓉酥。

三十一、高桥薄脆

1. 原料配方（以 30 只计）

面粉 500g，糖粉 300g，猪油 75g，鸡蛋 100g，黑芝麻 25g，小苏打 3g，冷水 75mL。

2. 制作过程

（1）面团调制　将部分面粉和小苏打过筛后放在案板上，扒一窝塘，放入糖粉、鸡蛋搅至乳白色，加水，继续搅拌使糖溶化，最后加入猪油、黑芝麻，再充分搅拌，待乳化后，和入面粉调成软硬适度的面团。

（2）生坯成型　取一块面团，擀成约 1.6mm 厚的长方形薄片，撒上铺面，继续擀制，最后用直径 6.7cm 的圆铁模压切下，逐个放入烤盘。

（3）生坯熟制　烤箱预热至 180℃，加热 8～10min，烤成金黄色出炉，冷却后即可。

三十二、马拉糕

1. 原料配方（以 30 块计）

面粉 500g，面肥 30g，鸡蛋 5 个，白糖 250g，吉士粉 15g，食碱 3g，泡打粉 10g，熟猪油 50g，冷水 400mL。

2. 制作过程

（1）面团调制　将面粉放在盆中，扒一窝塘，加入鸡蛋、面肥、白糖、吉士粉、食碱、泡打粉、熟猪油以及冷水，搅拌成稀糊状，刢制。糕浆应调得均匀，不能有颗粒、团块。

（2）生坯熟制 倒入方盘内蒸 25min，取出后切开装盆即可。方盘底部要抹油，以防粘底。

三十三、鲜奶油盏

1. 原料配方

（1）坯料 低筋面粉 220g，黄油 75g，糖粉 75g，鸡蛋 75g，吉士粉 10g，泡打粉 4g。

（2）馅料 鲜奶油 120mL，绵白糖 35g。

（3）辅料 红樱桃末 15g。

2. 制作过程

（1）馅心调制 将鲜奶油、绵白糖放入搅拌机中，用中速将其打成雪白的掼奶油。

（2）面团调制 将低筋面粉放在案板上，加入吉士粉、泡打粉拌匀、过筛，中间扒开一个窝塘，放入熔化的黄油、鸡蛋液、糖粉搅拌均匀，使糖油化开，再与面粉拌匀，揉匀揉透，使其成为光滑的面团。

（3）生坯成型 将面团擀成长方形薄皮，用菊花套模刻出圆皮，按入抹过油的菊花盏模中，将其底部按薄，放入烤盘中。

（4）生坯熟制 将放有菊花盏的烤盘放入面火、底火都是 160℃的烤箱中烘烤 15min 呈淡黄色即可，冷却后将菊花盏从模中取出，用裱花袋将鲜奶油挤入菊花盏中，点缀上红樱桃末。

三十四、三色大麻饼

1. 原料配方（以 50 只计）

（1）坯料 面粉 1200g，饴糖 600g，植物油 75mL，小苏打 3g，温水适量。

（2）馅料 蒸熟面粉 750g，白砂糖 300g，糖渍板油丁 300g，熟猪油 200g，糖玫瑰花 75g，黑枣肉 500g，砂糖 600g，松子仁

50g，红曲米粉 2g。

（3）辅料　芝麻仁 450g。

2. 制作过程

（1）面团调制　将面粉、饴糖、植物油、小苏打等一起放入面盆中，加上适量温水，调制成软硬适度的面团。

（2）馅心调制　将松子仁、蒸熟面粉、白砂糖、糖渍板油丁、熟猪油混合擦匀，等分为三，第一块为本色；第二块加入糖玫瑰花和适量红曲米粉，调成粉红色；第三块加入黑枣肉碎，搓擦均匀，为黑色馅料块。

（3）生坯成型　先取白、粉红、黑三色馅料各一块，分别搓圆、按扁，三色重叠，白色放中间，包上饼皮，收口朝上，按扁，再排成圆整、厚薄均匀的饼坯即成。再将饼坯的一面沾水，撒上芝麻，使其均匀黏附其上。放入烤盘，饼坯之间要有较大的间隔。

（4）生坯熟制　炉温 220℃，约烤 10min。

三十五、口酥饼

1. 原料配方（以 4 份计）

低筋面粉 200g，熟猪油 120g，绵白糖 100g，盐 2g，鸡蛋 75g，臭粉 3g，小苏打粉 3g，花生碎 60g。

2. 制作过程

（1）面团调制　将熟猪油、绵白糖和盐放入盆中搅打至呈乳白色，加入鸡蛋搅打均匀，再加入臭粉和小苏打粉拌匀为蛋糊。再将低筋面粉过筛于案板上，扒一窝塘，加入拌匀的蛋糊，加入碎花生揉匀成面团，盖上保鲜袋，松弛 20～30min，再分割成 4 份。

（2）生坯成型　将每份面团搓成厚度 1.5cm 的小圆饼，排列于烤盘中，放入烤箱。

（3）生坯熟制　以 175℃烤 20～25min 至表面金黄即可。

三十六、腰果酥

1. 原料配方（以 25 只计）

低筋面粉 250g，泡打粉 2g，腰果 50g，鸡蛋 3 个，苏打粉 2g，食盐 2g，植物油 110mL，糖粉 110g。

2. 制作过程

（1）面团调制　鸡蛋打成鸡蛋液，取 2/3 的鸡蛋液与糖粉和植物油搅拌混合，搅拌成稠状。再将所有粉类和盐过筛后，加入其中，搅拌成面团。

（2）生坯成型　取面团 25g，用手揉成圆球状后，放入烤盘上，用手轻压面团表面。嵌入腰果，再把剩下的 1/3 的鸡蛋液刷在半成品的表面。

（3）生坯熟制　烤箱调至 180℃预热 10min 后，将做好的半成品放进烤箱，再以 180℃烤 20min 左右至表面金黄色，取出。

三十七、玫瑰海参酥

1. 原料配方（以 20 只计）

面粉 300g，玫瑰花 100g，鸡蛋 100g，白砂糖 150g，熟猪油 50g，泡打粉 5g，冷水 35mL。

2. 制作过程

（1）面团调制　将面粉过筛后放在案板上，中间扒一窝塘，放入鸡蛋、白砂糖、熟猪油、泡打粉及少许冷水和成面团。

（2）生坯成型　将面团出条下剂子，用擀面杖擀压成皮，逐个包入玫瑰花馅，做成海参形，再刷上蛋浆。

（3）生坯熟制　放入盘内，以 180℃烤制 15min 成熟即可。

三十八、笑口枣

1. 原料配方（以 30 只计）

（1）坯料　低筋面粉 500g，发酵粉 10g，小苏打 3g，臭粉 3g，植物油 25mL，冷水 175mL，白糖 250g。

（2）辅料　白芝麻 75g。

2. 制作过程

（1）面团调制　先将白糖加水溶为糖水，面粉过筛备用。再将低筋面粉放在案板上，中间开一窝塘，投入小苏打、发酵粉、臭粉和植物油，加上糖水搅匀，揉成面团，然后静置约 20min。

（2）生坯成型　将面团搓成条，下剂子，每剂为 30g，逐个搓成圆球，粘上白芝麻。再搓一次，然后静置 15～20min。

（3）生坯熟制　油炸炉的油加热至 170℃，下入半成品，炸至上浮，捞起沥油即可。

三十九、炸油条

1. 原料配方（以 30 根计）

（1）坯料　高筋面粉 150g，温水 75mL，植物油 35mL，盐 3g，糖 15g，泡打粉 3g，干酵母 3g。

（2）辅料　色拉油 1L（耗 35mL）。

2. 制作过程

（1）面团调制　将高筋面粉等各种材料依次放入面盆中，拌和均匀。面团和好后，取一保鲜袋，倒一点油，搓匀，将面团放入，袋口打结，静置，发至 2 倍大时取出，此时用手指蘸面粉戳个小洞，不回缩即好。

（2）生坯成型　将发好的面团轻放面板上，用拳头轻轻将面团摊开成薄面饼（或用擀面杖轻轻擀开），切成 2cm 宽，大约 15cm 长的面坯，留在面板上，盖保鲜膜，二次发酵 10～20min。取两条，在其中 1 条上面抹点水，取另一条放其上，用筷子压一条印。

（3）生坯熟制　下油炸炉（油温 175℃左右）炸至金黄色，捞出沥干油即可。

第七节　杂粮面团类

一、葛粉包

1. 原料配方（以 30 只计）

（1）坯料　葛粉 450g，开水 500mL。

（2）馅料　花生仁 75g，肥膘肉 35g，熟米粉 30g，白芝麻 15g，白糖 250g，红枣 35g，青梅 25g，花生油 50mL。

2. 制作过程

（1）馅心调制　将肥膘肉切成 0.3cm 见方的小丁，白芝麻洗净、炒熟；花生仁烤熟、碾碎；红枣去核，与青梅一同切成 0.3cm 见方的小丁，将上述加工后的馅料置于馅盆中，加入熟米粉、白糖、花生油拌匀搓成馅心。

（2）粉团调制　将葛粉碾碎、过筛，装入盆中。将开水倒入葛粉中，迅速搅拌均匀，置于案板上揉匀揉透。

（3）生坯成型　将粉团揉光搓条下成小剂，按扁后包入馅心，捏成小笼包状。

（4）生坯熟制　将生坯置于刷过油的笼屉中，旺火蒸制 4min 即可。

二、扁豆糕

1. 原料配方（以 20 块计）

白扁豆 1500g，豆沙 500g，白糖 260g，糖桂花 10g，青红丝 50g，冬瓜条 50g，蜜枣 50g，葡萄干 50g，冷水 5000mL。

2. 制作过程

（1）粉团调制　将白扁豆洗净去杂质，倒入锅中，加水

3000mL。置旺火上煮沸后，再煮 15min，将锅端离火口，焖15min。去壳，用冷水洗净，倒入锅中，加水 2000mL，至旺火上煮至七成熟捞出。用纱布包好，入笼用旺火蒸 15min 取出。趁热揉搓成扁豆泥，盛入盆中。

（2）生坯成型　在案板上铺上纱布，将扁豆泥摊在上面，用擀面杖擀成 2 条长 50cm、宽 26cm 的长方条。再取精制细豆沙平铺在一条扁豆泥上；将另一条连同纱布折叠在精制细豆沙上，再擀成厚 2cm 的片。揭去纱布，撒上白糖、糖桂花及各种果脯。切成边长 3.5cm、厚 2cm 的菱形块。

三、南瓜团

1. 原料配方（以 20 个计）

（1）坯料　糯米粉 300g，粳米粉 200g，冷水 200mL，南瓜 200g。

（2）馅料　豆沙馅 500g。

（3）辅料　芝麻油 50mL。

2. 制作过程

（1）面团调制　将南瓜去皮洗净，切片蒸熟，冷却揭成南瓜泥备用；将糯米粉和粳米粉拌匀，分次加入 200mL 冷水揉拌成松散的粉团，上笼蒸透，晾凉后揉匀，再加上南瓜泥揉匀揉透。

（2）生坯成型　将揉透的粉团搓条、摘坯，包入豆沙馅 25g，收口捏紧，搓圆，排放于蒸笼中。

（3）生坯熟制　将蒸笼上锅，旺火蒸熟，出笼时涂上芝麻油即可。

四、南瓜饼

1. 原料配方（以 20 块计）

（1）坯料　糯米粉 400g，南瓜 250g，白糖 50g。

（2）馅料　豆沙馅 100g。

（3）辅料　花生油 150mL（耗 15mL）。

2. 制作过程

（1）粉团调制　将南瓜去皮蒸熟，压成泥，加糯米粉、白糖，擦拌成团，再将擦好的粉团上笼蒸熟，取出放在涂过油的盆里，冷却后再揉透，摘成 20 只剂子。

（2）生坯成型　将剂子撖扁包入豆沙馅，收口按扁。

（3）生坯熟制　平底锅中放入少许花生油烧热，将饼坯依次排入锅内，用中火煎至两面金黄色即可。

五、豆酥糖

1. 原料配方（以 4 份计）

黄豆粉 1000g，熟面粉 500g，糖粉 10g，饴糖 800g，花生油 50mL。

2. 制作过程

（1）粉团调制　首先将黄豆粉、熟面粉、糖粉混合拌匀，然后过筛。然后，将饴糖、花生油下锅熬制，一般熬到 110～120℃，即成老糖（熬好的饴糖）。取出放在能保温传热的碗内，炖在热水里，保持老糖的温度。最后，将黄豆粉、熟面粉和糖粉的混合粉用锅炒热，取出少量撒在案板上，然后放上老糖，表面再撒上炒热的混合粉，用擀面杖擀成方形。

（2）生坯成型　再将炒热的混合粉放入其中，再将擀成片状的老糖两边相互对折，用擀面杖擀薄，然后再放热粉，如此重复折叠三次，最后用手捏成长条，顺直，切成四方小块，然后用木条挤紧压实即可。

六、可可奶层糕

1. 原料配方

马蹄粉 500g，白糖 1000g，可可粉 25g，鲜奶 1250mL，冷

水 1250mL。

2. 制作过程

（1）糊浆调制　将一半马蹄粉放入面盆中，倒入鲜奶 250mL，搅至马蹄粉溶化，然后用细筛过滤，成为奶粉浆。

另将剩余的马蹄粉 250g、可可粉放入另一面盆中，加入冷水 500mL，搅拌至马蹄粉、可可粉溶化，然后用细筛过滤，称为可可粉浆。

将剩余鲜奶倒入锅中，加入 500g 糖，用小火煮制白糖溶化，随即端离火位过滤，稍凉与奶粉浆混合，成为甜奶浆，然后将甜奶浆加热至稀糊状。

将剩余冷水与 500g 白糖煮成糖水，端离火位用纱布过滤，稍凉后与可可粉浆混合，端回火位煮成糊状，端离火位待用。

（2）成型熟制　在方盆里刷一层油，倒入四分之一可可糊上笼用中火蒸约 6min，再倒入四分之一奶糊再蒸 6min，两种糊交替各倒 4 次，共蒸 8 次即成，晾凉后切块。

七、薄荷绿豆糕

1. 原料配方

（1）坯料　绿豆 350g，薄荷末 5g，绵白糖 100g，芝麻油 50mL。

（2）馅料　豆沙 200g。

（3）饰料　干玫瑰花 10g。

2. 制作过程

（1）粉团调制　将绿豆洗净倒入面盆内，置旺火开水锅笼内蒸熟，取出沥干水。用筛擦去豆壳，制成绿豆沙，放入盆中，加绵白糖、薄荷末、芝麻油，用手揉搓拌匀，即成糕粉。

（2）制品成型　取一木制模具，先在底部撒些干玫瑰花，然后，筛入一层糕粉，放入豆沙再筛入糕粉至满，用木板压实，刮平。在案板上铺一张玻璃纸，将模具翻身，把糕敲出，用玻璃纸包好即成。

八、家常绿豆糕

1. 原料配方

绿豆 400g, 糯米粉 160g, 白糖粉 440g, 芝麻油 500mL, 玫瑰 20g, 冷水适量。

2. 制作过程

（1）馅心调制　将 1/3 绿豆煮熟，去皮后，筛成泥，再加一半白糖粉和水煮，煮到适当时候加入玫瑰及少许芝麻油，拌和即成绿豆沙馅。

（2）粉团调制　将剩余的 2/3 绿豆洗净，煮至开花，筛去皮后碾成粉备用。将另一半白糖粉用芝麻油拌匀，加入绿豆粉，最后加糯米粉拌匀，拌成松散的粉团。

（3）生坯成型　准备好糕模，将拌好的绿豆粉筛至模内，中间加绿豆沙馅，然后再筛入糕粉，刮平表面，脱模至蒸板上。

（4）生坯熟制　上笼屉蒸熟即可。出锅冷却后即可装箱，装箱时再在糕面上用芝麻油刷一层。

九、绿豆饼

1. 原料配方（以 30 只计）

绿豆 320g, 精面粉 170g, 熟猪油 55g, 白糖 256g, 冷水适量。

2. 制作过程

（1）馅心调制　将绿豆去净杂质，浸水 4h，捞起放入锅中，加入 1000mL 水，先用旺火烧沸，后用小火煮约 1h，盛入淘箩，下置大盆，用手揉擦绿豆。边擦边放水，搓去豆壳流出细豆沙。细豆沙静置盆中后撇去上面冷水，将细豆沙倒入纱布袋，再放入水中，洗出细豆沙，沉淀后，撇去上面冷水，将细豆沙倒入布袋扎紧，挤干水分。

炒锅置小火上，倒入细豆沙，加入 250g 白糖，焙干盛入盆中成馅心。

（2）面团调制

① 水油面调制　取过筛的面粉 100g 放在案板上，开窝，将 6g 白糖溶入 40mL 冷水，倒入面粉中，搓成团，再放入 20g 熟猪油搅匀，搓至面团光滑起筋，成水油面。

② 干油酥调制　取过筛面粉 70g 放案板上，开窝，放入 35g 熟猪油搓匀，搓至面团纯滑起筋，成酥心。

（3）生坯成型　将水油皮搓成条，摘成 15 块面剂，将酥心也分为 15 块，每块水油皮包入酥心一份，压扁，擀成长条，再卷成圆筒形，每筒揪成两块，压扁后各包入绿豆沙，做成扁圆形生坯。

（4）生坯熟制　烤盘刷油，将绿豆饼生坯面向烤盘，收口向上，摆入烤盘，入炉用 180℃ 烤至金黄色时，取出烤盘，逐个将绿豆饼翻身，再入炉，稍烤至底部上色即可。

十、玉荷糕

1. 原料配方（以 20 块计）

（1）坯料　熟菱粉 600g，白糖粉 600g，熟猪油 500g，熟黑芝麻粉 1000g。

（2）辅料　食用红色素 0.005g。

2. 制作过程

（1）粉团调制　将 1/3 白糖粉、熟菱粉、1/3 熟猪油拌匀为面料。然后将 2/3 白糖粉、熟黑芝麻粉、2/3 熟猪油拌匀为底料。

（2）生坯成型　先把面料填入刻有荷花花纹的印模内，压实，压平。然后填入底料，用擀面杖压紧、刮平后敲动，使糕坯出模。再在糕中心略涂食用红色素即可。

十一、莲蓉饼

1. 原料配方（以 15 个计）

澄粉 200g，开水 100mL，芝麻油 10mL，莲蓉馅 225g。

2. 制作过程

（1）粉团调制　将澄粉放入碗内，分次加入开水搅拌成雪花状，取出放在案板上，手上抹上芝麻油，揉匀成澄粉面团，搓条，下成 20g 一个的小剂子，用两手拇指将面剂按压至中间呈窝状。

（2）生坯成型　取 15g 莲蓉馅料放入面窝中央。用左手托住面剂，右手将将面剂边缘捏起。放入饼模中，用手按平，按至饼面平整、光滑，将饼模口朝下倒出饼坯。

（3）生坯熟制　放入蒸笼中，用旺火蒸 4min 即可。

十二、山药糕

1. 原料配方（以 20 块计）

（1）坯料　山药 500g，糯米粉 120g，白糖 100g，奶粉 10g，黄油 50g。

（2）辅料　熟糯米粉 50g。

2. 制作过程

（1）粉团调制　将山药洗净去皮，用粉碎机打成汁，过滤后加上糯米粉、白糖、奶粉和溶化的黄油揉和成团，最后上笼蒸熟。

（2）生坯成型　将晾凉的粉团揉匀下成剂子，放入模具按压脱模成型。

十三、土豆饼

1. 原料配方（以 20 个计）

（1）坯料　土豆 500g，糯米粉 120g，白糖 100g，奶粉 10g，黄油 50g。

（2）辅料　色拉油 300mL（耗 50mL）。

2. 制作过程

（1）粉团调制　将土豆洗净煮熟后去皮，取出压成泥后加上糯米粉、白糖、奶粉和熔化的黄油揉和成团。

（2）生坯成型　将晾凉的粉团揉匀下成剂子，揉成球状压扁。

（3）生坯熟制　将平底锅炕热，放入少量油，排入土豆饼煎制，两面煎黄成熟即可。

十四、像生雪梨

1. 原料配方

（1）坯料　土豆泥150g，糯米粉75g，澄粉50g，开水50mL，胡椒粉1g。

（2）馅料　五香牛肉100g，洋葱50g，蚝油10g，湿淀粉5g，精盐4g。

（3）辅料　鸡蛋1个，面包糠100g，色拉油500mL（耗用100mL）。

2. 制作过程

（1）馅心调制　取五香牛肉少许切成粗火柴梗丝当梨梗。剩余五香牛肉切小粒，洋葱切粒。锅上火烧热，加少许色拉油，放入洋葱粒煸香，加入牛肉粒拌匀，加入蚝油调味后用湿淀粉勾芡，起锅冷却成馅心。

（2）粉团调制　将澄粉倒入容器中，加开水，搅拌成团，将土豆泥、糯米粉和胡椒粉加入揉匀成团。

（3）生坯成型　将粉团搓成长条，下剂、捏扁，包入馅心，捏拢收口向下。顶部插上一根牛肉丝做梨梗，捏紧。用手捏成雪梨形。裹上蛋液，滚粘面包糠成雪梨生坯。

（4）生坯熟制　油锅上火，待油温升到120℃，放入生坯，炸至金黄色时捞出。

十五、紫薯球

1. 原料配方（以35只计）

（1）坯料　紫薯350g，吉士粉25g，水磨糯米粉75g，澄粉100g，绵白糖120g，熟猪油35g，冷水150mL。

（2）馅料　豆沙馅350g。

（3）辅料　色拉油 1.5L（耗 50mL）。

2. 制作过程

（1）粉团调制　将紫薯去皮、蒸熟、捣成泥；将冷水倒入锅中烧沸，加入澄粉迅速搅拌，然后倒在案板上揉成光滑的面团；将紫薯泥、澄粉面团、水磨糯米粉、绵白糖、熟猪油、吉士粉揉成光滑的粉团。

（2）生坯成型　将粉团揉匀，搓成长条，摘成 35 只面剂。将面剂逐只搓圆捏窝，包入豆沙馅收口成球形即成生坯。

（3）生坯熟制　炒锅上火，放入色拉油。待油温升至 120℃时，将生坯放入漏勺中下锅，逐升油温，炸至红褐色时捞出沥油，装盘。

十六、薯泥包

1. 原料配方（以 20 个计）

高筋面粉 350g，紫薯 100g，细砂糖 25g，盐 3g，酵母 3g，牛奶 150mL，全蛋液 35g，黄油 25g，黑芝麻适量。

2. 制作过程

（1）面团调制　将紫薯洗净，切成小段，放入蒸锅蒸熟。然后将蒸熟的紫薯去皮，放入搅拌机中，并加入牛奶，搅打成紫薯泥，备用。最后，把除黄油以外的所有原料，按照先液体再粉类的顺序放入搅拌机中。即先放紫薯泥、全蛋液，然后放入细砂糖、盐、高筋面粉和酵母。启动搅拌机低速揉面，揉成面团后放入室温软化的黄油，继续执行揉面程序，直至面团光滑，饧制发酵。

（2）生坯成型　取出发酵好的面团，将面团按扁排出内部气体，平分为 20 等份，分别滚圆后排放在烤盘上，盖上保鲜膜放在温暖湿润处进行第二次发酵，发酵至原来的 2～2.5 倍大。再将发酵好的面团表面刷全蛋液，撒上黑芝麻。

（3）生坯熟制　烤箱预热上下火 170℃，中层，烤 15min 左右。为防止烘烤过程中成品表面上色太重，可以在半成品表面烤上色后在上面加盖一张锡纸。出炉后，晾凉即可。

十七、虾饺

1. 原料配方（以 50 个计）

（1）坯料　澄粉 350g，淀粉 125g，薯粉 35g，精盐 5g，开水 680mL，熟猪油 25g。

（2）馅料　鲜虾仁 450g，肥猪肉 75g，熟冬笋 185g，熟猪油 75g，淀粉 50g，胡椒粉 2g，精盐 5g，味精 2g，芝麻油 15mL，白糖 15g。

（3）辅料　小苏打 3g，花生油 10mL。

2. 制作过程

（1）馅心调制　鲜虾仁加精盐、小苏打拌匀，腌渍 15～20min，漂洗干净，沥干水分，一半改刀切丁，一半捣成泥状。肥猪肉片成大薄片，焯水漂净后切成细粒；熟冬笋切成细丁，焯水漂净后挤去水分，加熟猪油拌匀；虾仁入盆内加淀粉拌匀，加精盐、白糖、味精、芝麻油、胡椒粉、肥猪肉粒、笋丁拌和为虾饺馅，冷藏备用。

（2）面团调制　澄粉、薯粉拌匀过筛后放入面盆内，加精盐，倒入开水，烫成熟粉团，稍焖后加入淀粉，揉匀后加入熟猪油揉成光滑的粉团，饧制。

（3）生坯成型　粉团搓条、下剂，用厨刀压成直径约为 6.4cm 的圆皮，上馅，捏成弯梳饺形，放入刷过油的小蒸笼内。

（4）生坯熟制　旺火蒸 4min 即可。

十八、马蹄糕

1. 原料配方（以 20 块计）

（1）坯料　马蹄粉 375g，白糖 300g，冰糖 250g，冷水 1750mL。

（2）辅料　花生油 25mL。

2. 制作过程

（1）粉浆调制　将马蹄粉放入面盆里，加入冷水 250mL 揉匀，捏开粉粒，再加入冷水 500mL 拌成粉浆，过滤，放入桶内。

将白糖、冰糖放入煮锅内，加冷水 1000mL 煮至溶解，过滤，再煮沸，冲入粉浆中，随冲随搅，冲完后搅拌至均匀使之有韧性，成半熟的糊浆。

（2）成型熟制　取边长 30cm 的方盆，洗净，擦干，轻抹一层薄薄的花生油，倒入糊浆，放入蒸笼中，旺火蒸 20min。晾凉后切块即可。

十九、荸荠冻

1. 原料配方（以 20 块计）

糖水荸荠 150g，琼脂 70g，白糖 150g，干玫瑰花 3 朵，薄荷油 1mL，凉水 500mL。

2. 制作过程

（1）粉浆调制　琼脂洗净，放入干净砂锅内，加入凉水，锅置旺火上煮约 1h。至琼脂完全融化为液体后，加入糖，再煮 15min 左右。

（2）生坯成型　取长约 60cm、宽 40cm 的干净不锈钢方盘一只，将琼脂液倒入，晾至开始结冻时，将糖水荸荠切成 3mm 粗细的丝，均匀地撒在琼脂液上。再将玫瑰花捏碎，撒在上面，放入冰箱冻结。冷凝后即成荸荠糕。随吃随取。吃时将冻好的糕用刀划割成块，淋上薄荷油。

二十、娥姐粉果

1. 原料配方（以 30 只计）

（1）坯料　澄粉 300g，淀粉 100g，精盐 2g，味精 1g，熟猪油

25g，冷水 100mL，开水 400mL。

（2）馅料　猪瘦肉 75g，叉烧肉 35g，鲜虾仁 50g，熟猪肥肉 25g，熟冬笋 125g，水发冬菇 15g，马蹄粉 15g，胡椒粉 1g，精盐 3g，白糖 5g，生抽 15mL，芝麻油 15mL，味精 2g，料酒 10mL，冷水 50mL。

（3）饰料　香菜叶 30 片，蟹黄 25g。

（4）辅料　淀粉 25g，花生油 500mL（耗 50mL）。

2. 制作过程

（1）馅心调制　将猪瘦肉、熟猪肥肉、叉烧肉、水发冬菇切成细粒；鲜虾仁切成丁；熟冬笋切丁；马蹄粉调成粉浆。虾仁丁上浆、滑油，沥油后备用。

锅烧热，放入瘦肉粒煸炒，加叉烧肉粒、虾仁丁、肥肉粒、冬笋丁、冬菇粒炒匀，淋入料酒后加适量冷水煮沸，加精盐、味精、白糖、胡椒粉、生抽、芝麻油调味，煮沸后以马蹄粉浆勾芡即成馅。

（2）面团调制　将澄粉加冷水调成稀粉浆，冲入开水搅匀成熟稀糊；淀粉入面盆中加熟稀糊拌和成团，再加入精盐、味精揉匀，最后加入熟猪油拌匀成粉团。

（3）生坯成型　将粉团下剂，以淀粉做铺面，将剂子擀成直径 7.5cm 的圆形皮子，在皮子前端放上一片香菜叶、一点蟹黄，包皮上馅，捏成角形即成粉果生坯。

（4）生坯熟制　旺火蒸 4min 即可。

二十一、西米糕

1. 原料配方（以 50 块计）

（1）坯料　小西米 1000g，粳米粉 250g，糯米粉 250g，冷水 500mL，熟猪油 300g，白糖 650g，蛋液 250g，柠檬香精 2 滴。

（2）饰料　核桃仁 125g。

2. 制作过程

（1）糊浆调制　首先，将小西米放入温水锅中，用中火烧开，改小火将小西米煮至透明，倒入网筛中过滤、冲凉；取粳米粉、糯米粉、冷水调制成稀米浆备用；将核桃仁用刀切成薄片备用。

其次，将熟猪油和白糖放入锅中，上火炒至熔化然后下入发好的小西米同炒，炒匀后再下入调好的粉浆炒和，最后加入打散的蛋液、柠檬香精炒匀即成。

（2）生坯成型　将炒好的糊浆倒入边长 30cm 见方的不锈钢方盘中将其表面刮平，将方盘放入蒸笼中。

（3）生坯熟制　将装有生坯的蒸笼上蒸锅旺火蒸约 25min，再撒上核桃仁薄片，续蒸 4～5min；待糕体冷透后，改切成 10 条，每条切成 5 块即可。

二十二、藕粉圆子

1. 原料配方（以 60 只计）

（1）坯料　纯藕粉 500g。

（2）馅料　杏仁 25g，松子仁 25g，核桃仁 25g，白芝麻 35g，蜜枣 35g，金橘饼 25g，桃酥 75g，猪板油 100g，绵白糖 50g。

（3）汤料　冷水 1.5L，白糖 150g，糖桂花 10g，粟粉 15g。

2. 制作过程

（1）馅心调制　将金橘饼、蜜枣、桃酥切成细粒；杏仁、松子仁、核桃仁分别焙熟碾碎；芝麻洗净、小火炒熟碾碎；猪板油去膜剁蓉。将上述馅料与白糖拌匀成馅。搓成 0.8cm 大小的圆球 60 个，放入冰箱冷冻备用。

（2）生坯成型　将冻好的馅心取一半放入装藕粉的小匾内来回滚动，粘上一层藕粉后，放入漏勺，下到开水中轻轻一蘸，迅速取出再放入藕粉匾内滚动，再粘上一层藕粉后，再放入漏勺，下到开水中烫制一会，取出再放入藕粉匾内滚动。如此反复五六次即成藕粉圆子生坯。再取另一半依法滚粘。

（3）生坯熟制　将生坯放入温水锅内，沸后改用小火煮透，用适量冷水拌制的粟粉勾琉璃芡。出锅前在碗内放上白糖、糖桂花，浇上汤汁，然后再盛入藕粉圆子。

二十三、豌豆黄

1. 原料配方（以 30 块计）

白豌豆 750g，白糖 250g，红枣 75g，琼脂 10g，碱水 10mL，冷水适量。

2. 制作过程

（1）粉团调制　将红枣洗净，煮烂制成枣汁；琼脂用冷水泡开，加水煮至融化。将煮锅上火，加冷水、白豌豆、碱水，开锅后用小火煮约 1.5h，过筛成细泥沙。

（2）制品成型　煮锅上火，加入豌豆泥、白糖、红枣汁、琼脂液搅拌均匀，翻炒至起稠，倒入不锈钢方盘内，晾凉，入冰箱冷藏，食用用改刀成小方块或菱形块，装盘即可。

二十四、茯苓麻糕

1. 原料配方（以 30 块计）

（1）坯料　茯苓粉 250g，糯米粉 250g，冷水 400mL，黑芝麻 100g，蜂蜜 50g。

（2）辅料　色拉油 150mL（耗 50mL）。

2. 制作过程

（1）粉团调制　将黑芝麻炒香。茯苓粉和糯米粉充分混合后加水调成糊状。加入黑芝麻拌匀。

（2）成型熟制　在平底锅内放入色拉油，用小火将稠糊烙成薄饼。蘸蜂蜜即可食用。

二十五、黄米切糕

1. 原料配方

（1）坯料　黄米 500g，冷水 500mL。

（2）辅料　红小豆 500g，冷水 1000mL，白糖 150g。

2. 制作过程

（1）面糊调制　将黄米磨成细粉，过筛后备用。红小豆洗净加水，入锅煮至熟软，捞出控净水。黄米面与水按 1：1 的比例调成稠糊。

（2）成型熟制　将黄米糊倒在铺有湿布的蒸笼上，摊成约 3cm 厚，放入蒸锅用旺火蒸至金黄色将熟时，开锅，撒上一层红小豆，约 3cm 厚，摊平，紧接着再倒上一些黄米糊，约 3cm 厚，摊平，上笼再蒸，然后再撒上一层红小豆和黄米糊再蒸，熟透即成，总厚度达 10cm 以上，取出翻扣在案板上，现吃现切，蘸糖食用。

二十六、窝窝头

1. 原料配方（以 14 个计）

玉米粉 200g，黄豆粉 50g，泡打粉 4g，白砂糖 40g，温水 120mL。

2. 制作过程

（1）粉团调制　将玉米粉过筛后倒入盆中，筛入黄豆粉，加入白砂糖和泡打粉混合均匀，将温水缓缓加入盆中，与粉类混合搅匀，揉成细致有弹性的面团，蒙上保鲜膜，松弛 30min。

（2）生坯成型　将面团揉匀搓成长条，分割成每个约 30g 的剂子，再逐个将小面团搓圆，将大拇指搓入面团中间，不断转动、塑形，使其成为中空的锥形。

（3）生坯熟制　在竹蒸笼上铺上蒸笼纸，将窝窝头均匀地码在蒸笼内，旺火汽足蒸制 15min 即可。

二十七、荔浦香芋角

1. 原料配方（以 30 只计）

（1）坯料　荔浦芋头净肉 250g，澄粉 300g，开水 200mL，猪油 100g，臭粉 5g，五香粉 2g，白糖 5g，盐 3g。

（2）馅料　猪肉 300g，虾仁 100g，鸡蛋 1 个，盐 5g，糖 10g，生抽 15mL，芝麻油 15mL，胡椒粉 2g，湿淀粉 15g。

（3）辅料　色拉油 1L（耗 75mL）。

2. 制作过程

（1）粉团调制　荔浦芋头净肉蒸熟，压烂备用。再将澄粉 200g 加开水烫匀，搓成熟澄面，加入芋蓉、臭粉、五香粉、猪油、白糖和盐搓匀，最后加入 100g 干澄粉再搓匀成粉团，备用。

（2）馅心调制　将猪肉切粒，鸡蛋打散，虾仁洗净，焯水后沥干水分。炒锅上火，放入芝麻油，爆香猪肉及虾仁，加入调味料，用湿淀粉勾芡，加鸡蛋液拌匀成芋角馅。

（3）生坯成型　把粉团搓成条状，切成 30 个剂子，用手按扁，包入馅料，捏成芋角形状。

（4）生坯熟制　将色拉油加热至 150℃，炸制 3min，至上色成熟即可。

二十八、奶黄水晶花

1. 原料配方（以 30 只计）

（1）坯料　澄粉 250g，开水 300mL，绵白糖 120g，熟猪油 15g。

（2）馅料　奶粉 25g，吉士粉 25g，白糖 50g，淡奶 50mL，椰浆 150mL，炼乳 50mL，蛋液 100mL，黄油 50g，面粉 25g，鹰粟粉 25g。

2. 制作过程

（1）馅心调制　将奶粉、吉士粉、白糖、淡奶、椰浆、炼乳、蛋液、黄油（制馅心之前熔化）、面粉、鹰粟粉等分别称好后放入盆中拌匀，过筛后将糊浆倒入方盘中上笼蒸熟，晾凉，揉匀成奶黄馅。

（2）粉团调制　将开水倒入澄粉中烫透，加盖焖制 5min，将粉团倒在案板上，加入绵白糖、熟猪油擦匀成团。

（3）生坯成型　将澄粉面团揉匀、搓条后切成 30 只剂子，用抹过油的刀面将剂子旋压成圆皮，包入奶黄馅，收口成球形，然后用不同大小的弧形花夹由下向上夹出由大到小的花瓣形成花卉造型即成，放入刷过油的笼中。

（4）生坯熟制　将装有生坯的蒸笼上足汽蒸 3min 即可出笼。

二十九、红豆凉糕

1. 原料配方（以 20 块计）

红豆沙 200g，温水 400mL，白砂糖 100g，琼脂 25g。

2. 制作过程

（1）粉团调制　红豆沙放入干净的方盘，与温水混合搅匀。琼脂用凉水泡开，沥去水分，用 200mL 水与琼脂混合，烧开融化，倒入豆沙水，小火慢慢搅拌，加入白砂糖，烧开，继续中小火煮 10min，煮的过程中要不断搅拌，以免煳底。

（2）生坯成型　倒入方盘，晾凉放冰箱冷藏 1h，拿出搅匀，再次冷藏 3h，取出切块即可。

三十、玉米甜糕

1. 原料配方（以 20 块计）

玉米粉 500g，白糖 250g，发酵粉 3g，冷水 400mL。

2. 制作过程

（1）粉糊调制　将玉米粉放入盆内，加水搅拌成糊状，加入发酵粉搅拌均匀，静置一段时间使其发酵。再加入白糖搅匀，将玉米糊摊于蒸笼屉布上。

（2）生坯熟制　用旺火煮 20min 即成糕，凉后切块即可食用。

三十一、乌梅糕

1. 原料配方

绿豆 1000g，白糖 250g，乌梅 250g，开水 500mL，冷水适量。

2. 制作过程

（1）粉团调制　将绿豆用冷水浸泡 2h，放在锅中加水煮制，待晾凉后取出，擦去外皮，过筛后滤去水分，制成绿豆沙。将乌梅用开水浸泡 3～4min，取出切成小丁或小片。

（2）生坯成型　将制糕木蒸框（约 33cm 见方）放在案板上，衬白纸一张，把木框按在白纸上，先放上一半绿豆沙铺均匀，撒上乌梅，中间铺一层豆沙，再将其余的绿豆沙铺上压结实。最后把 250g 白糖均匀地撒在上面。按宽 6.6cm 切成方块。最后，拆去木框，铲入盘中食用。

三十二、柿子包

1. 原料配方（以 20 个计）

（1）坯料　胡萝卜 500g，糯米粉 400g，籼米粉 100g，吉士粉 15g，白糖 35g，熟猪油 25g，可可粉 5g。

（2）馅料　豆沙馅或莲蓉馅 300g。

2. 制作过程

（1）粉团调制　将胡萝卜洗净蒸熟，挤掉水捣成蓉泥，加入糯米粉、籼米粉、吉士粉、白糖、熟猪油和匀揉成果蔬粉团；揪一小块粉团加入可可粉，揉成咖啡色面团待用。

（2）生坯成型　然后将胡萝卜面团搓条下剂，包入莲蓉馅心，捏成柿子形，用专用木梳压出 4 条纹路。将咖啡色的面团捏成柿饼蒂蘸水按上。

（3）生坯熟制　入笼蒸熟即成。

三十三、蛋苕酥

1. 原料配方（以 30 块计）

（1）坯料　红薯 1200g，面粉 300g，小苏打 3g，鸡蛋 150g，熟猪油 120g，熟芝麻 50g，白糖 75g，饴糖 35g。

（2）辅料　熟菜籽油 1000mL（耗 50mL）。

2. 制作过程

（1）面团调制　将红薯洗净煮熟后压成薯泥，加入面粉、鸡蛋、熟猪油、小苏打等和成面团。

（2）生坯成型　将面团擀片、切丝，入油锅内炸成黄色的丝坯沥干备用。

（3）生坯熟制　另一空锅中加入白糖及饴糖，熬煮成糖浆，在糖浆中加入沥干油炸的丝坯和匀，再撒上熟芝麻拌匀，一起装入木框架中，擀匀压平，切块即可。

三十四、黑米酥

1. 原料配方（以 30 个计）

（1）坯料　黑米 1200g，绵白糖 300g，鸡蛋 100g，冷水 300mL，饴糖 100g，花生米 150g，熟猪油 50g。

（2）辅料　熟菜籽油 1000mL（耗 50mL）。

2. 制作过程

（1）粉团调制　将黑米淘净后打成米粉，加入鸡蛋、绵白糖及冷水拌和成团，再擀制成米面皮蒸熟后切成细丝条状，晾干，再用熟菜籽油炸制成酥脆的丝条沥干炸油待用。

（2）生坯成型　锅中加入绵白糖及饴糖混合熬好的糖浆，放入沥干油炸的坯条拌匀，一并在其中撒入油炸花生米拌和均匀，使之成为粘满糖浆的坯条后，装入一木框中，压平、擀匀、切块、包装。

三十五、糖酥煎饼

1. 原料配方（以 50 张计）

（1）坯料　小米 1000g，白糖 300g，食用香精 3 滴，冷水适量。

（2）辅料　豆油 100mL。

2. 制作过程

（1）粉糊调制　将小米洗净，取 500g 放入锅内，加水煮熟后晾凉，其余的放入冷水内泡 3h，加入熟小米拌匀，加水磨成米糊，或将小米面用水直接拌和成糊状，面与水的比例为 10∶（8～9）；加入白糖和香精一起拌匀。

（2）生坯熟制　用一直径 50～60cm 中心稍凸的铁制圆形鏊子烙制。先将鏊子烧热，再用蘸有豆油的布将鏊子擦一遍，然后左手用勺将糊倒在鏊子中心处，右手持刮子迅速顺鏊子边缘将糊刮匀，先外后内，刮成圆形薄片。

（3）制品成型　把烤熟的煎饼从边缘揭起，趁热在鏊子上折为六层，成长方形。取下放在案板上，用木板压上，待冷却后包装。

三十六、糖卷果

1. 原料配方（以 50 只计）

（1）坯料　山药 1500g，大枣 500g，冷水 150mL，糯米粉 500g。

（2）糖浆料　桂花 50g，白糖 300g，冷水 250mL，白芝麻 200g。

（3）辅料　色拉油 1L（耗 75mL）。

2. 制作过程

（1）粉团调制　将山药去皮剁碎，大枣去核切碎，两料拌匀后稍加水和糯米粉，搅拌均匀，上笼蒸 5min。

（2）生坯成型　准备消毒过的干净白布一块，将蒸得的粉团趁热置于布上，搓捏成三角状长条，凉后切成小手指大小的块，入170℃的油锅，炸成焦黄色时捞出。

（3）制品挂浆　另用锅加色拉油、冷水、桂花、白糖，小火熬成糖稀，将炸得的卷果倒入，裹上糖汁，撒上白芝麻和白糖即可。

三十七、粽子

1. 原料配方（以 20 个计）

（1）坯料　糯米 1000g。

（2）辅料　豆沙馅 300g，箬叶 400g，冷水适量。

2. 制作过程

（1）原料准备　糯米淘洗干净，用冷水浸泡 1h，冲洗沥去水分放入竹筐内待用。豆沙分割成适度的圆球状，放在盘子里待用。

（2）清理箬叶　箬叶放入水池内，清洗干净剪去粗蒂，放入大锅内加满冷水煮沸 1h 至箬叶变软，沥去水，将箬叶大小搭配好，叠成纵横"十"字形，用草绳扎好，放入冷水缸中浸泡几个小时，漂去杂味，取出冲洗干净，沥干水分再将每片抹干净。

（3）生坯成型　取已经浸软抹干的箬叶两张，相叠在一起，先折成上面开大口，下面成尖头倒圆锥状，放入糯米一半，中间放入球形豆沙，再放入糯米一半压实至箬叶口，右手将箬叶向下折，盖住糯米，再把箬叶尾尖弯曲包住斗角，用草绳将粽子叶尾部扎捆扎实，成一个菱形的粽子，逐个做好。

（4）生坯熟制　大锅内放入足够多的冷水，放入粽子，旺火烧开，煮 3h 左右，熟透后捞出。

参 考 文 献

[1]　陈洪华，李祥睿. 面点造型图谱. 上海：上海科学技术出版社. 1999.

[2]　陈洪华. 中式面点技艺. 大连：东北财经大学出版社. 2003.

[3]　陈洪华，李祥睿. 中式糕点配方与工艺. 北京：中国纺织出版社. 2013.

[4]　周晓燕，陈洪华. 中国名菜名点. 北京：旅游教育出版社. 2004.

[5]　邱庞同. 中国面点史. 青岛：青岛出版社. 2000.